Supernormal

The Untold Story of Adversity and Resilience

[美] 梅格·杰伊（Meg Jay）著
蒋宗强 译

我们都曾受过伤，却有了更好的人生

如何从童年创伤中复原？

中信出版集团 | 北京

图书在版编目（CIP）数据

我们都曾受过伤，却有了更好的人生：如何从童年创伤中复原？/（美）梅格·杰伊著；蒋宗强译 .-- 北京：中信出版社，2019.8（2025.5重印）

书名原文：Supernormal: The Untold Story of Adversity and Resilience

ISBN 978-7-5217-0719-9

I. ①我… II. ①梅… ②蒋… III. ①心理学—通俗读物 IV. ① B84-49

中国版本图书馆 CIP 数据核字（2019）第 116950 号

我们都曾受过伤，却有了更好的人生——如何从童年创伤中复原？

著　　者：[美] 梅格·杰伊

译　　者：蒋宗强

出版发行：中信出版集团股份有限公司

（北京市朝阳区东三环北路 27 号嘉铭中心　邮编　100020）

承 印 者：河北鹏润印刷有限公司

开　　本：880mm × 1230mm　1/32　　印　　张：11.75　　字　　数：254 千字

版　　次：2019 年 8 月第 1 版　　印　　次：2025 年 5 月第 11 次印刷

京权图字：01-2019-3766

书　　号：ISBN 978-7-5217-0719-9

定　　价：58.00 元

服务热线：400-600-8099

投稿邮箱：author@citicpub.com

目 录

前　言

作为一名临床心理学家和心理学教育工作者，过去近20年我一直在倾听别人诉说心声。前不久，我开始写这本书，想以此记录我听到的内容。下面我讲一下为什么要写这本书。很多时候，人们遇到了难题，觉得无人倾诉，或者担心无人理解，就去找心理治疗师或心理学老师寻求帮助。近20年来，我的日子基本上都是关起门来，倾听别人诉说那些往往在隐秘情形下发生的事情。我从中总结出的一件事是，人们在遭遇某个问题时往往产生一种疏离感，觉得自己的问题与众不同，感到孤独无助，但太多人面临的问题其实是相似的，人们并没有意识到其实他们并不孤独，他们面临的问题其实也并不独特。

此外，并不是每个人都有条件找心理医生治疗或求助于心理学老师，毕竟大家都面临着经济、交通或文化等方面的障碍。我不仅在倾听过程中了解到很多事情，而且在研究和阅读过程中也学到了很多知识。我希望通过这本书把这些信息讲出来。这样一来，不仅能让那些有条件求助于心理医生或心理学老师的人了解到这些信息，还能让那些不具备条件的人通过网络、书店或公共图书馆了解这些信息。格洛丽亚·琼·沃特金斯（Gloria Jean Watkins）是一位知名的女权主义理论家和教育家，她更为人熟知的是其笔名贝尔·胡克斯（Bell Hooks）。如她所言，教育是一种干预。

因此，我接下来所讲的内容都是非虚构类叙事。全书我借鉴了数百名研究人员的数百项研究成果，但考虑到可读性，正文里面只是提到了部分研究人员的名字。如果你想了解完整的引用信息，或者想知道可以从哪里读到更多信息，可以参考本书末尾的注释部分。我还引用了许多回忆录、自传、传记和小说中的文字。在大多数情况下，我引用的都是原文，但有时候，为了便于阅读，我会把引用的内容缩减一些，虽未使用括号或者省略号，但能确保原意不会改变。要想获得更完整的引文或上下文，可以在注释部分了解如何追溯数据源头。

最重要的是，我在讲述有幸接触的客户和学生的故事时，是原原本本讲述的，跟他们向我讲述的内容一样。本书中的每一个故事都是基于真实事件，并努力传递出他们真实的情感。为了保护那些同我分享隐私的人，我对那些可能泄露他们身份的细节做出了一些改动。但这些故事的基本情况，比如，他们所面临的困难、他们的想法以及他们在克服这些问题时的感受等，都没有改动。我在本书中所描述的对话是根据我记住的内容来写的。我希望每个读者都能在接下来的字里行间看到自己的影子，但如果这些内容与某人经历有相似之处，则纯属巧合。

第 1 章

超常者

最痛苦的事，

莫过于内心憋着一个无法倾诉的故事。

——玛雅·安热卢（Maya Angelou）

海伦（Helen）看起来镇定自若，就像她在电话里给我的感觉一样。

她坐在沙发上，挺直腰板，一只手紧握着，另一只手搭在上面。我们相互寒暄了几句，然后问她来我办公室的路上是否一切顺利。海伦不假思索地回答说先是开了一个工作会议，但散会晚了，会议一结束，她就冲出会议室，钻进车里，结果半路上轮胎没气了，便就近找了一个汽车服务点，把钥匙往工作人员那儿一扔，就急匆匆地离开了，边走边回头大声说一个小时后再过来取车，她跳上了一辆方向正确的公交车，过了大概1英里[①]之后下车，最终跑了几个街区后才来到了我的办公室。

"你听起来像个超级英雄。"我说。

泪水开始从海伦的脸颊上滑落，她苦笑一下，悲伤地凝视着我。"有些糟糕的事情，你还不了解啊！"她回答道。

海伦说，大学毕业后的这些年里，她大部分时间都是跟随一个非政府组织在世界各地到处跑，为了缔造一个更加美好的世界而奋斗，比如为了非洲的社会正义，为了东南亚和拉丁美洲的气候正义，为了

---

① 1英里约为1.61千米。——编者注

东欧和加勒比地区的青少年司法正义。

我问她：“这种状态持续了多少年呢？”

她停顿了一下，数了数，说：“差不多10年或11年了吧。”

无论什么地方，只要需要海伦，她都愿意去，直到后来忽然有一天，她的母亲告诉她说家里需要她。

海伦的父亲自杀了，就在她从小到大生活的那栋房子里。他们住在旧金山郊区，距离市区两小时车程。她家的房子看起来普普通通，有一个院子，孩子们可以在那里嬉戏玩耍。海伦和两个弟弟各有一间卧室。或许正是由于这个原因，当那个年龄较小的弟弟半夜偷偷溜出房子，朝后院的游泳池走去的时候，没有人能听到。当他溺亡的时候，也没有人能看到。这已经是许多年前的事情了。

海伦在十几岁时也开始在夜里偷偷溜出去。起初，她只是想知道弟弟生前深夜溜出去看到的世界是什么样子，但后来海伦发现这种行为她欲罢不能，因为这给她一种逃离的感觉，至少有一段时间是这样。她的父亲并不主张举家搬到别的地方重新开始。她的母亲也不愿意搬离那栋房子，因为那里承载着她对幼子的记忆。白天，校园里的海伦脸上总是带着微笑，她的学习成绩还挺好。她的父母需要她成为强者，而她在学校确实做到了这一点。但在夜里，海伦却喜欢溜出家门，连续走上好几个街区。行走在昏黄的路灯下面，她不需要为任何人佯装坚强，也不需要去拯救任何人。

放下满世界奔波的工作回到家后，海伦开着租来的车，行驶在同样的街道上，那里的房子看起来都相似，但她感觉自己的房子就是与众不同，她很不喜欢这种感觉。她去了父亲的办公室，在那里她把父亲的私人物品装进了一个纸箱，其中有一个空水瓶藏在桌子最下面的抽屉里，颇有几分神秘色彩。她拧开瓶盖，把鼻子凑到瓶盖上闻了闻，她闻到了一股酒味。海伦也想喝酒，她坐在父亲的办公椅上，靠着椅背，转了一圈，环视了一下办公室椅子上杂乱堆放的数百份文件。在离开的路上，海伦礼貌地感谢了她父亲的同事们，他们笨拙地表示了哀悼，同时也祝贺她做了许多好事，说："你知道的，你父亲为你感到骄傲。他经常提起你。"海伦知道这一点。她过去是，而且一直是家人的骄傲，她用自己的行动证明自己的家庭是完好的。

很快，海伦在家乡附近找到了一份新工作，这次是为总统竞选活动充当筹款人。她的理由是，美国这边也有一些工作需要她来做，此外，她的母亲也需要她。于是，她便放弃了为世界其他国家奔波的工作。在新的办公室里，她和众多捐赠者们进行友好而热情的交流。但有一天，她忽然接到了一个电话，话筒中传来了母亲那悲痛欲绝的声音：母亲曾经发誓永远不搬离的房子可能会因为无力还贷而被银行没收。就是在这个时候，海伦来到我的办公室，给我讲了她的故事。

"我以前从来没有对任何人说过这些。"海伦倾诉着，泪水顺着脸颊滚落下来。"有些人知道一些事儿，但没有人知道全部。别人看我时，往往看到我所做的那些伟大的事情，他们可能知道一点儿关于我家的事情，这令他们感到吃惊，但没有人真正了解我。我想是这样的，没有人真正了解我。我真的很孤独。"

海伦沉默地坐了很长一段时间，一张纸巾在她手上反复折叠着。

"我太累了，"她继续说，"当我想到世界上有人经历了比我还艰难的生活时，我还坐在这里哭泣，感觉挺尴尬，我好像没权利像现在这样疲惫和悲伤。我不知道我怎么了。不知道怎么回事，有时我觉得自己不适合待在任何地方，好像没有一个词可以形容我……我总是觉得自己跟别人不一样，是一个不正常的人。"

当我问海伦，她是否曾经认为自己有复原力时，她的反应与其说是困惑，不如说是吃惊。她的回答迅速而坚定：“不。”

她继续实事求是地向我解释，好像是我犯了一个严重的错误一般。她说：“如果我有复原力，我就不会坐在这里了，就不需要和您这样的人交谈了。”

海伦的时间拿捏得非常完美，她瞥了一眼手表，插嘴说道：“我们的时间到了。下星期见。”她拭去脸上的泪水，走了出去，去取车了。

海伦是个奇迹般的人物。无论是挺过了童年，还是第一天来到我的办公室，她都克服了大大小小的逆境，比如失去弟弟、父母为弟弟的去世而悲伤、父亲去世、国际上存在形形色色的不公正现象、轮胎瘪了等等。无论发生什么，海伦都是立即采取应对行动。她内心强大、意志坚定、富有同情心，而且很勇敢，是家里的英雄，在其他人看来或许也是如此。她似乎永远在不知疲倦地拯救那些需要她的人，为世界各地的陌生人挺身而出。对那些认识海伦的人来说，她是一个奇迹，也许很少有人会想到，在紧闭的心灵之门后面，她感到疲惫，感到自己跟别人不一样，感到无比孤独。

但海伦并不像她所想象的那样与别人有多大差异。以下是青少年每天醒来最常见的逆境。如果你想知道自己是否属于这些儿童或青年中的一员，可以问一下自己以下问题。在 20 岁之前：

- 你有没有因为死亡或离婚的原因而失去父母或兄弟姐妹？
- 你的父母或兄弟姐妹是否经常对你破口大骂，打击你、侮辱你、孤立你，或者表现得让你感到害怕？

• 你的父母或兄弟姐妹酗酒或者滥用药物吗？

• 你曾经在学校或社区中被其他孩子欺凌吗？有谁令你感到害怕吗？

• 你是否与患有精神疾病、其他严重疾病或具有特殊需求的成年人或兄弟姐妹生活在一起？

• 你的父母或兄弟姐妹是否经常推搡你、抓挠你、殴打你或朝你扔东西，或者曾经重重地打过你，以至于你出现了瘀伤、擦伤或其他伤害？

• 你是否生活在一个没有干净衣服或足够食物、请不起医生，或没有人保护你的家庭里面？

• 你家有人进过监狱吗？

• 你的父母、兄弟姐妹或其他至少比你大 5 岁的人是否用性骚扰的方式抚摸过你的身体，或者要求你做一些类似的事情？

• 你家里的父母或兄弟姐妹有时会被殴打、被踢踹、被掌掴，或被人拿着武器威胁吗？

如果你对其中一个或多个问题的回答是肯定的，或者你在生活中遇到了上面没有提到的逆境，那么你并不孤单，并非只有你自己遇到了这些问题。如果单独来考虑，这些问题可能只会影响一小部分人，但如果放到“童年逆境”这个大框架下去考虑，美国和世界其他国家的很多例子表明多达 75% 的青少年有以上一个或多个问题，而且一个问题可能会导致其他问题。然而，我们都知道，像海伦一样（或许也像你一样），许多青少年尽管经历了很多逆境，但他们已经长大了，并且在这个世界上过得很好。他们在童年经历的逆境甚至可能对他们起到了激励的作用。社会学家称这样的人具有“复原力”。

根据美国心理学会的说法，所谓复原力，就是指一个人面对逆境、创伤、悲剧或持续不断的重大压力时，能够表现出很强的自我适应能力。研究人员表示，尽管面对重大风险，他们能表现出一种出人意料的能力，尽管面对严峻的挑战，他们还是能够取得成功。不管你选择怎样准确表述，复原力的一个核心意思就是，人们在逆境中表现得比预期的要好，在遭遇许多不利因素时，这些人总是能够朝着好的方向努力。我们当然可以说，在经历了所有逆境之后，海伦的确已经成功了。她适应得很好，她比许多人预料的更有能力、更成功。那么，海伦为什么不认为自己很有复原力呢？

问题是，在口语中，我们用看似简单的术语谈论复原力。我们说有复原力的人就是有所谓的“弹性”，认为他们能够从逆境中恢复过来。如果查一下字典，我们会发现复原力往往被定义为弹性，即在遭遇疾病、不幸或休克后能够迅速、轻松地恢复原状的能力。在很多情况下，这种基于弹性视角的定义都是行得通的，比如我们从流感中恢复之后，可以说我们弹回了原状，或者我们在失业后实现了再就业，也可以说弹回了原状。但是这些比较流行的描述方式都不符合像海伦这样的人的内心状况，他们大多数人的内心状况并没有很快恢复或弹回到最初的状态，而是被他们早期的经历永远地改变了。说到克服童年的逆境，复原起来并非易事。

事实上，社会学家认为，最好不要把复原力理解为人们拥有或没有的某种弹性特质，而是将其理解为一种现象，视为我们能看到但不能完全理解的一种东西。我们可以在海伦这样的故事里面看到这种现象，也可以在很多名人的生活中看到这种现象。我们将在后续章节里面谈到这些名人。这些名人的故事向我们表明，诸如海伦这样遭遇逆境的人并不像他们自我感觉的那样孤单。事实上，遭遇类似逆境的人很多。下面这些名人就是遭遇过童年逆境却表现出卓越复原力的典范：

安德烈·阿加西（Andre Agassi），网球大满贯冠军

玛雅·安热卢，作家

艾利森·贝克戴尔（Alison Bechdel），漫画家

约翰尼·卡森（Johnny Carson），喜剧演员

约翰尼·卡什（Johnny Cash），乡村歌手

斯蒂芬·科尔伯特（Stephen Colbert），喜剧演员

米斯蒂·科普兰（Misty Copeland），芭蕾舞演员

艾伦·卡明（Alan Cumming），演员

维奥拉·戴维斯（Viola Davis），演员

维克多·弗兰克尔（Viktor Frankl），精神病学家和大屠杀幸存者

勒布朗·詹姆斯（LeBron James），篮球冠军

巴拉克·奥巴马（Barack Obama），第44任美国总统

保罗·瑞安（Paul Ryan），第62任美国众议院议长

奥利弗·萨克斯（Oliver Sacks），神经学家

霍华德·舒尔茨（Howard Schultz），星巴克董事长

阿希尔·夏尔玛（Akhil Sharma），作家

伊丽莎白·斯马特（Elizabeth Smart），儿童安全倡导者

索尼娅·索托马约尔（Sonia Sotomayor），美国最高法院大法官

安迪·沃霍尔（Andy Warhol），艺术家

伊丽莎白·沃伦（Elizabeth Warren），美国参议员

奥普拉·温弗里（Oprah Winfrey），媒体大亨和慈善家

肖恩·科里·卡特（Shawn Corey Carter，艺名 Jay–Z），说唱歌手和商人

然而，大多数具有复原力的人并不是名人，而是隐匿于日常生活中的普通人，比如医生、艺术家、企业家、律师、邻居、父母、活动人士、教师、学生、读者等等。我们不能总是用球的反弹或橡皮筋的弹性去比喻他们的复原力，我们需要找到一个更好的比喻。他们在逆境中表现出复原力的故事应该得到一种更为宏观和全面的呈现。这就是我写这本书的初衷。

在后面的章节中，普通人和公众人物的故事将向我们展示一个事实，即很多人误以为有复原力的年轻人能从困难时期反弹回来，但事实恰恰与这种观点相反，这些人所做的事情要复杂得多，也勇敢得多。他们是自己生活舞台上的主角，经常发起别人看不见的、激烈而无情的战斗。我们将了解到，他们的一生是英勇的、强大的和危险的。我认为，经过几十年的调查和研究，这种现象至今仍令人惊叹和困惑。

1962 年，心理学家维克多·格策尔（Victor Goertzel）和他的妻子米尔德丽德·格策尔（Mildred Goertzel）合著了一本书，书名为《卓越的摇篮：对 20 世纪 400 多位名人的童年进行的一项发人深省的研究》（*Cradles of Eminence: A Provocative Study of the Childhoods of Over 400 Famous Twentieth–Century Men and Women*）。他们选择的研究对象都是对社会做出了积极贡献，并至少拥有两部个人传记的名人，比如

路易斯·阿姆斯特朗（Louis Armstrong）、弗里达·卡洛（Frida Kahlo）、玛丽·居里（Marie Curie）、埃莉诺·罗斯福（Eleanor Roosevelt）、亨利·福特（Henry Ford）以及约翰·戴维森·洛克菲勒（John D. Rockefeller）等。格策尔的书中最发人深省——或者说最令人惊讶的发现是，在这些杰出人物中，有3/4的人在儿童期就饱受贫穷、家庭破裂、父母虐待、酗酒、残疾、疾病或其他不幸折磨。只有58人（不到15%）的原生家庭算是没有烦恼的，父母也能给孩子提供支持。格策尔写道："这些所谓的'正常人'，似乎不太可能跻身名人堂。"

也许美国前第一夫人阿比盖尔·亚当斯（Abigail Adams）说得对："足智多谋、精明强干乃是在与困难做斗争中形成的……当扣人心弦的形势使头脑变得激越昂扬，原本沉睡的潜质就会苏醒并活跃起来，形成英雄和政治家的特质。"如果我们仔细观察，就会发现逆境是很常见的。逆境不是少数不幸的人所背负的难以承受的负担，而是在很多名人、英雄和无数普通人的个人历史中都可以看到的现象。

社会学家最早主要是出于偶然发现了这些具有复原力的个体。近百年来，自心理学领域创立以来，研究人员主要关注的是精神疾病，尤其是儿童期的问题如何导致成年期的问题。西格蒙德·弗洛伊德（Sigmund Freud）最有名的成就可能是在19世纪末普及了这一理念，但事实上，这一观点早已确立。弗洛伊德曾说过："在我之前的诗人们和哲学家们就已经发现了潜意识，我发现的只是研究潜意识的方法。"事实上，18世纪诗人亚历山大·蒲柏（Alexander Pope）的名言"如果嫩枝弯曲，那么长成的小树必然倾斜"也意味着一个人在童年和青少年时期遭遇的逆境会形成潜意识，进而影响成年之后的人生。

然而，在20世纪70年代前后，不同的研究团队开始观察到，当嫩枝弯曲时，树并不总是倾斜的。在明尼苏达大学，心理学家诺曼·加梅齐（Norman Garmezy）开始研究母亲患有精神疾病的儿童。由于母亲患有精神疾病，他们患上精神疾病的风险似乎更大，结果令人惊讶：他们几乎没有表现出什么患病的迹象。在伦敦精神病学研究所，迈克尔·鲁特（Michael Rutter）研究了那些似乎同样不受贫穷影响的男孩和女孩。加州大学戴维斯分校的心理学家埃米·维尔纳（Emmy Werner）发起了考爱岛纵向研究（Kauai Longitudinal Study），对数百名一出生就面临高风险的婴儿进行了长达数十年的跟踪研究，结果却被那些克服了儿童逆境和家庭不和谐因素影响的婴儿深深地吸引住了。门宁格基金会（Menninger Foundation）的洛伊丝·墨菲（Lois Murphy）和艾丽丝·莫里亚蒂（Alice Moriarty）共同指导了一个名为"应对计划"（Coping Project）的研究项目，旨在找出那些能很好应对困难的孩子。瑞士精神病学家曼弗雷德·布洛伊勒（Manfred Bleuler）是尤金·布洛伊勒的儿子，他创造了精神分裂症这个词，他自己也研究过患有精神分裂症的成年人，惊讶地发现大多数病人的孩子都颇有建树。他提出，这些孩子们儿童期经历的艰难困苦冶炼了他们的性格，使他们异常坚强。

正如英国精神分析师詹姆斯·安东尼（James Anthony）在1987年所写的那样："人们可能会认为，儿童战胜绝望、堕落、压抑、剥夺和缺陷的现象会立即引起临床医生和研究人员的注意，但直到前些年，那些在逆境中幸存下来并取得成功的人好像几乎没有引起关注。"然而，忽然之间，人们对这些幸存者和成功者的关注多起来。像海伦一样的年轻人被称为"梦想的坚守者"，因为至少从外人的角度来看，他们代表了美国梦的希望：战胜困难，顽强地实现自力更生，对美好的未来怀有希望，以及获得了看似平等的成功机会。

有复原力的孩子们激发了专业人士和外行人的想象力，学术界和大众媒体对他们进行的许多早期描述都表明，他们身上确实有令人难以置信的东西。新闻标题、期刊文章和书籍标题中都充斥着英雄主义色彩浓厚的字眼，比如“超级儿童”（superkid）、“不会受伤”（invulnerable）、“不可战胜”（invincible）、“钢铁般的孩子”（children of steel）和“超常”（supernormal）。这些看似无懈可击、战无不胜的孩子表现出了一种近乎超自然的适应能力和成功能力，但他们是如何做到的呢？

人们通常相信复原力强的孩子能克服来自家庭或学校的不利因素，进而实现成功，而且研究人员一度相信复原力强的孩子或许可能拯救社会科学。就像精神创伤研究专家朱利叶斯·西格尔（Julius Segal）在 1978 年的一本书中提到的那样，这些不会崩溃的孩子肯定拥有某种特殊的力量，如果科学家们能发现复原力的秘密，就能向世界揭示成功的秘诀。西格尔在其关于复原力的著作中感叹道：“这些不可战胜的孩子可能是我们研究的最大希望所在。”

西格尔并不是唯一持有这种想法的人，各个学科的专家们开始投入极大的热情去研究复原力强的孩子们的生活。他们认为，少数优秀品质可能造就了这些人的复原力，给他们的漫长人生创造了财富，但并非每个人都具备所有这些优秀品质，不然的话，如果一个人具备了所有这些品质，那么他真的会超级优秀。他们认为这些人至少拥有下面这些优秀品质中的一项或多项：至少有正常智力水平、迷人的气质、解决问题的能力、自我控制能力、独立的性格、良好的沟通技巧、建立友谊的能力、自信、毅力、幽默感、乐观、吸引力、信仰、目标感、责任心以及其他一些引人关注的性格或爱好。

尽管人们很容易相信这些“超级儿童”利用他们的超常能力去反击周围环境中的不利因素，但很快就发现，很多人的周围环境中也存在有利因素，他们从中得到了一些帮助。至少父亲、母亲或某个成年人爱他们，并给予他们始终如一的温暖和监护，才能维持大多数人的和谐。有些人活了下来并茁壮成长，不是因为他们的父母，而是因为兄弟姐妹的关心和照顾。另一些人则依靠家庭之外的人际关系的支持，比如与老师、教练、导师、亲戚或朋友的关系，或者依靠社区内的资源，比如能给他们提供教育或午餐的学校、安全的社区、图书馆、教堂、健身房、音乐中心等等，在那里，他们可以逃避现实，甚至得到灵感。

正如著名的复原力研究者安·马斯滕（Ann Masten）恰如其分地描述的那样，像海伦这样的人其实并没有超常能力。她说，也许更令人惊讶的是，他们利用普通人都具有的力量，或者在利用普通的思维、家庭和社区，变不利为有利，从一无所有到有所建树，从微不足道到成为成功人士。然而，就像魔术一样，事情往往并不像它们看上去的那样简单。

科学家们对复原力强的儿童和成人的生活追踪得越仔细、追踪的时间越长，他们就越发现复原力并不是一种人人都能研究透的东西，这取决于人们如何以及何时去观察它。在大多数情况下，研究人员会寻找表现良好的人作为自己的研究对象，而在工作或学习中表现良好的人群则是最容易进入他们视野的。

但除了容易观察到的良好表现以外，研究人员不能轻易看到的内心世界是怎样的呢？研究人员很快发现，虽然许多成长于困难家庭的孩子在课堂上表现得很好，尤其是那些被认为有复原力的孩子更是如此，但他们内心往往感受到很大的压力和强烈的孤独，这些内心感受很难被发现。同样，许多在工作中表现出色、似乎不受童年逆境困扰的成年人的内心同样也在苦苦挣扎，这影响着他们的人际关系和健康状况。过去数十年的研究已经揭示了儿童复原力背后的秘密：没有任何人是真正坚不可摧的，孩子不会，成年人也不会。

20 世纪中叶，海因茨·哈特曼（Heinz Hartmann）提出，正常的成长发生在他所谓的“普通的、可预期的环境”中。这种环境类似于儿科医生和心理分析学家唐纳德·温尼科特（Donald Winnicott）所说的“足够好”的成长环境，比如良好的家庭、学校或社区。在这种成长环境下，孩子们能获得足够的安全感、足够的食物、足够的关爱、足够的和平、足够的约束、足够的监护、足够的榜样、足够的关注、足够的爱情、足够好的父亲母亲或其他成年人的关心。对于一个足够好的童年而言，生活中未必完全不会遇到任何问题，相反，与年龄相适应的、适度的挑战对孩子们的成长是有好处的。不过，哈特曼和温尼科特认为，这些问题应该具有可预测性，应该属于一种文化观念所认为的正常范畴之内。

具有讽刺意味的是，哈特曼设想的“普通的、可预期的环境”可能既不普通，也不可预期。在哈特曼所说的“高于普通水平的环境负担”中成长的人比我们想象的要多得多。美国疾病控制与预防中心 2010 年的一份报告估计，约有 25% 的成年人在儿童期遭受过言语虐待，15% 遭受过身体虐待，10% 遭受过性虐待，大约 30% 的人目睹了父母离婚。大约 30% 的人生活在有家人滥用毒品或酒精的家庭环境中，

15% 的人目睹了某种形式的暴力。约 5% 的人在父亲或母亲入狱的环境中长大，20% 的人与患有精神疾病的家庭成员同住。

这些问题听起来好像不会发生在自己身上，似乎只会发生在那些挣扎在贫困线以下的家庭。经济困难的确会导致家庭问题，影响孩子们的成长，但并非所有问题都是由经济困难引起的。就算经济条件较好的家庭，同样会出现影响孩子成长的不利因素。有一项震惊医学界的里程碑式研究表明，人们在早期成长阶段承受压力非常普遍，也非常有害。这项研究开始于 20 世纪 90 年代末，由美国疾病控制和预防中心以及凯撒医疗集团（Kaiser Permanente）共同赞助，由联合首席调查员文森特 · 费利蒂（Vincent J. Felitti）和罗伯特 · 安达（Robert F. Anda）共同主持，研究项目名称是“儿童期不良经历研究”。他们研究了大约 18 万个中产阶级家庭。其中，将近 2/3 的家庭存在一种上述不良经历，将近 1/2 的家庭存在两种或多种。

这意味着，对于所有青少年来说，很可能出现祸不单行的情况，比如海伦的童年就是如此，一个不幸引发了其他多个问题。2004 年一项关于“逆境关联性”的研究中，80% 生活在逆境中的儿童至少还面临着另外一种问题，50% 的人还面临着另外三种问题。

除了关联性之外，早期逆境往往不是一次性事件，其影响不会随着事件的结束而立刻消失，而是会一次又一次地影响孩子未来的生活。用精神分析学家恩斯特 · 克里斯（Ernst Kris）的话来说，最普遍的麻烦不是休克性创伤（shock trauma），而是紧张性创伤（strain trauma），因为它们不断地给孩子的童年以及成年之后的生活带来负担。这就是精神分析家马苏德 · 汗（Masud Khan）所称的“累积性创伤”，这种创伤会贯穿整个童年，这些创伤的影响直到成年之后才可能显现出来。马苏德 · 汗说，这些影响是不断累积的，回头来看才能发现。那么，大多数儿童在童年期经历的逆境之所以非常危险，并不一定是因为这些事件本身的规模多么大，而是它们对儿童的日常生活以及对发育中的身体和大脑产生了持续不断的折磨。现在广为人知的一个事实是，困难经历会以毒性应激或慢性应激的形式侵入我们的皮肤。长期的压力会造成身体伤害，这就像反复轻轻地敲打人的头部一样。比如，如果一个运动员遭到沉重一击，严重到失去意识，发生脑震荡，我们就会进行干预，让他退出比赛。但如果一个球员受到较轻的打击，也许他看起来没事，我们就会让他回到比赛，回归之前的生活，但是，正如神经学家所发现的那样，无论重的打击，还是轻的打击，影响都会叠加起来。

2011 年，美国儿科学会前会长罗伯特 · 布洛克（Robert Block）在参议院儿童与家庭小组委员会证实，儿童期的逆境“可能是美国成年人健康状况不佳的一个重要原因”。这是因为长期的压力使我们有可能患上各种各样的疾病，包括溃疡、抑郁症、癌症和自体免疫性疾病等。复原力强的人也会受到这种压力的影响，这是毫无疑问的。他们也许能比其他人更好地与之斗争，生活不至于因此陷入混乱。

2017 年，《纽约时报》发表了一篇题为《为什么成功战胜逆境会让你生病》（Why Succeeding Against the Odds Can Make You Sick）的文章，介绍了科学家们在研究复原力强的人（也就是那些努力克服童年劣势的人）的过程中取得的成果。这些人越是认同“事情不如意，只会促使我更加努力工作”或“我总是觉得，我想让生活什么样，就能让它变成什么样”等类似的观点，他们的健康就越可能受损。有鉴于此，有研究人员表示，当谈到我们的健康问题时，所谓的复原力可能只是表面的。

现在，我们已经进入了21世纪，距离人类首次发现复原力这一现象已经过去了大约50年。一开始，人们之所以研究这个概念，是为了追踪研究一些超常的儿童，发现他们的超能力，结果却演变成了研究人员完全没有预料到的一个研究方向。这个方向没有提供简单的答案，却揭示了一些重要的事实：我们当中有更多的人在早期面临逆境。我们中的许多人用所具备的普通的能力去抗击这些逆境，而且有一些人的确取得了胜利。

虽然一些人取得了这样的胜利，但往往没有看上去那么轻松和果断。早期的研究人员通过将这些人与超级英雄做对比，或许真的发现这些孩子身上存在某些超乎常人的特质，但如今，很少有人把复原力强的年轻人称为“超级孩子”、“无懈可击”、“战无不胜”或“超常”。别忘了，超级英雄往往都是复杂的角色。

世界上第一个超级英雄名叫“超人”（Superman），是美国人创造出来的一个标志性的人物形象，是美国梦的持久象征。1938年，还是个婴儿的超人从他的家乡氪星来到了地球，首次登上了一本漫画书的封面，漫画书展示了超人所有的红、黄、蓝三色的光辉。他比飞驰的子弹还快，比火车头的劲头还强大，能一跃跳过高楼大厦，当然也会飞。“他是一只鸟！它是一架飞机！它是一个超人！”他只有碰到来自他母星的氪石[①]，才会失去超能力并变得软弱无力。

然而，正如世人后来所了解到的那样，要练就“超人”那种钢铁

① 氪石是一种虚拟物质，与现实世界里的氪元素无关，是超人的家乡——氪星爆炸后的碎片，是超人和绝大多数氪星人的终弱点。这个词用来指代超级英雄的弱点和软肋。——译者注

之躯并非易事。超人是一个孤儿和外星人，被善良的肯特一家人收留和照顾，但考虑到自己的历史以及具备自己也不明白的超级能量，他自己都觉得与周围的人不同。随着年龄的增长，他希望用自己的能力去帮助别人。为此，他从自己成长的斯莫维尔镇（Smallville）搬到了大都会（Metropolis），并在那里开始了一场漫长的、迄今仍未结束的斗争，以期把世界变得更美好。超人可能喜欢过克拉克 · 肯特（Clark Kent）那样的日常生活，甚至可能爱上露易丝 · 莱恩（Lois Lane），但这个世界一直在呼唤他行动起来，而他似乎只有在自己的孤独堡垒中才能找回内心的平和。

那些有复原力的人或许不是超人，但他们是“超常”的，这个词的意思是超越平常或正常的水平。正如社会学家欧文 · 戈夫曼（Erving Goffman）在他的经典著作《污名》（*Stigma*）中所写的那样，如果一个社会中的正常人是那些没有偏离预期的人，那么超常者就是那些在很多方面偏离预期的人。他们的日常奋斗超越了我们所认为的一般和可预期的范围，他们随后的成功也超出了预期。经过几十年的学术研究，依然没有人知道这些超常者是如何做到这一点的。

在前面的章节中，我使用了“超常”这个词作为形容词和名词描述那些有复原力的人。之所以选择这个词，是因为我想玩一个语言游戏，希望通过这个概念激发起人们对这些人的同理心，而不是为了表明他们多么聪明。这个词能让人们产生共鸣，并体会到一种坚韧不拔的感觉，联想到一种不受束缚、超出预期的生活。根据我的经验，很多有复原力的人，比如海伦，还没有意识到这个词。我们很快就会看到，他们的所做的事通常与超级英雄或其他英勇无畏人物的故事具有一致性。

超人是几乎所有超级英雄的原型，而大多数超级英雄的共同特征也存在于许多超常者的生活中。如同超级英雄能够躲避子弹或跳过挡住自己的高楼一样，超常者也能以看似轻松的方式反击眼前的危险，而他们周围的很多人，包括那些生活中遇到障碍较少的人，却无法做到这些。然而，正如海伦在我们相遇的第一天所说的，这只是故事的一半。许多人继续追求成功，却不知道自己能坚持多久，或许不知道在什么时候，一切就都崩溃了。

美国文化既创造出了超人，又创造出了美国梦，在这种文化氛围下，我们往往以浪漫主义的视角去看待各种形式的向上流动，有时甚至忘记了人们在这个过程中经历的艰辛、疲惫、脆弱、孤独。我们对那些复原力强的人感到惊讶，这是自然而然的事情，然而，我们往往只是关注“他们是如何做到这一点的”，却忘了问一句“他们内心感觉怎么样”。

在后面的章节中，本书通过讲述科学道理和讲故事的双重方式来探讨这两个问题。他们是怎么做到的？复原力无疑是一种客观存在的现象，是一种高度个性化的体验，我们永远无法将其简化为公式或算法。然而，经过几十年的研究，社会学家确实知道复原力是如何起作用的，而世界各地的超常者也应该知道这一点。就像海伦所说的那样，超常者往往感到自己被正常人疏远了，感觉自己是不正常的，至少部分原因在于他们不仅对别人感到好奇，对自己也感到好奇，他们不知道用什么样的措辞去解释自己看到的现象，不知道如何应对，甚至不知道自己是谁。在接下来的章节里，读者将了解到一些鲜为人知的事实，这些事实是对于最普遍的童年逆境以及如何适应它们的最新研究。

具体来讲，这方面的研究涉及以下问题：

- 恐惧对大脑有何影响，以及这如何导致人们决定保守秘密。
- 长期的压力如何激发我们的战或逃反应机制，又如何帮助我们以非凡的警觉和决心度过每一天。
- 愤怒如何让超常者变得更加坚强和乐观，自我控制为何也是一个强大的武器，为何两者都必须在有意识的状态下才能发挥作用。
- 超常的儿童如何在不离开家庭或社区的情况下逃离危险，以及他们成年后如何抓住机会永远逃离危险。
- 成年人取得成就后，如何利用这些成就作为盔甲去淡化童年逆境带来的心理创伤？
- 超常者如何通过形成大大小小的秘密团体来改变他们的大脑、健康和社交圈子。
- 为什么行善对我们有益，以及为什么“爱”是最强大、最难以捉摸的超级力量。

在撰写这本书的过程中，我经常被问到的问题是：你写的这些人，是从哪里找到的？对于复原力，人们有很多误解，其中一个就是那些真正具有复原力的人并不需要寻求心理医生的帮助，因此，需要对他们持续地追踪研究。事实上，我们身边到处都是复原力强的超常者，许多人曾经光顾过我的私人诊所或社区诊所，或者听过我的演讲。我在这些地方开设临床实践或执教，前后将近20年。在接下来的章节中，我将在隐去部分信息的前提下讲述我在日常生活中有幸邂逅的超常者的故事。下面的故事之所以被选中，并不是因为它们揭示了最令人震惊、最不寻常的苦难。相反，它们表明童年逆境多么普遍、多么强大和多么令人心酸。数以百万计的青少年每天早上醒来都会经历这些逆境。

- 痛苦的往事如何将人类划分为“局内人”和“局外人”，以及如何将时间划分为“之前”和“之后”。
- 为何心中保守秘密会让我们感觉自己反常，而不是超常，为何让我们感觉自己不是一个英雄，而是怯懦者。
- 你的善行或成就得到了认可，是一种外在的样子，而你内心世界真正是什么样子却鲜为人知，甚至可能你都不了解自己。
- 你看起来无坚不摧，所向披靡，任何逆境都压不倒你，以至于很少有人意识到你也是一个普通人，这是一种什么样的感觉呢？
- 如何管理自己的秘密？要袒露多少秘密，以及向谁袒露？
- 为什么有些超常者害怕成为别人的伴侣或父母，有时候即便有能力把事情做好，也不敢去尝试，以至于白白错过了很多良好体验？
- 对于超常者而言，世界上最伟大、最终极的斗争往往存在于内心，而不是存在于外部世界。
- 为什么超常者眼里的普通人最终反而可能觉得自己不普通？

拉尔夫·尼科尔斯（Ralph Nichols）可能是最懂倾听艺术的人了，是这个领域最知名的鼻祖式人物。他曾指出：“人类最基本的需求是理解和被理解。”因此，我希望各地的超常者在阅读完后面的章节后，能够更好地理解自己的生活，更好地理解自己。这样，他们就会发现还有其他无数人也能理解他们。

关于家庭，人们常说幸福的家庭都是相似的，不幸的家庭各有各的不幸。这句话虽然是老生常谈，却有失偏颇。那些在不幸环境中长大的人，表面上看起来可能不同，但他们的内心有很多共同之处。然而，到目前为止，许多关于童年逆境的谈话和研究都是独立进行的，彼此之间没有交流，这无意中使超常者彼此隔离了起来，一些超常者接触不到同类，而他们通常觉得只有同类才能理解自己。比如，酗酒者的孩子觉得只有酗酒者的孩子才能理解自己，性侵幸存者想象着他们或许只有在性侵受害者支援中心才能找到理解和支持自己的人。关于情感虐待的研究成果的阅读者往往只是其他研究者，而那些受害者很少读到这些研究成果。在我的职业生涯中，就任何时间段而言，大约 1/3 的求助者之所以在家不幸福，并不是因为他们的父母，而是因为他们的兄弟姐妹。尽管如此，兄弟姐妹之间的争斗很少被视为童年逆境的一种表现，而且很少得到探讨。当我们把许多不同的逆境和不同的人放在一起去审视，写成一本书时，也许我们可以从中看到一个更为宏观的故事。这是一个不为人知的故事，讲述的是一群通过自身努力克服困境并取得成功的男男女女，他们的成功超出了世俗标准的预期。

本书记载的就是关于逆境和复原力的故事。他们在经历了艰难困苦、令人心碎的童年之后，付出了艰苦卓绝的努力，让自己的生命升华到了新的高度。他们向世界表明，一个人反击自己的过去是非常勇敢和复杂的行为。超常者是日常生活中的超级英雄，但有时不认为自己是英雄，他们拥有能量，内心藏有秘密，即使是与其最亲近的人，也可能发现不了他们的秘密。他们隐藏着内心的秘密，同时也在为社会提供自己的服务，即使在疲惫不堪的时候，他们也会运用自己的力量行善。但戴着面具的他们可能产生令人难以置信的疏离感，只有强化与别人的关系，才可以拯救他们。最终，超常者不得不严肃地回答这样的问题：生命是否一定是一场永无休止的战斗？善是否最终能胜出？爱究竟在哪里？要探讨这些问题，我们首先要探讨这些人生体验的“起点”，也就是给他们人生带来转折，导致一切都不同于过往的某个时刻或某个事件。这种时刻或事件，我姑且称为“起点故事”（origin story）。

第 2 章

起点故事

我不是很想念上帝，但我很想念圣诞老人。

——摘自埃里克·厄德森（Eric Erlandson）与考特妮·洛夫（Courtney Love）合写的歌曲《没有勇气》（*Gutless*）

衣架的刮擦声把萨姆（Sam）吵醒了。这是一种熟悉的声音。从开始记事起，这种声音就在工作日的清晨将他从浓浓的睡意中唤醒。萨姆的父亲是一个生意人，在附近镇子上的一家造纸厂担任某种业务的经理。他早上起得比家人早，当他打开衣柜挑选当天要穿的衣服时，西服和衬衣的衣架在金属棍上推来推去，会发出刮擦声。当萨姆起床准备去上学时，唯一能证明他父亲在家里的证据就是早餐桌上放着的那杯几乎空了的咖啡。萨姆喜欢喝加了糖的咖啡，再添加丰富的奶油，以此迎接新的一天。

后来有一次，萨姆听到衣架刮擦的声音时，情况开始变得不寻常了。那一天，天还很黑，不可能是清晨，尖锐刺耳的刮擦声持续的时间比平时长，而且前一天晚上他父母之间的争吵似乎比平时更糟。当他听到父亲走出卧室开始下楼的时候，萨姆知道父亲这次离开不是为了上班，而是永远离开了。他蹑手蹑脚地走到门口，朝外张望，刚好看见父亲提着他那硬邦邦的棕色手提箱，在阴暗走廊的尽头走动。萨姆看着父亲走，他想大喊一声：“等一下，别走！”

但他没有喊出口。相反，他对自己说：“这可能是最好的结果了。”

萨姆背叛了他复杂的情感，蹑手蹑脚地走到姐姐的房间，他知道妈妈会在那里睡觉，他摇了摇妈妈的肩膀，妈妈睡意正浓，被摇醒后，含含糊糊地说了一声“嗯”。

“父亲走了。”萨姆低声对妈妈说。他觉得应该有人知道这一重大转折。

“回去睡觉吧。”妈妈只说了这么一句。

萨姆照做了。

那一夜，他才 9 岁，第二天还要上学。

每个复原力强的孩子都有自己的起点故事。这个故事不是从出生那一刻开始计算的。相反，就像超人被送离他的家园氪星，或者彼得·帕克被蜘蛛咬后变成了蜘蛛侠一样，总有一个事件或一种情形让孩子走上了绝望和勇敢的道路。用儿科医生和心理分析师唐纳德·温尼科特的话说：“一件事情发生后，它改变了孩子的整个生活。”一些事情如此重要，以至于生活无法回到过去的样子了，现在的状况不知何故又让人感到生活好像破碎了。玛雅·安热卢在谈到小时候被强奸的经历时写道：“我 7 岁时的世界变得一团糟，再也无法恢复原样。”然而，有时候，彻底改变生活的事件并不像被蜘蛛咬伤那么突然，因为它一开始就存在，比如，一个婴儿出生在极端贫困的家庭中，或者出生在一个父母患有精神疾病的家庭中。对于复原力超常的儿童来说，在某种程度上，他们的生活是不具有连续性的，改变生活的事件发生之前与发生之后是完全分裂开的，他们回想生活的时候，会在时间上把生活分为那件事情发生之前和之后，分为过去和现在，他们也会把他们自己和其他人分裂开来。

最常见的情况是，有些改变孩子生活的事情会持续数月，甚至数年，比如当一个兄弟姐妹生病时，当一个城镇衰落时，或者当父母开始酗酒时，但这些变化一旦发生，就会让人感觉突然而剧烈。说唱歌手 Jay–Z 回忆起自己在布鲁克林的马西屋（Marcy Houses）长大的经历时说："有的不幸一旦降临，你的生活就被改变了，而且是突然地、完全地改变了，比如，你的亲人遭到枪杀，或者你父亲永远离开了你。这是一个不可逆转的新现实。过去的已经过去了，取而代之的是一种新的生活方式，这种生活方式似乎要永远存在下去。"

对萨姆来说，他父亲的离去完全改变了他的生活，是他生活的起点故事。当他回想自己的生活时，总是从那个故事开始。那一夜并不是萨姆人生中最早的记忆，但却是其新生活的第一个记忆，是他面临的不可逆转的新现实的第一个时刻。这个改变重塑了萨姆的家庭，影响着其家庭成员在未来数十年间扮演的角色。当他站在门口，看着父亲放下过去的生活而选择永远转身离开时，萨姆试图表现得理智和坚强，告诉自己这或许是最好的结局，因为他的父母在一起似乎很痛苦。然而，当他蹑手蹑脚地去找他母亲时，萨姆预感到事情反而可能会变得更糟。

1/3 的婚姻都熬不过 15 年，这使得离婚成为孩子们最常见的逆境。估计每年有 100 万名孩子目睹父母分手。虽然离婚已经成为一个普遍存在的事实，但普遍存在并不意味着对孩子没有影响。这就像每天估计有 35 万名婴儿出生，并不意味着分娩不痛苦，并不意味着对于个人不重要。正如温尼科特所说的那样，尽管离婚看起来很普遍，但离婚有可能改变孩子的整个世界，因为通常来讲，父母就是孩子的整个世界。离婚让孩子明白他的世界原来是可以轻易被撕裂的，而撕裂的力量并不是那种罕见的、极端的虐待或恐怖行为，而是一些普通的事情，有时甚至是所谓的好事，比如，父母各走各的路，这虽然对他们而言看似好事，对孩子而言并非如此。

1969年，时任加利福尼亚州州长罗纳德·里根签署了全国第一个允许无过失离婚的法律，允许父母不经过彼此“宣战”就可分手。在此之前，为了从婚姻中解脱出来，一方必须证明另一方对婚姻的破裂负有明显的责任，其中最常见的原因包括酗酒、虐待、遗弃、精神错乱和缺乏亲密行为。对许多法律学者和妇女权利倡导者来说，这个规定使离婚变得不必要地复杂化了，而且增加了夫妻之间的对抗性，举证责任似乎太重，特别是对那些无法获得金钱和其他资源来举证的妻子来说。在加利福尼亚州实行改革之后，无过失离婚法律逐渐在20世纪70年代和80年代席卷全美国，因为男性和女性都希望能够将自己从无法正常维系而且缺乏爱情的婚姻中解放出来。到1985年，美国50个州中有49个实行了无过失离婚法。自由的选择似乎能帮助夫妻们做出更佳的决定，过上更快乐的生活，似乎符合孩子们的利益。

毫无疑问，有时离婚是必要的，并非所有离婚都会成为孩子的童年逆境，满足了父母和孩子等各方的最大利益。但离婚不都是美好的，有时，即使看似符合各方的最大利益，就像萨姆那天晚上在门口看着父亲离去的背影所说的那样，但孩子的生活依然会发生变化，依然会产生失落感。全国性的研究报告称，离婚后，约有20%~25%的孩子经历过情绪或行为上的障碍，如抑郁、焦虑、攻击性、叛逆或学业问题，而在家庭完整的环境中，这类孩子的比例约为10%。虽然这意味着父母离婚的孩子比家庭完整的同龄人遭遇问题的可能性至少高出一倍，但也有数据表明，在父母离婚的孩子里面，75%~80%还算表现良好。或许我们可以根据这个数据放心地得出结论，说虽然父母离婚了，孩子们都还好。然而，孩子们表面上没有出问题，不代表他们内心完全没有承受沮丧与伤痛。心理学家、离婚问题专家罗伯特·埃默里（Robert Emery）表示："关键在于将病理与疼痛区分开来。"

过去40年的临床实践和实证研究表明，离婚家庭的孩子更有复原力，但并非无懈可击。从外部看，许多人似乎都能勇敢地适应，在家里承担更多家务，完成自己的家庭作业，照顾兄弟姐妹和自己，为离婚的父母扮演中间人的角色，然而，他们在这样做的同时，内心可能正在经历默默的挣扎，而这些挣扎在他们的家庭破裂后的数年甚至数十年里都没有显露出来。心理学家朱迪丝·沃勒斯坦（Judith Wallerstein）认为："父母离婚造成的影响具有累积性，会随着时间的推移而增加，并在孩子成年后达到顶峰。"这种情况可能并不适用于每一个来自离婚家庭的年轻人，但许多人的确生活在痛苦的感觉和记忆之中。

根据罗伯特·埃默里及其同事的研究，相较于那些来自完整家庭的人，来自离婚家庭的成年人觉得他们的童年更艰难，离婚家庭子女有这种想法的概率是非离婚家庭子女的3倍。在离婚家庭的子女里面，大约一半的人认为父母离婚缓解了家庭紧张，而另一半人则不这么认为，反而觉得离婚引发了其他一系列问题。离婚家庭的子女在成年之后回想自己的家庭时，往往有更多的负面情绪、记忆和信念。他们比家庭完整的子女更容易怀疑父母是否喜欢自己。他们无法像家庭完整的孩子那样以乐观的视角看待生活和爱情，而是受到了父母离婚的严重影响。

据萨姆自己所说，正是受到了父母离婚的严重影响，他成年后才决定接受心理治疗。他说："我感觉自己就像一块透明胶带，连续粘了又撕，撕了又粘，现在再也没有黏性了。我的人际关系看起来和其他人没什么两样，但我并不天真。如果你的父母可以离开你，那么任何人都可以离开你。生活变化了。事情不断变化，开始可能很好，但结局不好。我不能假装不知道那件事。”

许多孩子最初似乎对父母离婚泰然处之，但后来他们可能会说父母离婚是他们童年时的一件大事，是他们人生的起点故事，让他们的人生面临着新的起点。离婚家庭的孩子里面，有 3/4 的人说，如果他们的家庭没有破裂，他们今天会成为一个不同的人。他们觉得自己的童年忽然被砍掉了一半，一些人说他们再也没有能力像家庭完整的孩子那样开心玩耍。他们最幸福的日子似乎是在他们的家庭破裂之前。他们担心最好的日子再也回不来了。

西尔维娅·普拉特（Sylvia Plath）的父亲在她 9 岁时去世了，她后来回忆起那年的情景时说：“父亲去世后，我们搬到了内陆，在那里度过了 9 年，那时正值我生命初期，就像一只装在瓶子里的船，把自己封闭了起来，看起来那么美丽，却与世隔绝，显得与时代格格不入，就像一段骤然而逝的美丽传说。”萨姆的父亲虽然转身离去，但好歹还在世，而在西尔维娅·普拉特这样的情况下，父亲已经去世了。回头来看，之后萨姆与家人共同度过的 9 年可能不像一艘密封在瓶子里的船看起来那么花哨，而是更像一些装在瓶子里的旧便士。那些旧便士是萨姆对他父亲的快乐回忆，甚至可能承载着他对父亲在世时的快乐生活的全部回忆。虽然他曾经认为他会年复一年地往瓶子里投硬币，但现在看来，那些便士似乎是他仅有的几枚了，父亲离去后，他再也没有往瓶子里投过硬币。

萨姆的父亲来自纽约的布鲁克林区。20 世纪 70 年代，对于生活在弗吉尼亚州的人而言，这个区与其说是时尚的代名词，倒不如说是陌生的代名词。父亲被称作“洋基佬”，萨姆认为这个词不好，但他总是觉得他的父亲能够接触到一些周围人不知道的特殊事情。这在星期六似乎尤其明显，因为他们在星期六可以悠闲地浏览他父亲播放的关于科尼岛的旧幻灯片，或者仔细钻研父亲的爷爷收藏并遗留下来的老邮票。萨姆喜欢那些带着塑封的光滑书页在指尖下翻来翻去的感觉，喜欢它们翻动时发出的沙沙作响的声音，这时，他感觉到那些书弥足珍贵，而且颇有仪式感。那些老照片、老邮票（邮资仅 1 美分或 3 美分）以及时光穿梭的感觉无不令萨姆惊叹不已。

有的星期六，父亲则会开车带孩子们一起前往不远处的海边，让他们坐在一艘红蓝相间、带有帆布篷子的小船上，然后教他们如何驾驭海浪。对于年龄大的孩子，父亲会让他们跳到海里冲浪，而萨姆年龄最小，总是趴在父亲的背上，胳膊紧紧搂着父亲的脖子。萨姆的父亲教他如何在令他感到惊吓不已的波涛下潜水，并屏住呼吸，直到浪头滚过他的脚踝。退潮时，他们在潮湿的沙滩上寻找小气泡，然后尽可能深、尽可能快地挖，以此来捕捉蛤蜊。涨潮时，萨姆和他的父亲去捕蟹，把鸡脖子绑在渔网上，然后把渔网拉到码头边。萨姆的工作是抓住绳子，等着螃蟹来咬诱饵，当他感到绳子被什么东西往下拉了一两下时，就兴奋地跳着脚，因为他的父亲会突然冲过来，双手交替拉网，迅速地用网罩住那些毫不知情的螃蟹。

有一次，他们抓了十几只蟹，它们在塑料桶里挠来挠去，父子俩得意扬扬地把蟹带回家煮着吃了。萨姆的父亲把蟹从塑料桶里扔进一大锅热气腾腾、翻滚的沸水里，蟹一浮出水面就发出嘶嘶声。有时，当一只螃蟹终于跳出锅，并在厨房地板上奔跑时，萨姆就赶紧跑开来，跑到客厅，被螃蟹吓得大喊大叫，而迷失方向的螃蟹则横着快速往外跑，总是撞到橱柜或冰箱，刚刚获得自由几秒钟，他的父亲就过来了，踩住螃蟹的壳，捏住它的两条腿，把它捡起来，再一次投进锅里。萨姆是一个不愿意伤害小动物的孩子，一说到谁要伤害小动物，他就会对他们做鬼脸。但是他是父亲的最爱，父亲也是他的最爱，那些螃蟹曾经用它们那锋利的锯齿状钳子夹破了父亲的脚趾，还流了血，因此，当父亲煮螃蟹时，萨姆觉得它们得到了应有的报应。

心理学家、著名心理治疗师弗吉尼亚·萨季尔（Virginia Satir）提出："大多数人更加倾向于接受确定性带来的痛苦，而非不确定性带来的痛苦。"作为一个成年人，萨姆不愿意父母在一起过着痛苦的生活，但父母离婚后随之而来的不确定性也会给他带来很多困难。当父母离婚时，孩子之前关于爱、家庭、秩序和持久性的基本观点被打破了，孩子们开始问自己一些基础性的问题：这是我的错吗？接下来会发生什么？谁来照顾我？如果我的父母不再彼此相爱，他们会停止爱我吗？我将住在哪里？谁来照顾与我住在一起的父亲或母亲？谁来照顾独自生活的父亲或母亲？我们的食物谁来买？我的婚姻有一天会破裂吗？尽管父母中的一方或双方可能会尽力安慰孩子，让孩子相信一切都会好起来，甚至会比以前更好，但现实并不总是支持这种一厢情愿的期待。

如果父母恢复单身后能够维持良好关系，孩子的日子也会好过一些，但有时候父母离婚后关系会恶化。现代家庭很难兼顾事业和孩子，但离婚后的日子往往更不好过。没离婚时，父母同住一室，付账单、做饭、洗澡、睡觉、度周末和生病时可以相互照顾，而在离婚后，他们往往会感到超负荷。将近 2/3 的成年人生活的社区不是他们成长的地方，这意味着以爷爷、奶奶、叔叔、阿姨的形式存在的“增援部队”可能在几英里之外，甚至在大洋彼岸。几乎一半的成年人表示，他们最多只能和一个人讨论重要的问题，而且因为这个人通常是伴侣或配偶。离婚后，人们不得不独自解决自己的衣食住行等“后勤”需求，还要满足自己的情感需求。与孩子共同生活的单亲往往把孩子作为情感倾诉的对象，孩子用自己的肩膀为哭泣的单亲提供慰藉。尽管如此，孩子还是会面临一些他们帮不上忙的问题，比如谁来开车、谁来付账。

获得孩子监护权的父亲或母亲里面，只有大约一半人全部拿到了子女应得的抚养费，而大约 1/4 的人只得到了部分抚养费，1/4 的父母没有拿到任何抚养费。如果没有共同监护权或定期探视，或者父母中有一方在离婚后搬离了之前生活的那个州，那么他们就更不可能支付孩子的抚养费了。然而，即使孩子的抚养费都拿到了，经济状况仍可能变得紧张起来。破产问题研究专家、参议员伊丽莎白·沃伦表示，在 21 世纪，“如果一个家庭里面的双份收入凑在一起，才勉强维持在中产阶级，那么，在签署离婚文件的那一天，单亲家庭就已经在金融深渊中摇摇欲坠了”。大约 1/3 的单亲家庭生活在贫困中，而且由于离婚后女性抚养孩子的可能性要高出 7 到 8 倍，她们和孩子面临的风险尤其大。沃伦写道：“现在，有孩子是预测女性最终会陷入金融崩溃的最佳因素。”沃伦对这一点应该是体会深刻。虽然她的父母没有离婚，但她回想自己的生活时，最先想到的就是父亲失业那一天。从那一天开始，她和她的母亲不得不出去工作，以维持家庭的偿付能力。她回忆说：“我知道，从那一天起，我长大了。从那一刻起，我长大了。我知道我为什么要长大。”

有时候，比起把孩子交给谁看管、抚养费从何而来等日常琐事，更令人揪心的是孩子能否体会到自己得到了足够的关爱。精神分析学家亚当·菲利普斯（Adam Phillips）和历史学家芭芭拉·泰勒（Barbara Taylor）提出：“今天，人们往往认为只有在父母和孩子之间才会存在无条件的善意，不管这是不是一个普遍的事实，但这往往是孩子们的切身感受。”关于复原力的研究中，最有力的发现之一就是，保护孩子不受艰难时期影响的一个主要因素是孩子在生活中能缔造多少高质量的关系，而离婚可以使这种关系的数量减少一半，因为家曾经是一个既有父亲又有母亲的地方，而他们离婚后，只剩下一个了，会让孩子产生强烈的失落感。有时候，尽管父母离婚后都对孩子继续倾注关爱，但他们却忙于新的工作、新的伴侣、新的压力以及新的责任，而且双方的空闲时间可能只有以前的一半。为了让孩子们高兴一些，也为了让自己产生一些慰藉，离异的父母们可能会吹嘘离婚对于孩子成长的好处，比如，父母离婚后，孩子相当于有了两个卧室、两个家庭等，什么东西都有了两套。有人可能会说，生活将会加倍美好，但孩子们不会被愚弄。作家伊丽莎白·马夸特（Elizabeth Marquardt）说：“即使一场完美的离婚也会重塑孩子们的童年，让他们在两个截然不同的世界之间穿梭。父母当然不需要去理解这两个世界，但孩子们会，而且会付出大量的精力。”

这并不是说那些关系不健康、生活不幸福的夫妻应该永远待在一起。面对那些陷入困境的夫妻关系，从来没有简单的解决办法。这种关系可能会让成年人感到痛苦，但孩子们能懂得一个道理，即如同结婚一样，离婚也有好有坏，有的离婚是好事。在一项研究中，80% 的年轻人认为：“尽管离婚的难度很大，但对我的家庭来说是件好事。”

但如果父母愿意从另一个角度去谈论离婚，比如说，虽然离婚可能是正确的，但真的要离婚，我们却要做出艰难的抉择。孩子们听到这样的话，他们的表现或许是最好的。不然，父母离异后，留给青年子女的只是无尽的抱怨，留给儿童的则是无尽的痛苦。

在那个10月的早晨，萨姆的父亲离家出走了，但没有一个家人再跟他提起这件事。这看起来很奇怪，但其实并不罕见。23%的孩子报告说没有人跟他们谈论正在发生的离婚，45%的孩子只记得突然的解释，比如你父亲要离开。只有5%的孩子表示，他们完全了解父母之间发生的事情，并被鼓励去问问题。于是，萨姆那天就去上学了，在接下来的日子里，好像什么也没有改变似的。这很容易做到，因为在家里，他只是假装什么都没变，而在学校里，这一点是千真万确的，真的什么都没有改变。早晨仍然以背诵同样的效忠誓词开始，吃零食的时候，萨姆仍然吃奶酪饼干，喝小纸盒里的巧克力牛奶，放学后踢足球仍然是一天中最好的时光。学校仍然以有趣的方式向学生介绍新事物，仍然会给他们讲解一些发生在远方的事情，比如埃及的天气情况。这些新事物都是以深思熟虑的、循序渐进的方式呈现给学生的，这样更易于理解，而不会困难得令人不知所措。

萨姆的父亲离家出走之后不久，他所在的四年级开始学习如何写信和寄信，包括如何写得体的问候语，如“亲爱的某某”“真诚的某某”，如何准备有地址的信封以及如何找到正确的地方寄信。为了练习，萨姆的老师让每个学生给一个不住在家里的家人写一封真实的信。萨姆只是坐在书桌前盯着信纸。他把铅笔放进笔筒。他没法写。过了一会儿，萨姆穿过一排排课桌，走到老师跟前。当时，老师正在黑板上写字，背对着同学们。

“莱纳德小姐。”萨姆开口道。

她转过身来。

“我写不了这封信。”萨姆茫然地接着说。

“为什么呢？”她问。她的身子朝那个男孩倾斜了过去，准备说服他回去做她布置的作业。

“我不知道写给谁。”萨姆坚持说。后来，萨姆中断了与老师的目光接触，开始盯着她手指上的粉笔和她宽大的圆裙上的粉末状污迹。

“你肯定能想到某个人。”她追问道。

“我想不到，没有任何人……”萨姆坚持说，一脸严肃的表情。

莱纳德小姐看着萨姆，然后冷静地反驳他说：“你为什么不给你父亲写封信？”

萨姆呆立着，吃惊，茫然，屏住了呼吸。然后，他一言不发地走回自己的课桌，给住在得克萨斯州的表弟写了一封信。

父亲出走的那年11月，萨姆的妈妈送给萨姆一本全尺寸的《圣经》，上面有一个松软的黑色封皮。他们每个星期天都去教堂，但是萨姆以前从来没有自己的《圣经》。萨姆不知道母亲用意何在，他只是理解为，随着父亲的离去，他将能够从《圣经》里面得到他所需要的所有帮助。到了晚上，他爱不释手地翻动着那薄薄的书页，惊讶地发现《圣经》比他想象的还有帮助。这本书里谈到了一些其他所有人都竭力规避的重要问题，比如性、爱和婚姻，甚至谈到了离婚。当萨姆读到一些把离婚者描述为通奸者的段落时，他反复读了很多个夜晚，试图弄懂这些奇怪的语言和他在父母离婚后所过的那种奇怪的新生活。一天下午，在车里，萨姆鼓起勇气问了妈妈一个问题：“父亲离开是因为他是个奸夫吗？”萨姆弯腰坐在座位上，强迫自己直视前方，假装是在漫不经心地问。萨姆的妈妈忽然放慢了车速，就好像在等儿子继续说一样，所以萨姆继续问：“你知道父亲还有别的女人吗？”

萨姆的妈妈重新把脚放到油门上，很快地出了一口气。她嘲笑道：“天哪，不，没有人会想要他。”

从那以后，萨姆再也没有读过《圣经》。

那年12月，萨姆以为圣诞节永远不会再来了。圣诞节是那么特别，那么神奇，颂词那么美好，那么仪式化，以至于现在只有圣诞节似乎没有受到他的新环境的影响。圣诞老人带来的礼物和圣诞老人没有改变。在平安夜，萨姆在床上躺了一会儿之后，想喝点水，便踮着脚沿着走廊走向厨房。当他走近一个小房间时，看到有个圣诞老人正在里面收拾东西。他仔细看了一下，很快就意识到自己看到了什么：那不是圣诞老人，而是她的母亲，正在包装和整理她打算给萨姆的礼物，以便这些礼物看起来像是从北极来的。萨姆转过身，偷偷地回到卧室。当他爬上床时，他意识到他生命中所有的人都离去了，包括他的父亲、上帝和圣诞老人。

萨姆之所以能如此生动地回忆起这些时刻，是因为它们被称为“闪光灯记忆”，指人们遇到新奇而令人震惊的事件时会激活大脑的一个特殊的记忆机制，这一机制被形象地称为“现场拍照”机制，这件事情就成为一个凝固在时间里的记忆，对于这件事情的记忆不会随着时间推移而淡化。哈佛大学心理学家罗杰·布朗（Roger Brown）和詹姆斯·库利克（James Kulik）在1977年的一篇论文中首次向科学界介绍了这个术语。在这篇论文中，他们提出，当我们发现一些令人震惊或意义重大的事件时，我们会将这些事件永久地铭刻在记忆中，就像照片一样。典型的闪光灯记忆是那些具有标志性的、从文化角度看具有新闻价值的时刻，比如几乎每个美国人都能回忆起 2001 年 9 月 11 日上午自己在哪里以及在做什么。他们可能都清楚地记得自己是如何发现飞机撞向世贸中心大楼的，也能清楚地记得自己接下来做了什么。

尽管布朗和库利克关注的是个体如何记忆令人震惊的公共事件，但他们的发现揭示出了文化环境和个人认知的交叉点。比如，在他们调查的美国白人和黑人里面，相同数量的白人受访者和黑人受访者表示肯尼迪被暗杀堪称他们的闪光灯记忆。然而，对于黑人民权领袖马丁·路德·金和马尔科姆·埃克斯被暗杀，表示堪称闪光灯记忆的黑人比白人要多。这一研究结果表明，所谓的闪光灯记忆，不仅印证了一个事件在客观上多么重要或与众不同，而且最关键的是，它表明个体觉得这个事件对于自己而言多么具有相关性以及多么重要。也就是说，闪光灯记忆无异于一种情绪备忘录，而这种记忆早已被认为在我们的大脑和生活中具有特殊的意义。事实上，情绪记忆的影响力和持久性是心灵研究的基础主题之一，也是最持久的研究主题之一。

1890 年，美国心理学之父威廉·詹姆斯（William James）写道，有些记忆似乎是不可磨灭的，因为“它令人产生非常激动的情绪，留下了非常深刻的印象，甚至可能会在脑组织上留下一道伤疤”。虽然 19 世纪还没有人知道这种疤痕究竟是如何起作用的，但许多与詹姆斯同时代的人都得出了类似的结论。法国神经科医生、现代神经学创始人让–马丁·沙尔科（Jean-Martin Charcot）感到非常困惑的一点是，人们对令人震惊的事件的记忆不仅是持久的，而且可能消耗很大的体力，就像心灵寄生虫一样在起作用。奥地利神经学家、精神分析学之父西格蒙德·弗洛伊德也提出了类似的观点，他的病人主要遭受记忆之苦。换句话讲，他们始终无法忘记那些令自己感到恐惧、焦虑、羞愧或痛苦的事件，这些糟糕的记忆一直萦绕心头。法国心理学先驱皮埃尔·珍妮特（Pierre Janet）提出，这种“强烈情绪会让人们审视自己生活的演变”。人们最初对情绪记忆的了解主要来自对女性生活中的压力和创伤的研究，但两次世界大战很快就把男性患者纳入了研究范围。美国精神病学家艾布拉姆·卡迪纳（Abram Kardiner）关于“战争神经症”的著作被许多人认为是关于创伤后应激障碍综合征研究的开创性著作，为研究战争应激与战争对心理的影响奠定了基础。1945 年，美国精神病学家罗伊·格林克（Roy Grinker）和约翰·斯皮格尔（John Spiegel）写道：“石板上的文字可以抹去，让石板恢复之前的样子，而战争则会给人的心灵留下抹不掉的持久印象，就像重要的人生经历一样，从根本上改变了人们的思维。”

我们特别注意那些似乎威胁或有利于我们生存的人、地方或情形，而且对它们的记忆会得到加强，从进化的观点来看，这是有道理的。有时这些时刻是特别快乐的，比如在一个阳光灿烂的日子到海滩上冲浪，或者是激动人心的时刻，比如在厨房地板上看着螃蟹爬。但也有痛苦或可怕的事情，比如看着父亲沿着走廊离去，离开我们的生活。虽然快乐和激动人心的事件丰富了我们的生活体验，但可怕的事件提供了关于生活的重要信息，因此，对于负面情绪的记忆往往更牢固地扎根在我们的脑海中。正如心理学家罗伊·鲍迈斯特（Roy Baumeister）在他那篇经常被引用的论文中总结的那样：“不好的东西比好的东西影响力更大，在我们的脑海中，不好的情绪、不好的父母、不好的反馈往往比好的冲击力更强，不好的信息比好的信息处理得更彻底。”这是因为当我们的生存面临威胁而不是快乐时，我们的大脑会受到更强的刺激。我不知道是否有人写过一篇论文去探讨过（或者是否有人治疗过）病人无法忘记一段特别快乐的时光的情况。只有那些令人震惊、令人沮丧的经历才能最深刻地铭刻在我们的脑海中，直到最近这几十年，我们才更好地理解了大脑是如何做到这一点的。

在接下来的章节中，我们将反复听到的一个大脑区域是杏仁核。脑神经科学家约瑟夫·勒杜（Joseph LeDoux）将杏仁核称作“恐惧之轮的中枢”。它位于大脑深处，呈杏仁状，结构复杂，功能多样，但压倒性的证据表明，它在管理危险方面扮演着核心角色。当我们的感官察觉到环境中存在干扰因素时，杏仁核就会警觉起来，并在千分之一秒内做出反应。根据勒杜的研究，杏仁核是“刺激因素开始触发身体产生反应的地方”。

杏仁核触发的一个关键反应是 HPA 轴的激活，所谓 HPA 轴，是神经内分泌系统的一个反应链，由下丘脑、脑垂体和肾上腺组成。当 HPA 轴受到刺激时，肾上腺会释放肾上腺素、去甲肾上腺素和皮质醇，这些激素以前通常统称为肾上腺素，因为它们是由肾上腺产生的，现在被更普遍地称为“压力激素”，因为它们帮助我们适应压力。在我们的身体里，压力激素让我们做好战斗或逃跑的准备，在我们的大脑里，它们提高了我们的警惕性、注意力和记忆力。压力激素告诉我们的大脑要清醒，要集中注意力，告诉我们的身体要准备好采取行动。它们还告诉我们的大脑记住我们所看到的东西。

脑成像研究表明，当我们看到能够引起强烈情绪的材料时，比如场景非常愉快或不愉快的幻灯片，杏仁核的活动就会增加。从某种程度上来讲，杏仁核受到某个因素刺激之后的活动越多，几周后的回忆就越清楚。如果情绪激发的水平非常低，这就表明没有什么值得特别关注的，所以，为了保护我们的大脑免受超负荷的影响，像洗澡或开车去上班这样的普通事情不太可能被详细地铭记或长时间地铭记。有时，在一些极端事件中，我们的大脑也会避免受到超负荷的影响，帮助我们忘记情绪极其激动的时刻，尤其是那些极度恐惧或无助的时刻。这就是为什么有些人在遭遇鲨鱼袭击或暴力犯罪之后根本不记得这种创伤。这些事件的刺激性太强了，以至于杏仁核无法吸收相应的压力。然而，适度的压力会提醒我们注意环境中存在的威胁，提醒我们能够做些什么，也应该做些什么。神经生物学家詹姆斯·麦克戈（James McGaugh）说："没有什么比适度压力更能让人对事件产生强烈而持久的记忆了。"

情绪学习是强大的，也需要高效，因为当涉及生存时，没有太多的试错空间。据说，正是由于这个原因，杏仁核学得快，忘得慢。勒杜说，情感记忆可能是永远的。萨姆不需要多次看到父亲提着行李箱离开，那个情景的记忆就能维持数十年。美国人只需要经历一次"9·11"事件，那个早晨就会永远萦绕在他们的脑海里。情感记忆比日常记忆更牢固、更持久，关于情感的记忆更生动，让我们觉得它们比琐碎的日常记忆更真实、更重要。问题是，如果这些记忆是消极的，那么我们的情感记忆就变成一种"恶性记忆"，产生一些不良结果（这与科特、弗洛伊德和珍妮特的观点具有相似性）。过去的残酷记忆一直主宰着现在和未来，这些超强的、顽固的记忆在我们的回忆，甚至在我们的整个生活中占据着主导地位，令我们永远难以忘记。比如，在父亲离家出走之后，正在读四年级的萨姆虽然肯定会去参加别人的生日聚会，肯定会骑自行车、吃冰激凌、在公园玩，但那一年除了父亲出走带来的失落感和打击之外，他几乎什么都不记得了。

萨姆的父亲离开后，前门和后门换上了一些闪闪发亮的银色锁栓。他的母亲没有跟他提这件事，但母亲手里有这些新锁的钥匙。如同其他许多事情一样，这件事也不用母亲解释，萨姆就明白了怎么回事：新锁已经装好了，所以萨姆的父亲再也不能回来了。在接下来的几个月和几年里，锁栓不断地提醒萨姆，他的父亲再也没有进过屋里。他确实曾经打过一次电话，说是要搬走一张他单身时买的长木桌。萨姆和他的母亲把桌子收拾干净，准备好了让父亲搬走，但后来父亲从未露面。他也没有来取走关于科尼岛的幻灯片和祖上遗留的集邮册，而萨姆再也不会在星期六躺在地板上翻阅这些集邮册了。看到书架上那本黑色的皮面活页夹，萨姆感到局促不安，就像看到一只他再也拿不起来的老泰迪熊。

萨姆的父亲离开之后，只带他看过一次日场电影，从那之后，再也没有回来找过他。那天是父亲第一次在家门前的车道上接他，之前从没有在那里接过他。对于这种感觉，萨姆感到很陌生。当他走向汽车时，在耀眼的阳光下闭上了双眼。他说不出那是阳光太强，还是因为他要努力忍住不哭，但当萨姆爬到座位上时，他的眉毛还是没法舒展开。他坐在车子里，身体一会儿扭向这边，一会儿转到那边，不知道该说什么，因为他已经无法控制自己的面部表情了。萨姆想不起他们俩那一天看的是什么电影，他坐在那里抓着扶手，几乎没看，因为即使在黑暗的剧院里，他也舒展不开眉头。萨姆不知道的是，这些眉毛肌肉被称为“达尔文的悲伤肌肉”，因为它们能够透露出我们内心的困惑和悲伤，即使我们试图隐藏它们，也隐藏不了。正如创伤问题研究专家贝塞尔·范德科尔克（Bessel van der Kolk）解释的那样：“我们的身体会自动记录我们的情绪，尤其是我们的显意识无法记录下来的强烈情绪。”

萨姆的父母正式离婚是在父亲离家出走两年后的那个情人节，没错，是这样。后来萨姆才知道，在法官命令父亲必须支付抚养费之后，萨姆的父亲走出法庭，在路上向母亲抱怨说要先把他们都杀了。那天晚上，萨姆的妈妈下班后直接去了酒吧，和朋友们庆祝了一番，而萨姆则忙着做六年级的家庭作业。大约夜里 11 点左右，母亲从后门走进屋里，把钱包直接扔到了地上，而不是像往常一样把它放在橱柜上，然后冲到厨房，在水池里吐了起来。

对于大多数父母离婚的孩子而言，如果父亲或母亲失去了监护权，没有和孩子住在一起，那么见面次数就从每天都能见到变成了一个月只能见 4 到 14 天。大约 1/4 的孩子在 3 年内很少或根本没有接触过失去监护权的父亲或母亲（通常是父亲失去监护权），萨姆就属于这种情况。像许多孩子一样，萨姆希望能多看一看他的父亲。他告诉他最好的朋友说，也许他会在夏天的某个时候和父亲住在一起，他的父亲很孤独，希望他能来。母亲从萨姆这个朋友的母亲那里听到这个消息之后，问萨姆：“这到底是怎么回事？你父亲并不孤独，你也不会和他住在一起。除了在假日收到贺卡外，你从来没有收到过他的信。”

在圣诞节和情人节，萨姆的父亲会把一张面值 10 美元的钞票撕成两半，一半寄给萨姆，另一半寄给萨姆的姐姐，每一半都塞在一张从商店买来的普通卡片里。萨姆的父亲也许认为他很聪明，但这张被撕成两半的钞票恰恰暗示了一个事实，那就是萨姆和他姐姐的生活现在已经被撕成两半，再也回不到从前的样子了。在萨姆和他的姐姐的眼中，这撕碎的钞票毫无价值，索性将其扔进了垃圾桶，因为他们不知道还能怎么处理。

也许萨姆对那些卡片很生气或很伤心，但他所记得的只是内疚。之所以内疚，因为他从来没有给他的父亲寄过任何东西。萨姆是一个明事理的孩子，知道不应该请求妈妈给父亲买文具或礼物，而且萨姆也不知道父亲住在哪里。有一次，一个非营利组织寄了一张会员卡到萨姆家，卡的正面印着他父亲的名字。萨姆把它塞进了钱包里，自欺欺人地假装这是一张紧急联络卡，还对朋友讲，如果他需要父亲的话，这就是他父亲的联系方式。谁知，后来一个朋友居然说自己的父亲也在一个邮件中收到了这种卡，说那是垃圾邮件！

萨姆的父亲履行了他的“诺言”，这个承诺不是杀死他们的那个“诺言”，而是绝对不会支付孩子抚养费的“诺言”。父母离婚后，萨姆、母亲和姐姐再也不去海滩度假了，也不再参加体育锻炼项目，不确定是否能买得起衣服，不确定是否能还得起房贷，是否还能继续住在那个房子里。有一次，当萨姆的母亲坐在车里为她的税单哭泣时，他勇敢地提出：“我们可以卖掉父亲收集的邮票……”

母亲的啜泣变得有些苦涩，喉咙里不断发出哽咽的声音。“那邮票一文不值。”她用沙哑的声音笑着说。听到这句话，萨姆真的想哭了。

萨姆的父亲搬回了纽约。萨姆知道这一点，因为在他每年仍然收到的节日贺卡里，不是半张面值 10 美元的钞票，而是一张纽约的刮刮乐彩票。当时，弗吉尼亚还没有彩票。所以，从某种意义上说，彩票看起来既新奇，又刺激。萨姆会从抽屉里摸出一便士，找个僻静的地方坐下来，准备刮掉上面的灰色的粉末。每一次刮开之后没有中奖时，他都会产生一种被欺骗的感觉。

第 3 章

秘密

我 7 岁时，总是自言自语，因为我害怕，

因为我是唯一一个听自己说话的人。

——摘自安德烈·阿加西，《阿加西自传》(*Open*)

1976年7月15日，加利福尼亚州的农业小镇乔奇拉发生了一件轰动全国的新闻。当时，距离当地一所小学的暑假班结束只剩下一天，一辆校车正载着孩子们放学回家，司机忽然放慢了车速。一辆白色面包车停在前面，挡住了路，两名蒙面枪手跳下面包车，登上校车，然后把载着26名年龄在5岁到14岁之间的儿童，以及他们的校车司机艾德·雷伊（Ed Ray）的校车开走了。蒙面男子用枪对准了孩子们，把校车开进附近的一个水沟里，困惑的人质被转移到两辆没有窗户的漆黑面包车里。孩子们坐在车里，被拉来拉去，没有人给他们做出任何解释，前后折腾了足足11个小时，没有食物和水，也不能去洗手间，但没有人恐慌，也没有人变得伤心欲绝。孩子们就这样安静地坐着，其实很多孩子已经尿裤子了，他们就坐在自己的尿里，唱着歌消磨时间："如果感到幸福你就拍拍手。"

深夜，货车停了下来。戴着面具的持枪歹徒命令孩子们下车，钻进一个洞里。后来，只有少数人认出这个洞是一辆部分埋在地下的搬家货车顶部的一个开口。一进去，孩子们就听到一块沉重的金属板被拖到货车顶部的那个开口，封住了里面的27名人质。接着传来了铲子铲东西的声音，泥土和石头像雨点一样落在顶部。在100英里之外，家长们早就注意到校车不见了，当联邦调查局和媒体抵达乔希拉这个小镇子时，26 个孩子和他们的司机正被活埋。

几个孩子又哭又叫，校车司机恳求歹徒们停下，但没过多久，货车里外都安静了下来。如同之前一样，孩子们一直保持着有序和淡定。孩子们和校车司机利用上了货车里面剩下的床垫、几只手电筒和一些食物。年长的孩子照顾年幼的孩子，而孩子们大部分时间都在睡觉，或坐在黑暗中，等待着第二天的到来。接下来，被泥土压着的卡车车顶开始坍塌。在这个迫在眉睫的紧急情况的刺激下，司机和一些年龄大一些的孩子把床垫堆得高高的，并找到了移开货车顶部那块金属板的方法，徒手挖出了一个逃生的口子。当孩子们从卡车里出来的时候，他们还以为会被射杀，但歹徒们不在了，他们就这样在荒野上跌跌撞撞地离开了。

他们寻求到了帮助，被带到附近的一个监狱，在那里，他们获得了汉堡包、苹果馅饼和简短的体检。没有一个学生颤抖、尖叫或崩溃，所以医生宣布他们没事。只有两个孩子把“绑架”这个词和他们刚刚经历的事情联系起来。根据后来密切跟踪这些孩子家庭的精神病学专家勒诺·特尔（Lenore Terr）所说，“那群孩子里面没有其他人知道该怎么称呼这件事”。

还是那个夏天，一个阳光明媚的日子里，在美国东海岸，一个名叫艾米丽（Emily）的 6 岁小女孩和她 13 岁的小保姆在玩棋盘游戏。艾米丽所在的是一个大街修得非常整齐的网格状社区，大街两旁是绿树成荫的优雅人行道，而人行道外侧则坐落着一栋栋颇有历史的大房子。在这个社区，任何人都不会对求助者说不，因为这不利于睦邻友好。当然，也没有孩子对成年人说不，因为这不礼貌。那一天，艾米丽的父母和她的两个双胞胎哥哥出去看棒球比赛了，家里只留下艾米丽和她的小保姆。忽然，楼下跑来了一个醉得满脸通红的男人，猛敲艾米丽家的前门。保姆赶紧过去把门打开。那个男人推开两个女孩，冲进厨房，先找艾米丽的父亲，然后在厨房里找东西时，她们俩都尽力帮忙。

那人嘴里嘟嘟囔囔，说的话根本听不清楚。只见他翻了一个又一个橱柜，其实他想知道酒（liquor）在哪儿放着，但艾米丽误以为他说的是泡菜（pickle）。“泡菜在哪儿？我知道你父亲有泡菜！你父亲把他的泡菜放在哪儿了？”那个愤怒的男人大声叫嚷，更多的是冲着橱柜喊叫，而不是冲着那两个局促不安地在旁边走来走去的女孩喊叫。

这真是令人困惑。泡菜放在冰箱里，而不是橱柜里。平常都是艾米丽的妈妈拿出泡菜做三明治，而不是她的父亲拿出来。艾米丽往冰箱里看了看，但是那天没有泡菜。她一遍又一遍地把这个事实告诉那个男人，但他却一直在错误的地方寻找泡菜，把一盒盒通心粉和饼干打翻在地。

这令两个女孩儿很不解。

当那个怒气冲冲的男人离开后，艾米丽和她的保姆又去玩棋盘游戏了。她们表现得好像什么事也没有发生，因为刚才发生的事情，她们无法解释。

当艾米丽的父母和双胞胎哥哥回来的时候，小保姆尽己所能地汇报了她看到的事情，结果艾米丽的妈妈看起来很生气。

艾米丽的父母在隔壁房间里用艾米丽听不懂的一些词语相互埋怨着，声音不大，但能听出来语调很严厉。她妈妈低低地说了一声“酒鬼”这个词。她父亲说“新泽西州的禁酒法令真扯淡”。谈话结束时，她妈妈用一种奇怪的语调说："他星期天出门找酒，肯定先找你……"

艾米丽把她听到的只言片语拼凑在一起，隐隐约约想到的结论是：父亲可能犯了点什么错，有些人，比如邻居，可能知道这一点。

看着一个男人在你的厨房翻来翻去，肯定没有在校车上遭人拿枪绑架那么可怕。然而，尽管这两个故事看起来有所不同，但它们都告诉我们一些重要的事情。比如，许多儿童，甚至许多成年人，在害怕时会做些什么？从这两个故事可以看出，他们的表现往往会一如既往。这在一定程度上源于这样一种愿望：如果我们保持正常的行为，生活将继续照常进行，我们周围的人和事也将恢复正常。但这也是我们的大脑告诉我们要做的。

记住，当杏仁核感受到环境中的威胁时，它会受到刺激，开始做好准备，让我们准备逃走或战斗，究竟采取何种行为取决于外部环境。也许我们准备战斗，也许我们准备逃跑。然而，因为孩子们经常被更大、更强、更快的成年人打败，所以打斗和逃跑不是他们的选择。这让孩子们感到无助和脆弱，在这种情况下，最好的办法就是放松，不要贸然采取行动。尽量跟坏人好好相处。遇事要冷静。

如果说杏仁核是"恐惧之轮的中枢"，那么大脑被称为"布罗卡氏区"的那部分就是语言中枢。它让我们把所见所闻以及所感所想用语言表达出来，然后它通过与头部和面部有关皮质的联系，控制唇、舌、喉肌运动，形成语言，并表达出来。对大脑的研究表明，对于一些人而言，杏仁核的活跃性越强，布罗卡氏区活跃性越低。在面对恐惧时，杏仁核会活跃起来，布罗卡氏区就会安静下来。这很可能是你害怕得说不出话来的神经学根源。你不让别人注意到你，比如你避免尖叫，附近的狮子就不知道你被吓得躲在灌木丛里。这显然是为了适应周围环境而做出的举动，是很有价值的。这可能就是为什么那天在校车上的一个男孩后来说，他只是害怕得哭不出来。

当大脑被吓得不知所措时，语言就不会出现，也不可能出现，对于那些不寻常或不熟悉的经历来说尤其如此。从艾米丽和乔奇拉镇那些孩子们的故事来看，很明显的一点是，孩子们不仅因为过于害怕而哭不出来，而且他们也感觉非常困惑，连哭都哭不出来。即使当布罗卡氏区活跃起来了，并准备好发挥它的作用，我们如果找不到相应的文字，也不能把经验用语言表达出来。生活的大部分是图像识别，因为我们总是把自己所看到的内容与我们所知道的联系在一起。我们之所以把香蕉称为香蕉，是因为我们知道它是一种水果，因为我们在幼儿园学过。一个圆形的橙色物体可以是不同的东西，比如它可以是橘子，也可以是篮球，这取决于它的大小、触感和气味。每一天，从早到晚，我们平时经历的时刻都与之前已经知道的单词和类别联系在一起。我们就是通过这种方式谈论看到的内容。

然而，有时一件事情发生了，我们却没有与之匹配的词语或类别。我们都曾有过不知道怎么去称呼一件事情或一个物体的体验。这种体验对于孩子们来说尤其常见，因为他们生活阅历不够，可用于描述外界事物的词语太少，需要给外界事物贴标签时，没有足够的标签可用。

在这样的时刻，孩子们需要别人帮助他们清晰地描述他们的现实。否则，他们就会出现“述情障碍症”，也就是说无法用语言表达自己的感受和经历。当我们还是婴儿的时候，我们都是述情障碍症患者，随着逐渐成长，我们在周围人的帮助下，逐渐给我们的内心和外部世界贴上标签。出现在我们生活中的人会说“那是一辆车！”或者“你累了！”或者“那会伤到你！”，我们说“是的！”。孩子们在成长过程中遇到复杂问题时，可能找不到合适的词语去描述，比如如果没有人跟孩子讲“那是个酒鬼！”，他们可能不知道什么是“酒鬼”。这种情况下，当听到这个词语时，他们就只能依靠潜意识去默默地猜测发生了某个重要的、可怕的却又无法用语言去描述的事情。

艾利森·贝克戴尔在其图文并茂的回忆录《欢乐之家》（*Fun Home*）中详细描述了她 10 岁时的一次露营之旅。当时，她的母亲待在家里，没有一起去。陪她一起去的有弟弟、父亲和一个年轻男人。那个年轻男人是她父亲的秘密同性恋情人之一。正是在这次旅行中，贝克戴尔第一次无意中撞见色情作品，第一次持枪，第一次看到河床上有一条很大的蛇。多年以后，她在旅行中发现了关于这次旅行的日记，她写道：“看见了一条蛇。共进午餐。”至于其他事情，她在之后 10 多年都没有说过。她正确地总结了 10 岁时的自己，说：“我的语言能力弱，根本无法描述如此沉重的经历。”

当乔奇拉镇的孩子们被歹徒们劫持，在面包车里被拉着四处转时，他们搞不懂自己要去哪儿；同样，当一个男人生气地在艾米丽家厨房里搜寻泡菜时，她也搞不懂为什么。从来没有人解释说那个喝得烂醉的人嘴里说的其实是酒，也没有人知道艾米丽为那天发生的事如此伤心。超常的孩子可能表现得好像几乎没有注意到任何错误，而且表面看起来似乎“一切挺好”。然而，当我们不能把自己看到或听到的事物与之前看过或听说过的事物联系在一起时，当我们无法用语言去准确地描述一个经历时，按照女权主义学者莉·吉尔摩（Leigh Gilmore）所说，就会出现“创伤嘲弄语言，凸显出语言不足”的情况，换言之，我们真的不知道如何思考这种经历。如果我们无法将一个经历与之前的经验联系在一起，那就无法去思考它。我们只能对自己说：“我不知道说什么，不知道该怎么办，也不知道把它放到什么位置。”我们把这样的经历放在大脑中一个单独的部位，这个部位专门用于存储无法用语言描述的事情，最终，这个事情给人造成的感觉就是它变成了一个秘密。

周末上午，艾米丽家的情况一般都是正常的。星期六早上，她和哥哥们躺在地毯上看卡通画，吃着一碗又一碗的麦片，只要他们能逃避惩罚，就偷麦片吃。艾米丽的母亲出去办事之后，艾米丽的父亲就会打开啤酒，走向院子。几个小时后，他拿着啤酒罐回到屋里，开始从一个大玻璃罐里倒出棕色饮料，还用手指搅拌一下这些饮料，然后把手指舔干净，好像他不想漏掉一滴似的。

喝完啤酒之后，艾米丽的父亲就会在客厅放音乐，四处寻找舞伴。艾米丽是家里最小的孩子，也是唯一的女孩，她总是被选中。父亲抱起她，带着她一起旋转来旋转去，这让她感觉自己很特别。但父亲最后可能用力有点大，捏疼了她的手腕，或者一不小心把她甩到家具旁边，她感到有点危险。中午，艾米丽的父亲拉窗帘和关灯，艾米丽的哥哥们变得有点暴躁和难以相处了，甚至想和父亲打架。这样会导致父亲吼他们，最坏的情况下就是打他们屁股，所以艾米丽采取了另一种方式：她急忙跑到钢琴前，弹奏她父亲最喜欢的歌曲《路之王》。艾米丽不明白为什么她的哥哥们从来没有学会一起弹钢琴。

如果玻璃罐空了，家里的酒被喝完了，父亲就会开车带着艾米丽去商店买酒。那个商店门口有一个红色圆圈标志。艾米丽讨厌跟他一起去商店，因为他总是把她独自留在车里。

当父亲把车停在停车场，将要下车时，艾米丽哀求道："爸爸，别把我一个人留在这儿，我好害怕！"

然后，车门砰的一声关上了。

艾米丽蹲在车里的塑料垫子上，忙着在座位下面找零食，或吃了一半的薄荷糖。她不时地抬头看看窗外，焦急地瞥一眼商店的门，就像一只狗寻找它的主人一样。当她看到父亲朝她走来的时候，她充满了宽慰和期待。她看见父亲手里提着一个棕色纸袋，里面有一个玻璃瓶。有时艾米丽的妈妈独自一人找到艾米丽，问她父亲是否去过一个门口有一个红色圆圈标志的商店。艾米丽知道她应该告诉她母亲真相，但她也知道不应该泄露父亲的秘密。那个商店一定是个秘密，因为从来没有人向她解释过那个商店究竟是什么地方，也没有人向她解释过为什么父亲要把她一个人留在外面的车里。

当艾米丽的父亲带回家一罐子崭新的棕色液体时，艾米丽和她的哥哥们陷入了两难抉择的困境。如果他们待在室内，他们就有可能做错事，因为那一罐子东西就放在他们触手可及的范围之内，一不小心就会打翻在地上。如果他们走到外面，他们同样可能是错的，他们父亲可能因为联系不上他们而大发雷霆。之前有一次，艾米丽和哥哥们告诉父亲说要去一个死胡同玩。那天，她、哥哥们以及其他孩子一起玩捉迷藏的游戏，孩子们躲到了好几家的院子里。由于做游戏太投入，他们把父亲抛在了脑后，也把时间抛到了脑后。游戏进行到一半的时候，同一个社区的几个小伙伴骑着自行车，疯狂地跑向他们，对艾米丽和她的哥哥们大声喊道：

"你们的父亲在找你们！"

"他疯了！"

"你们最好赶紧回家！"

“他把腰带都解下来了！”

一开始，艾米丽还继续蹲在她赖以藏身的黄杨树后面，希望这要么是一个可怕的玩笑，要么是一个诱使她离开藏身之处的计谋。然后，她从树丛后面蹑手蹑脚地走出来时，却从其他孩子的眼中看到了恐惧。艾米丽赶紧和哥哥们蹬上自行车往家里赶。艾米丽沿着山丘向她家骑行时，听到一个孩子大喊：“你父亲是个酒鬼！”

又是这个词。

回家后，艾米丽和她的哥哥们从自行车上跳了下来，把自行车往边上一扔，就迅速向家里的前门跑去。他们不应该那样放自行车，但他们耽搁的时间越长，情况就越糟。当他们冲到父亲面前时，父亲把艾米丽和她的哥哥们推到楼上他们父母的卧室里，让他们并排趴在床上，用皮带狠狠地抽打他们，他们发出惨厉的尖叫声。艾米丽曾经被父亲用皮带打过很多次，所以已经非常非常善于规避错误了。但尽管她小心翼翼，有时还是会犯错，被父亲拿着皮带打一顿。然而，那天她并没有犯错，错的是她的父亲，因为她已经告诉他说她要和哥哥们到那个死胡同里去玩了，只是父亲不记得了。这是令艾米丽感到最难受的一点。正如精神病学家、大屠杀幸存者维克多·弗兰克尔所写的那样：“在这样的时刻，伤害最大的不是身体上的疼痛，这不仅适用于儿童，也适用于成年人。不公正、不合理所造成的精神痛苦带来的伤害最大。”

艾米丽和她的哥哥们整个下午都躺在哥哥们房间的两张单人床上，闷闷不乐地想着自己的后背，想着这一切都是不合理的。那天下午，他们本想和其他孩子一起出去玩，但他们太害怕了，不敢再惹父亲生气，也不好意思露出自己那张满是泪水的脸。

“父亲酗酒吗？”艾米丽问。

“这是个坏字眼，”她的一个哥哥反驳道，“你不应该那样说。”

20 年后，艾米丽才在治疗中把所有信息拼凑在一起，得出结论：没错，她的父亲一直是个酒鬼。在那之前，她没有真正去理解为什么她的家庭会是这个样子，或者为什么当她看到一个男人解下腰带时，她的肩膀就会忍不住耸向耳朵。成年后，那种叮当作响、噼噼啪啪的声音让她不寒而栗。液体倒出的声音也是如此，当液体从玻璃制成的瓶子里咕嘟咕嘟地倒出来时，她就会感到害怕。

1/4 的孩子与酒鬼生活在一起。酗酒是一种病，是家长群体里面最常见的问题，也是孩子们遭遇最多的问题，但这些孩子中的大多数并不怎么明白他们所看到的现象究竟是怎么回事。如果不明白自己看到的症状是什么，就很难识别疾病。《精神疾病诊断与统计手册》第 5 版，也就是众所周知的 DSM–5，列出了一份酗酒病的症状清单。当前医学术语“酒精中毒”指的是一种符合以下 2 个或 2 个以上标准的饮酒情形：经常饮酒过量；戒酒失败；花费大量时间获得酒、饮用酒或从醉酒状态中恢复；拥有强烈的饮酒欲望；在工作或家庭中饮酒以至于干扰履行自身的职责；饮酒引发了人际关系问题；为了饮酒而放弃其他活动；在驾驶等危险情况下饮酒；尽管饮酒已经引发了健康、工作或社会问题，却继续饮酒；对酒精产生耐受性，需要喝得越来越多；永久或短期戒酒会引发身体不适。如果一个人符合其中 2 到 3 个标准，就患有轻度酗酒病。如果符合 4 到 5 个症状，就可以认为是中度酗酒病，而符合 6 个或更多的症状，就表明是严重酗酒病。

饮酒太常见了，甚至酗酒（或者说问题饮酒）也很常见，导致人们误以为饮酒不会产生严重后果，但考虑到酗酒导致的衰老、残疾或过早死亡，可以说酗酒是发达国家第二重大的精神障碍，仅次于抑郁症。酗酒者可能会遭受一系列相关的健康问题，失去工作和人际关系，甚至早死。但请不要搞错：受酗酒伤害最大的不是酗酒者自身，而是酗酒者的孩子。虽然酗酒会缩短成年人的寿命，但家长酗酒从一开始就会损害儿童的成长。酗酒者的孩子和他们的朋友过着不同的生活，而且很可能同时面临多种逆境。

母亲和父亲都可能成为酗酒者，甚至有的家庭父母都是酗酒者。由于男性成为酗酒者的概率是女性的两倍，因此，孩子在生活过程中承受压力的最主要源头是父亲酗酒后的暴力行为，尤其是针对母亲的暴力。据估计，60% 的家庭暴力案件发生在父亲或母亲酗酒的情况下，30% 的儿童虐待案件发生在父亲或母亲酗酒的情况下。即使是从来没有被父母打过的孩子，他们的内心也可能受到各种各样的伤害。与同龄人相比，酗酒者的孩子更容易遭受言语虐待、性虐待、情感忽视、身体忽视、家庭精神疾病、父母分居或离婚、经济困难以及家庭成员入狱。由于母亲往往是完整家庭和离异家庭的孩子的主要监护人，一些研究认为，如果母亲酗酒，家庭生活可能会更加困难。当母亲喝酒时，孩子们更不可能得到最基本的抚养和关怀。当父亲酗酒时，一些母亲试图通过限制孩子接触酒来保护孩子不受父亲酗酒的影响。

具有讽刺意味的是，许多家庭试图限制孩子接触酒的方法之一就是不谈论酒。当生活变得非常可怕的时候，父母，像他们的孩子一样，通常也会沉默。他们试图保持正常的行为，并对朋友和亲戚隐瞒他们的问题，甚至欺骗自己，不愿直面现实。演员艾伦·卡明在他的回忆录《不是我父亲的儿子》（*Not My Father's Son*）中写到，他的家人对酗酒的父亲的反应是“我们从来没有真正面对过现实中发生的问题，即我们正和一个暴君生活在一起，我现在相信父亲是有精神病的。随着我们的沉默越来越多，我们也越来越多地拒绝面对现实”。这并不罕见。根据黑佐尔顿基金会专门针对孩子而写的教育材料，如果父亲或母亲是一个酗酒者，那么这就像“客厅里闯入了一头大象”，“你每天都会穿过客厅很多次，你看着大象走来走去，便小心翼翼地绕开它。没人谈论大象的事，只是避开摇动的象鼻，绕着象鼻走。因为没人谈论这头大象，你就觉得自己也不应该谈论。于是，你就再不谈论这件事了”。

不仅仅是酗酒者的孩子，很多孩子在生活中都遇到过这种“大象”，使他们面临着身体虐待、精神疾病、疏于照料、贫穷、性虐待、遗弃、离婚、家庭暴力等问题。不管遇到的问题是什么，大多数孩子都因为太害怕、太困惑而不愿谈论它，而且他们也注意到其他人更是希望他们不要谈论它。

艾米丽家的这头“大象”晚上下班回家后，就坐在客厅里，一杯又一杯地喝棕色饮料。艾米丽喜欢坐在房间的边上，像小老鼠一样从窗帘后面看电视。艾米丽的父亲喝得越多，她的哥哥们在电视机里播出商业广告期间就越捣蛋，在客厅地板上摔跤。“安静下来！”艾米丽的父亲喊道。看完电视后，他吼道：“上床睡觉！”这对双胞胎则回应说：“我们饿了！这是暑假，明天又不上学。”他们磨磨蹭蹭，就是不肯去睡觉。当“大象”从椅子上站起来责骂她的两个哥哥时，艾米丽的反应是赶紧上床睡觉。

艾米丽将要上床睡觉的时候，在房间里听到了 4 个人的喊叫声。

她的哥哥们拒绝父亲让他们睡觉的要求，向父亲发起了挑战。她的母亲恳求父亲让她照顾孩子，甚至请求他戒酒，让他自己去睡觉。很多时候，这是有效的，但也有例外。就在这个夜晚，艾米丽听到了一阵扭打声。父亲一边嘴里嘟嘟囔囔地说着什么，一边动手掌掴孩子。艾米丽的哥哥被打哭了。她的母亲尖叫着。艾米丽虽然很害怕，但也很生气。她下了床，循着吵闹声走去，准备为哥哥做点什么。一进客厅，她就看见一个哥哥站在椅子上，母亲站在哥哥前面，伸出两只胳膊和一条腿挡住父亲的路，不让父亲靠近哥哥。父亲则用胳膊肘推开母亲，努力向哥哥靠近。父亲伸出手，看样子要狠狠地打哥哥一巴掌。父亲另一只手紧紧抓住另一个哥哥的胳膊，把他吊在空中，哥哥扭来扭去，不停挣扎，胳膊上有一两英寸[①]的地方都出现了红色的手指印。

当父母情绪失控时，一些孩子试图成为主宰自己命运的英雄。大一点的孩子可能会试图跟父母讲道理，而小一点的孩子则会把注意力转移到父母的愚蠢行为或不好的行为上，也有一些孩子像艾米丽一样，用看似无辜的诱导行为去分散父母的注意力。艾米丽装出一副半睡半醒、非常困惑的样子，说她想要一些果汁。她提出这个要求之后，父亲的打斗行为停止了。她的父亲丢下一个，从另一个哥哥身边走开，然后跺着脚上楼，砰的一声关上卧室的门。艾米丽的妈妈让两个哥哥去睡觉，然后给艾米丽倒了些饮料，又把她送回床上。当艾米丽听到母亲关掉电视时，她终于可以转身去睡了。索要果汁是艾米丽的老把戏了。

第二天早上，这对双胞胎哥哥的胳膊上出现了瘀青和伤痕，所以艾米丽被单独送去参加游泳队训练了，两个哥哥就留在了家里。她骑着自行车来到附近的游泳池，想着该对教练说些什么，不知道教练是

---

① 1英寸为2.54厘米。——编者注

否已经知道她的哥哥们不能来了，或者是否知道前一天晚上她家里发生的事情。她不喜欢大人们窃窃私语地谈论她的家人，但她想象着他们能多谈论她自己，甚至希望他们这么做。她知道，社区里面的大人们总是预先制定出来关于汽车共享、游泳计划和街区聚会的细节，因此，艾米丽想象着社区的大人们可能会为此组织一场社区会议，聚在一起，坐在一排排椅子上，认真地谈论着社区里孩子们的事情。即便他们不这样组织会议，至少会有一个通讯录，通过打电话的方式聊一聊社区里孩子们的事情。

这一点在那个夏日差点得到了证实。艾米丽像往常一样游了一圈又一圈，但她所在的团队一定游得很慢，因为教练大声训斥了他们。艾米丽紧紧抓住泳道尽头的水泥边缘，用脚掌顶着光滑的瓷砖墙，听着教练大声呵斥她那个团队说："不要想任何事情，不要想你的哥哥，把头伸到游泳池里去吧！"听到这句话，艾米丽好像觉得教练这句话就是专门针对她讲的。精神分析学家唐纳德·温尼科特指出："当孩子们试图理解世界时，这个过程出错的一个方式就是巧合，因为巧合会导致孩子陷入困惑不解的处境。"那天早上教练的话是那些不幸的巧合之一，促使艾米丽形成了一种错误的世界观，使其误以为其他人和教练谈论了她家里的事。对艾米丽而言，教练的话只是针对她说的，就像带着密码一样，只有她能懂。她仿佛觉得教练在说："我们都知道你家发生了什么事，没人想谈论它，没人会对此采取任何行动，闭嘴，游泳去，这就是你的宿命。"

艾米丽确实闭上嘴去游泳了。在接下来的几年里，她去外地参加周末的游泳比赛，然后去了一所远离新泽西州的大学。在申请大学时，面对“请描述一下你曾经克服过的一个挑战”这样一个问题，17 岁的艾米丽很难想出一个合适的答案。她觉得脑海一片空白。最后，她写了写关于曾经参加利福尼亚州游泳比赛的情况，在那场比赛中，尽管她病得很重，却赢得了蓝丝带奖。艾米丽一点都没有考虑过写她父亲酗酒的事，也许是因为她还不知道用什么词语去形容父亲的毛病，也许是因为她还不知道她所经历的事情是真正的不幸。不过，回头来看，艾米丽怀疑，即便自己在申请大学时知道怎么去写，她依然不会写父亲酗酒的事。她认为应对父亲酗酒问题是不光彩的，似乎不是大学真正期待学生去克服的挑战，何况在她的家庭里，在应对父亲酗酒问题的过程中，并没有赢得过那种人人都期待的、令人振奋的蓝丝带式的胜利。

精神分析学家卡尔·荣格（Carl Jung）在自传中谈到了自己在抑郁中成长以及母亲患有抑郁症的隐秘往事。艾米丽从来没有在学校向她的朋友们谈起过父亲酗酒的事，也从来没有和她的男朋友提起过，甚至也没有和她 20 多岁时同居了两年多的一个男友提起过。她从不提这个事情，与其说是刻意为之，倒不如说是自然而然的，因为她几乎从来没有思考过她父亲酗酒的事。但她早期的经历就储存在她大脑中的某个部位，不断地影响着未来的生活。比如，如果她注意到自己约会的一个男人身上有父亲的味道，或者更准确地说，有威士忌的味道，她就不会和他约会很久。再比如，她宁可选择带男友去别人家度假，也不回自己家。有一次，当艾米丽带男友去见家人时，下意识地找了一个理由，使得她和男友住在了镇上另一边的朋友家里，而没有住在自己家里，只有一次回到了自己家里，那还是和艾米丽的父亲见面，并共进早餐。艾米丽不记得自己有意识地做出远离父亲的决定，也不记得自己有意识地策划好在早餐时间与父亲见面（父亲在早餐时间不喝酒）。在她的记忆里，父亲就是一头给她带来不愉快经历的“大象”，她小时候在客厅里踮着脚尖绕开父亲走动，而这种印象也永远留在了她的记忆里，以至于成年之后，她的生活和许多决定都是下意识地、自然而然地形成的，不需要有意识地去思考和策划。她说，父亲酗酒的事，我从没刻意去想过。

正是由于这个原因，秘密以及那些保守秘密者才容易被人误解。我们的秘密就像保存在橱柜里的骷髅，就像扫到地毯下面的灰尘，就像深埋地下的尸体，我们不会有意地、策略性地向其他人隐藏信息，而有时，甚至通常，隐藏秘密的决定是下意识地做出的，受到多方面因素的影响。我们看到的事情令我们感到恐惧，使我们说不出话来，而且我们不知道如何为这些事情贴标签，不知道如何对它们进行分类，也不知道用什么字眼去描述它们。我们周围的人给我们暗示或坚定地对我们说，有些事情还是不说为妙。超常者很少去愚弄别人，回想起来，他们常常意识到自己不仅对别人保密，也对自己也保密。陀思妥耶夫斯基（Dostoevsky）说过：“每个人都有一些回忆，只愿意告诉朋友，而不愿意告诉其他人。有一些事情，甚至不愿告诉朋友，只告诉自己，而且一直保密。还有一些事情，就连自己都不敢面对，而每一个正派的人心里都藏着许多这样的事情。”但问题是你的脑海中储存了太多这样的秘密之后，你可能会觉得自己变得不那么体面了，而且会导致你产生一种模模糊糊却不可动摇的感觉，即自己不仅心藏秘密，而且还在生活在谎言之中。

记者查尔斯·布洛（Charles Blow）在其回忆录中回忆了这种撒谎的感觉。据他披露，他小时候曾经遭到一个亲戚的性侵，但后来想方设法继续在家里表现得跟平常一样。他说：“我不得不诉诸孩子受伤之后学到的最有用、最危险的策略，那就是对自己撒谎，在那个小房子里无处藏秘密，我必须自己找地方藏起来，那就是藏在我的脑海里，那才是安全的地方，才能不让别人看到，不让别人知道……这个小镇和我们家的人就是这样处理秘密的。不管什么样的秘密，都绝对不会说出来。把不好的事情讲出去是不会有任何好处的。”布洛在他家的房子里无法安全地储藏秘密，所以他在脑海里找到了一个地方，那里是安全的，别人无从窥见。他说他学会了对自己撒谎，但实际上他所说的这种情况既存在于儿童，也存在于成人，当一个人竭力隐瞒秘密和撒谎时，就会出现这种情况。

1976 年在加利福尼亚州校车上遭到绑架的那群孩子在当年秋季开学后回到了学校，大多数孩子的学业并没有出现下滑。然而，不为人知的是，许多人开始幻想成为英雄，或者更确切地说，幻想下一次成为更好的英雄，表现得更好一些。他们想象着一旦再次遭到绑架者的袭击，他们会采取报复或逃跑的行动。有些人秘密地做准备，不断地做一些“演习”，甚至是拿着“武器”演习，以便在未来取得更具决定性的胜利，也就是说，他们在那个被绑架的夏日没有能够立即战斗或逃跑，但如果再次遇到这种情况，他们一定要做到立即战斗或逃跑。虽然许多孩子在内心深处会把绑架当作他们生命的“起点故事”，但在外表上，他们宁愿不被人提起，也不愿别人知道这件事。那年晚些时候，其中一个男孩在迪士尼乐园被认出来，一些好奇的游客问他是不是校车上的学生。他的回答是什么呢？

“不，我不住在乔奇拉。”

第 4 章

战斗

我喜欢从水泥裂缝中生长出来的一朵花或一小簇草。

真是英雄。

——乔治 · 卡林（George Carlin）

1955年，在素有夏威夷州“花园岛”美称的考爱岛，心理学家埃米·维尔纳（Emmy Werner）和露丝·史密斯（Ruth Smith）无意中开始了一项长达数十年的、具有开创性的复原力研究计划。他们的研究对象是698名婴儿，这是那一年岛上出生的所有婴儿，其中有些婴儿来自亚裔、高加索裔和波利尼西亚裔的家庭，许多婴儿一出生就面临多重逆境。有些婴儿的父母长期生活在贫困中，受教育程度低，也没有工作。许多家庭都面临着一个或多个家庭成员酗酒或患精神疾病的问题。维尔纳和史密斯假定这些孩子在童年期面临的困难越多，在未来的成长过程中遇到的问题就越多。诚然，这貌似一个常识性的命题，但到20世纪50年代，这一命题还没有在大量样本中得到实证检验，更不用说从摇篮开始，然后跨越漫长时间的检验了。为了做到这一点，他们组织了大量心理学家、儿科医生、公共卫生专业工作人员和社会工作者，在长达数十年的时间里，跟踪了这将近700名考爱岛新居民，从他们出生一直跟踪到中年时期。

不幸的是，维尔纳和史密斯的假定只在某种程度上是正确的。2/3的婴儿被认为是高危人群，那些面临4种或更多逆境的婴儿在10岁时就出现了严重的行为问题或学习问题。在18岁的时候，他们开始出现犯罪行为或精神疾病，许多女孩甚至怀孕了。维尔纳和史密斯万万没有想到的是，有 1/3 的儿童一开始遇到了麻烦，成长环境中充斥着高危和高风险因素，但他们后来却成为有能力、有信心、有爱心的成年人。他们受过不错的教育，找到了比父辈们更好的工作。他们没有出现他们曾经非常熟悉的药物滥用、离婚和家庭暴力等问题，找到了能够支持他们的另一半，建立了温馨的家庭。用维尔纳和史密斯的话说，这些孩子“容易受伤，但不可战胜”。

这一惊人的发现使维尔纳和史密斯的工作发生了翻天覆地的变化。他们原本是想研究一下早期逆境对于人生的毁灭性影响，但他们的研究工作却变成了关于超越逆境可能性的开创性工作。这些脆弱的孩子究竟是如何使自己立于不败之地的呢？当然，这里没有公式可循，但在考爱岛的样本和其他研究中，数十年的进一步研究都将其归因于适应能力以及有助于克服困难的外部条件。也许最值得注意的是，当维尔纳和史密斯让这些脆弱但战无不胜的成年人回头去看自己意想不到的成功时，答案并不出人意料：大多数人表示，决心，也就是同逆境战斗到底的精神，是他们最宝贵的财富。

保罗看起来像个超级英雄，或者更准确地说，他可能只是在休息日看起来像一个超级英雄。他戴着一副眼镜，看起来挺英俊，给人一种邻家男孩的感觉。从 25 到 35 岁往往是容易涌现超级英雄的年龄段，他的年龄就在这个时间段里面。他的 T 恤（一种短袖套头上衣，略呈 T 形）绷得紧紧的，衬托出发达的肌肉，虽不至于发达到让人觉得他的身材很奇怪或服用类固醇的地步，但足以让人觉得在他随意的外表下出奇地强壮。他给人的印象是非常干净友好，但也很谨慎。他似乎是那种能够安然度过任何紧急情况的人，就像他能适应这个世界一样。在某种程度上，他就是这样。

保罗是一名核工程师，也是一名年轻的海军军官。他是在看了我写的一本书后找到我的。我在那本书里讲述了20多岁的重要性以及成年后大胆创业的价值。我提出人们在二十几岁时付出的所有努力都会得到回报，这种想法让他觉得自己得到了认可，引起了他的共鸣，但他也面临着自己的问题。他有时会想，像他这个年龄的人，特别是那些不住在兵营里或潜艇上的人，是否能够更加自由地享受生活。他想象着他的同龄人旅行是为了娱乐，而且可以同他们所爱的人待在一起，而他自己却要把自己所爱的女孩儿独自留在家里。那个女孩儿是一位年轻的艺术家，但她的父亲却有酗酒的毛病。保罗不知自己如何既能与所爱的女孩儿待在一起，又能服务他所爱的国家。也许像许多服役的人一样，保罗有时会环顾四周，然后扪心自问："我为什么要这样做？"

确实，为什么呢？

这是保罗经常遭遇的问题，不仅扪心自问，也从别人那里听到这个问题。许多人错误地质疑他，认为只有那些没有其他选择的人才会去参军，而保罗在参军前是一名优秀的学生，过着中产阶级的生活。对许多人来说，他成为海军工程师的决定似乎很奇怪，或者至少是一个背后有故事的决定。当我向他提出问题"你为什么要这么做"的时候，保罗准备好了答案。这句答案简洁明了，也许是军方训练出来的，但他的回答也表现出了坦率的自我意识而引人注目："我在学校里真是成长得很痛苦，感觉很多年来我都被困在一个笼子里，而海军的环境却能够让我把头伸到窗外，昂首挺胸，茁壮成长。"

对保罗来说，五年级来得太早了。他跳了一级，三年级结束后直接上了五年级。五年级开学的一天，他老师对全班学生说："同学们，这是保罗，他是从三年级加入我们的，大家要让他感到受欢迎。"老师透露出跳级的信息，无异于在他背上放了一个靶子，使他成为同学们轻视的目标。

保罗当然是个容易欺凌的人。在他班上所有的孩子中，他虽然是最聪明的，却也是最年轻的、最瘦的和最弱的。第一天到操场上体育课时，全班同学一起玩"红色漫游者"游戏。保罗竭尽全力向朝他喊叫和嘲笑的同学们跑去，结果却被同学们的手像弹弓上的石头一样给弹了回去。从某种程度上来讲，这种感觉贯穿了他的整个学生时代。保罗仿佛觉得，自己花了很多时间试图融入某个地方，而其他孩子却伸出胳膊，彼此紧紧地拉着手，阻挡着保罗，他们好像宁愿让自己的胳膊断掉，也不愿意让保罗闯过去，因为一旦瘦弱的保罗闯了过去，他们就会被视为薄弱的环节。午餐时，孩子们坐在桌前，却背对着他。他们踩在他的鞋背上。当他说话的时候，他们靠在一起，在他后面窃笑。他们在他的座位上吐唾沫，在他的桌子上留下言语刻薄的字条。

当另一个新来的男孩加入这个班时，保罗以为自己终于能够有一个朋友了。但他的同学们却把社会阶级的作用发挥得淋漓尽致：在他们那个班里面，上层的男孩是个头最大的，也是最强壮的，他们是每个人都仔细观察、效仿和期待的榜样；中层的孩子有一些有优点，但还不适合跻身上层，所以他们急切地努力与他们上面的那些男孩达成结盟关系；地位最低的男孩是保罗和其他一些人，他们大多相互回避，以免加剧自己的糟糕处境。虽然处于班里面的底层，保罗好歹还有一个新朋友，这种日子还是可以忍受的，但谁知过了一段时间，保罗的桌子上出现了一张纸条，上面的文字是："对不起，我不能再跟你做朋友了，我想向上走。"

有些孩子在家里受到精神或身体上的虐待，而另一些孩子在学校里受到这些虐待，在学校里这种虐待被称为"校园欺凌"。大约有 1/3 的孩子在 18 岁之前会遭遇欺凌，通常是在学校，尽管这种欺凌行为的表现各不相同。据估计，25% 的受欺凌儿童是言语攻击的受害者，比如被取笑、侮辱、责骂或造谣。大约 10% 的人受到身体上的欺凌，比如被人推搡、猛撞、绊倒、吐唾沫等等。约 5% 的人被忽视或排除在活动之外，另有 5% 的人的身体安全受到威胁。根据 2011 年皮尤研究中心的一项研究，大约有 10% 到 15% 的青少年称自己受到了别人通过互联网实施的骚扰。像保罗一样，大多数被欺凌的孩子都遭受了不止一种攻击。

要理解欺凌及其影响，就要理解权力的作用：欺凌者拥有更多权力，而他们的欺凌目标拥有的权力则相对较少。一种普遍流行的观点认为欺凌者是不安全的局外人，但与此相反的是，大多数欺凌者反倒拥有深受同龄人尊重的优点，也许他们身材魁梧，也许他们跑得很快，也许他们是技艺高超的运动员，也许他们很受欢迎，也许他们善于社交。欺凌者滥用他们所拥有的一切权力来维持他们在人群中的支配地位。欺凌者的目标往往是社会上的弱势群体，通常是因为这些弱势群体在某种程度上具有与众不同的地方。他们之所以像保罗那样被选为欺凌目标，或者因为他们年龄比较小、身高比较矮，或者是一个班级的新加入者。有时他们被认为没有魅力或没有运动细胞，可能存在身体残疾或经济劣势，或者可能是少数民族，或者被认定为同性恋、双性恋或变性者。

虽然小学生之间会发生欺凌行为，但这种行为主要发生在中学。欺凌行为在不同年级、不同学校的过渡时期，或者在固有的社交群体结构被打乱的时候，就会出现激增的情况。男孩和女孩们重新开始争夺朋友，重新开始争相获得更多的邀请，而正是这种对所有人开放的社会混战，使得人们可能诉诸各种形式的“侵略”手段去建立或重建人际关系。

当保罗升入中学时，他的大多数同班同学也和他一起升入了中学，当然，他在班里非常低的地位也延续到了中学阶段。男孩子们比以往任何时候都更卖力地想在班级上层找个位置，至少是尽量远离底层。在学校里，孩子们用他们刚刚学会的一切污言秽语攻击保罗，比如基佬、蠢货、怪物、娘娘腔、哈巴狗、失败者、败家子、混蛋、白痴、软蛋等等。放学后，他们在保罗等车的时候用石块来攻击他。古代有一句话说，“棍子和石头可以打折我的骨头，可是话语永远不会伤害我”。但真实情况与这句话所说的情况完全相反，话语的确会伤人，而且最近的研究发现，社交疼痛与身体疼痛在大脑中传播的路径是相同的。

权力的不平衡不仅使欺凌弱小具有了现实可能性，成了一个难以解决的问题，而且使它变得危害非常大。虽然孩子之间的打架和竞争是常见的，甚至可以说是正常的，但反复遭到欺凌就不正常了，这会导致被欺凌者感受到自己面临的威胁越来越多，自己能够掌控的东西越来越少，而且会滋生更多的焦虑和抑郁。他们想改变自己的遭遇，却看不到希望，得不到帮助，从而可能长期生活在恐惧和抑郁之中，最终造成多方面的伤害。许多受欺负的人对自己感觉不好，觉得与他人疏离。由于欺凌行为经常发生在学校，受欺凌者可能在课堂上表现不佳，对教育和老师形成负面看法，可能患有头痛、胃痛或睡眠问题等身体疾病，并伴有抑郁、焦虑和自杀念头等心理健康问题。如果青少年每周被欺凌一次或更多次，这些问题往往会更加严重，而且可能会持续到成年之后，即便在欺凌行为结束之后，无力感和受害感依然会融入他们对于自我的认知，抑郁或焦虑会持续数年甚至数十年。

如果保罗没有被一块石头砸中，这可能就是他的未来。有一次，保罗被一块石头砸中，带着血染的眼睛回到家里，甚至严重到了需要缝针的地步，他的母亲认为也许他应该打回去，也许应该搬家，这样他就可以去其他学校了。"我觉得那些孩子欺负我！"那天晚上，保罗听见妈妈在卧室里对爸爸如此哭诉道。保罗听见这话，又听见母亲抽泣，心里觉得很不公平，那些孩子太不讲道理，父母不应该哭，家庭不应该搬家，做坏事的人不应该逍遥法外。所以，在那一刻，保罗决定还待在那个学校。他要想办法反击回去。

面对危险，我们内心最深处的本能是反击或逃跑。这种或战或逃的反应在 1915 年被心理学家沃尔特·坎农（Walter Cannon）命名为"战逃反应"。在卡农的模型中，每个生物的目标都是保持体内平衡。体内平衡是他创造的另一个众所周知的术语，为了做到这一点，大脑协调身体系统，以确保体内环境的稳定性。体内环境是在他之前的法国科学家克劳德·伯纳德（Claude Bernard）提出来的。

坎农的思想在之后的岁月里经过了反复修正。但一个世纪之后的今天，我们知道他的观点基本上是正确的。在我们的生存环境受到干扰之后，大脑和身体会做出反应，努力让事情变好。杏仁核被触发后会释放压力激素，从而导致心率加快，焦点变窄，消化减慢，促使血液流向肌肉，让肌肉温暖灵活，充满能量，促进肌肉和关节活动。这些生理上的变化使我们通过前进或后退，通过战斗或逃跑等方式做好应对压力的准备。

当我们考虑战逃反应中的“战”时，我们可能会伤害到某人的身体或攻克某件事情。在最原始的进化意义上，战斗就是击打冲撞我们的人，或者朝冲向我们的熊扔石头。然而，在现代世界中，对于超常者而言，战斗的形式是多种多样的。英文中的“侵略”（aggression）一词起源于拉丁语单词 aggredere。这个单词的意思不仅包括攻击或袭击，还包括“解决问题”和“抓住机遇”。对于超常者来说，战斗通常意味着解决问题，这些超常者进行的战斗更多的是与贫穷、歧视、虐待、欺凌、不公平、遗弃等情况做斗争。

在遭遇了多种多样的不公平因素之后，他们反而受到了刺激和鼓舞，即使面对多重挫折，超常者也不害怕，就算无法即时获得回报，他们也愿意长期努力工作。他们有一种不愿被打败的冲动，有一种为延续生存和获取更好环境而奋战的冲动，有一种为自己和为正义而战的迫切心理需求。事实上，他们通常觉得自己根本无法选择失败，除了奋战之外，别无选择，因为只有选择奋战，才有可能保持生活的本来面目。

在我的办公室里，超常者这样描述自己：

> 我是一名战士。
>
> 我是幸存者。

我有决心。

我是个爱打架的人。

我是坚强的。

我身体强壮。

我从不放弃。

我不断前进。

我做必须做的事。

我很有动力。

我是一个奋斗者。

我总能找到办法。

我要重整旗鼓，振作起来。

我下定决心要做的事情一定要做成。

我曾被逼到了一个角落里，但大摇大摆地走了出来。

当然，大多数超常者并不是真正的战士，就连保罗加入了军队后也没有成为战士，而是成为一名工程师，属于一名问题解决者。不管他们外表看起来是谁或者是什么样子，他们内心深处都认为自己是战士。许多人不仅从超级英雄的故事中汲取力量，还从各种各样的战士的故事中汲取力量。很多人物形象都能给他们指明前进的道路，比如现实生活中的英雄，比如书、电影或音乐里的人物（这些人物能力强大，冷酷无情，能够满足普通人的一切想象），比如虚构文学里面的杀手（这些人知道如何锁定目标并具有杀人本领）。他们是猎人。他们是跟踪者。他们是杀手。他们是士兵。不管每天的情况是怎样的，不管他们从哪里汲取灵感，超常者每天都在为生存而战，他们必须战胜一切逆境，为此可以使用自己的一切优势作为力量和武器，包括智慧、体能、家人、才能、职业道德、个性和语言能力。

参议员伊丽莎白·沃伦也曾像保罗一样，在学生时期觉得自己太年轻了，在同学们里面在没有存在感。她在《奋斗的机会》(*A Fighting Chance*）这本回忆录里描述了自己的奋斗历程。她的青春期是在美国中西部度过的，在那个时候，她就学会了利用自己所有的一切有利条件去努力奋斗："我只有 16 岁，但是因为我跳过一级，现在我已经是高中毕业班的学生了。从我的角度来看，我并不漂亮，我在学校的成绩也不是最好的。我不会运动，不会唱歌，不能用拳头打架，也不会演奏音乐。但我确实有一个天赋，那就是语言能力强。我是辩论队的主持人。"

现在，数以百万计的人都知道，林 – 曼纽尔·米兰达（Lin-Manuel Miranda）在他的百老汇音乐剧《汉密尔顿》中讲述了亚历山大·汉密尔顿的故事，汉密尔顿通过写作摆脱了加勒比地区的贫困，成为美国的一位开国元勋。但很少有人知道米兰达的人生经历与汉密尔顿的故事大体相同。米兰达也是通过写作摆脱了困难时期。米兰达小时候在纽约市曼哈顿的华盛顿高地（Washington Heights）读书时，就因为他的口才而被人取笑。他在《汉密尔顿》这个音乐剧中说唱道："当我被看到读书的时候，第一次遭到了其他孩子的打击。"米兰达在 36 岁的时候，用他写的歌反击了他遭到的困境：他获得了普利策奖、麦克阿瑟天才奖、两项格莱美奖和三项托尼奖。他说唱道："我要用这支笔汲取血液，注入动脉。"诚如人们所说的那样，笔比剑更有力。

保罗回到了学校，眼睛上缠着绷带，他要发动一场所谓的"为了自尊而战的内部斗争”。就像有些孩子穿着所谓的“好运袜”去参加足球比赛一样，保罗那天一早就开始翻衣柜抽屉，找出他的超级英雄 T 恤。这就像他说的盔甲一样。他在其他衬衫和夹克里面穿了好几层 T 恤，这样可以保护他，不会感到无助和孤独。那天，他觉得学校的白天似乎比平时长一些，他不停地数着数，心里盘算着还有 6 个小时、5 个小时、4 个小时就要放学的时候，他觉得自己变得强壮了，至少在他自己的脑海里是这样。他记住了元素周期表。他解了字谜。他完成了一个魔方。他改变了笔迹，使它向左倾斜而不是向右倾斜。保罗相信，心灵能够控制物质，无论如何，他都决心使之成为现实。自从眼睛缝针以后，孩子们就不再朝他扔石头了，保罗听到那些话和评论之后，都严词回绝：“他们所说的关于我的话不是真的，我拒绝相信。”

这些听起来或许只是保罗假想的一种胜利，或者只是一厢情愿的想法，但研究人员知道，内心的反击可能与外部真实的反击同样重要。一项研究调查了 81 名被关押的成年人的健康状况。作为东德的政治犯，他们遭受了精神和身体上的虐待，包括殴打、威胁和被关在黑暗中。获释几十年后，约有 2/3 的囚犯患上过创伤后应激障碍综合征，甚至这种病一直没有消除，伴随他们的余生，只有大约 1/3 的囚犯没有患上过这种病。为了理解为什么有些囚犯比其他人过得更好，研究人员观察了他们接受的治疗类型，以及他们在被关押期间使用的应对策略，结果发现，较之于受虐待的严重程度以及囚犯们的恐惧程度，他们内心是否放弃对未来的希望更有助于预测他们未来的痛苦程度。那些精神崩溃的人、那些觉得自己一无是处的人以及那些不再关心自己命运的人，比起那些在内心暗暗反抗的人更有可能在获释后痛苦挣扎数年，甚至数十年。尽管在其他人看来，这些囚犯可能已经放弃了，遵从狱警的命令，签署了虚假的供词，但在内心里，他们以其他人无法看到的方式抗争着，并取得了心理上的胜利。内心里，他们拒绝相信自己会被打败，他们认为自己迟早会胜利。在他们看来，外面发生的事情并不可怕，因为他们是不可战胜的。

也许对保罗来说，内心强大就足够了，但就像乔希拉那些被绑架的孩子一样，他还希望自己的身体变得强壮。保罗记得曾经扪心自问："我会沦为别人口中的那个样子，那个任人摆布的孩子，还是要变成另外一个人？"保罗的父亲让他的儿子报名参加了柔道培训，不久，道场就成了他脱胎换骨的地方。保罗回忆道："我是那里最好斗的人。"他非常引以为豪的一点是，柔道让他成为内心期待的那种战士。他特别强调说，柔道不是一种踢打或拳击的运动，而是一种掌控对手或让对手丧失攻击能力的武术。每天下午放学后，保罗都能在不伤害任何人的情况下获胜。

这样的日常掌控体验和身体锻炼有助于保护保罗远离欺凌和其他逆境引发的抑郁和焦虑。保罗在柔道馆以及外面的锻炼越来越多地是为了挑战自己的极限，而不是单纯地维持常规性的锻炼。在周末，保罗穿上他的超级英雄T恤，跑了2英里，然后是4英里，最后是6英里，他的步伐随着呼吸的节奏和他所听的强烈的音乐节奏而跳动。有时保罗假装在为世界末日做准备，有时他假装自己是不可战胜的。

作为一个成年人，保罗看起来确实是不可战胜的。我评论说，即使他谈到一些非常痛苦的时刻，他看起来依然是那么坚毅和不可动摇。"我现在终于可以谈这件事了。"他说。这表明在之前相当长的一段时间内，他不能或不愿谈这件往事。所以，我就问他，在他可以谈论这件往事之前，在他可以从一个海军军官的身份汲取力量之前，他是怎么做到一天又一天斗志昂扬地去上学以及如何做到每天在小镇的街道上跑数英里呢？那么多年里面他是从哪里汲取力量去反击自己面临的逆境呢？

起初，他的回答并不令人惊讶。他强调说，他的父亲在默默地支持他。可以肯定的是，如果能在生活中遇到一个好人，就能弥补你不好的遭遇，会让一切变得不同。保罗又说了些别的话。他甚至提到自己拥有一种情感，这种情感常常是促使超常者振作起来的一部分因素，但许多超常者却羞于提及。“我生气了，”保罗毫不掩饰地补充说，“其实很简单，我意识到那些孩子对我和我的家庭所做的事情是错误的，这让我很生气。这种愤怒化作了我的激情和动力。”

“愤怒”这种情绪的名声一向很坏。科学家和外行人都倾向于认为情绪要么是积极的，要么是消极的，并且在快乐、悲伤、恐惧、愤怒、厌恶和惊讶这 6 种情绪中，只有快乐似乎是积极情绪，而其他几个全被归入了消极情绪。正如我们所预料的那样，能打动人的情感被认为是可取的，而消极的情感被认为是不可取的。人们认为，积极的感觉会让我们振作起来，而消极的感觉则会把我们拖垮。从这个角度来看，像快乐这样的情感需要培养，而像恐惧、悲伤和愤怒这样的情感需要消除，或者至少是加以控制。从历史上看，愤怒已经被视为一种特别有害的情绪，许多古老的箴言都提到了愤怒。比如，古罗马哲学家小塞内卡（Seneca the Younger）曾经说过：“愤怒是一种酸，它对储存它的容器的伤害大于它对任何接触它的物体的伤害。”再比如，佛教有一种观点认为：“你不会因为你的愤怒而被惩罚，你会被你的愤怒惩罚。”

然而，最近一些科学家提出了一种更有意义的观点，即不能仅仅用正面或负面去评价情绪，每一种普遍存在的情绪都扮演着独特的重要角色。这似乎是合理的，因为虽然快乐情绪能让我们在一切都很好时享受生活，其他情绪却可以帮助我们在失去一切时调整自己，帮助我们生存下去。考虑到这一点，研究人员开始认识到愤怒是一种非常有助于身处逆境者提高适应力和复原力的情绪。大多数人感到愤怒都是由于受到了不公正的待遇，但其实令人愤怒的原因还有很多。当我们感到挫败、被激怒或受委屈时，就会产生一种强烈的不悦、愤怒的情绪。也许我们珍爱的某样东西或某个人被夺走了，或者我们被阻止去实现我们渴望的目标或抱负。感到愤怒往往意味着人们觉察到了非正义和非公平的因素，而这是由他人的不当行为造成的。人们产生愤怒情绪是一种信号，表明人们觉得某些事情出了问题，或者某些事情伤害到了自己，或者某些事情背离了“应有”的模样。

一天下午，我和保罗谈到愤怒在他反击欺凌的斗争中所扮演的角色之后不久，我又同一位 40 多岁的客户进行了一次深谈。我问她，在成长过程中，她是否曾经因为自己的遭遇而感到愤怒过。（从历史上看，一般不鼓励女孩和妇女表达或表现愤怒情绪，这种情况现在可能正在发生一些改变。）她回答说：“没，但是我想如果有的话，或许会比较好。”正如托妮·莫里森（Toni Morrison）在《最蓝的眼睛》（*The Bluest Eye*）一书中所写的那样：“愤怒让人产生存在感，让人认清现实和存在状况，并意识到自己的价值。”

小塞内卡和佛教上述关于愤怒的两个观点在某种意义上来讲是正确的，因为仅仅感到愤怒确实不一定能带来好处，而且可以肯定的是，长期的愤怒对身体和精神都是有害的。然而，愤怒的有用之处不是这种感觉本身，而是它所激发出来的行为。愤怒是决定战逃反应的根源。愤怒具有激励作用，驱使我们缩小愿望与实力之间的差距，或者缩小事情的现状和我们认为的应有模样之间的差距。它迫使我们反击现状，而不是选择放弃或屈服。愤怒是一种强大的情绪，能产生巨大的前进动力，推动我们朝着目标前进，甚至越过前进道路上的障碍。亚里士多德对愤怒有更宽容的看法，他写道："愤怒者旨在追求自己的目标。"这种被愤怒激发出来的、积极的，甚至是不知疲倦的努力是超级英雄和超常者的标志，一直被视为成功的关键因素之一。

19 世纪，弗朗西斯 · 高尔顿爵士（Sir Francis Galton）收集了近千名著名政治家、作家、科学家、诗人、音乐家、画家、军事指挥官和其他人的传记资料。他认为："卓越是能力、热情和艰苦工作三个因素结合的产物。""能力"一词被放在上述三个因素中的首位，可能并非偶然。高尔顿是查尔斯 · 达尔文（Charles Darwin）的表弟，他在轰动一时的《遗传的天赋》（*Hereditary Genius*）一书中提出了上述论点。他还断言，智力和才能在很大程度上是天生的，在伟大的家族中代代相传。

然而，到了 20 世纪，研究人员开始质疑智力等先天能力的首要地位，并开始越来越多地关注高尔顿提出的其他因素：热情和艰苦工作。刘易斯 · 特尔曼（Lewis Terman）发起了一项针对天才儿童的测试研究，并跟踪研究了在学业上早熟的儿童，直到他们成年。他发现，与智商相比，毅力更能预测这些儿童是否能在各自的领域取得成就。特尔曼的学生、心理学家凯瑟琳 · 考克斯（Catherine Cox）对 301 位天才的生活进行了研究。她发现，在把智力作为控制变量的情况下，人在一生中取得的成就取决于动机和努力等品质。

到 21 世纪，我们很多人都知道这种不屈不挠地追求某个目标的品质就是所谓的毅力，宾夕法尼亚大学的心理学家安吉拉·达克沃思（Angela Duckworth）也将这一品质称作“激情和坚持”。很多研究表明，毅力对人们在很多方面的成功做出了很大贡献，比如，学习成绩的平均绩点、受教育程度、教师效能、在全国拼字比赛中的排名、婚姻维持的时间长短、一份工作干的时间长短、服役时间长短（保罗的情况就属于此类）等等。

然而，尽管现在人们普遍意识到了毅力的重要性，这个概念得到了很好的理解，而毅力背后的激情却不那么容易被理解。所谓激情，就是高尔顿指出的热情，或者考克斯提到的动机，是驱动这一切的情感因素。我们每个人都需要一个理由为我们想要的东西而奋斗，尤其是当我们想要的东西来之不易的时候。美国海军曾经制作过一段视频，讲述军官候补学校的学员们面临哪些挑战，3 名毕业生在视频刚开始时就强调了激情这种内心深处的情感发挥的不可替代的力量。一个人说：“如果没有激情，你什么都做不成。”这句话并不意味着愤怒是唯一可以促使人们产生激情的情绪，并不意味着只有愤怒才能激励人们努力工作，但它似乎不失为一种催生激情的好方法。几项研究表明，从 7 个月大的婴儿到各个年龄的成年人，在面对令人沮丧的、具有挑战性的任务时，比如一个孩子想从大人手里取回一个被收走的玩具，比如用一把其实错误的钥匙打开一个锁着的箱子，比如处理那些能解决和不能解决的问题，等等，只有那些愤怒的人才能坚持下去。

脑科学支持这样一种观点，即愤怒确实可以发挥积极的作用，尤其是当它与清晰的目标和进取的行为结合在一起时，愤怒的作用更明显。事实上，如果愤怒者能够做出积极、健康的努力，那么愤怒就成了恐惧的对立面。愤怒起源于主管感性的杏仁核，但当我们在情绪感知的基础上采取有目的的行为时，主管理性的前额叶皮层就开始发挥作用，我们开始规划和执行有意识的行为。右前额叶皮层主管我们的悲观反应，当我们感到愤怒和无力时，当我们坐在地上不停地忧虑时，这部分皮层就会被激活。但当我们感到愤怒和强大的时候，当我们不再担心“别人对我做了什么”这个问题，而是开始问自己“我该采取什么措施”时，大脑内部会发生一些变化。

用威廉·阿瑟·沃德（William Arthur Ward）的话来说，明智的做法是把你的愤怒指向问题，而不是指向人，把你的精力集中在寻求解决方案上，而不是集中在寻找借口上。为了从我们所感受到的愤怒中获益，我们必须从受害者变成行动者，至少为了我们自己的利益，也要这么做。让受害者摆脱无力感，转而开始采取有目的的行动，这种转向长期以来被视为有助于治愈创伤和悲伤。曾经对世界各地大规模暴力行为的幸存者开展研究的心理专家理查德·莫利卡（Richard Mollica）写道：“工作，工作，工作。对全世界遭受创伤的人们而言，工作是最重要的目标。”这种策略甚至可以超越更情绪化的、不受控制的、不计后果的愤怒，比如暴怒。

当我们在愤怒中意识到自己能够或应该做些什么来克服前进道路上的障碍时，愤怒就会激活左前额叶皮层。这个部位的大脑皮层主管积极感情，让我们采取有力的措施，指导我们迈向目标、解决问题，以及规划和追求自己期待的目标。这样一来，感知愤怒情绪以及采取行动对我们是有好处的，可以把大脑活动从右前额叶皮层转移到左前额叶皮层，使我们感受到自信，感受到自我引导，感受到控制力，帮助我们实现自己的计划，让我们的意志更坚定，对未来的态度变得更积极。

事实上，尽管愤怒长期以来被视为一种消极情绪，但对于大脑而言以及对于行动而言，愤怒与幸福这两种情绪的作用颇有相似之处。两种情绪都是利用左侧半脑表达的。在一系列的研究中，心理学家珍妮弗·勒纳（Jennifer Lerner）和达谢·凯尔特纳（Dacher Keltner）对恐惧、愤怒或快乐的成年人进行了对比。与恐惧的成年人相比，那些愤怒或快乐的人对自己的未来有着同样乐观的预测，甚至对一些他们可能无法控制的事情，比如心脏病发作、找工作、选择职业或婚姻美满，他们的预测依然乐观。进一步的研究表明，尽管快乐的人和愤怒的人都倾向于乐观，但他们所体验到的乐观并不完全相同。快乐的人倾向于相信好事会自然而然地降临，而愤怒的人则更倾向于相信他们可以通过自己的努力让好事发生在自己身上。珍妮弗·勒纳和拉里沙·提登斯（Larissa Tiedens）认为，愤怒的人体验到的乐观更接近于相信自己，而不是相信世界，这容易催生一种偏见，误以为自己是强大的和有能力的。

有证据表明，因为愤怒让我们感觉到问题更易于处理，因此，愤怒其实可以帮助我们减轻压力。在另一项由珍妮弗·勒纳及其同事进行的研究中，92 名成年人面临已知的压力源，比如从 9 095 开始倒着数，依次递减 7，或者从 6 233 开始倒着数，依次递减 13，或者拿出韦氏智力测试的题目去给他们造成精神压力。更让参与者沮丧的是，他们一旦出错，就立即被告知，迫使他们更努力、更快速地计算，否则他们可能会落后于其他人。在解决问题过程中，如果参与者变得焦虑或恐惧，那么他们的心率、血压和皮质醇水平都比较高，但如果参与者变得愤怒，这些指标就比较低。一个原因是愤怒会催生自信。有时，那些愤怒的人会感到更坚强、更自信。他们觉得自己更有能力向前迈进，有能力纠正世界给自己带来的不公。

在逃离童年时期遭遇的那种残酷的等级制度后，军队似乎应该是保罗最不愿意选择的地方，但事实上，正是军队里面那种层次分明的组织架构最吸引他，因为在那里，他可以生活在一个人际关系井然有序、公平公正的世界，而不是一个变幻莫测、反复无常的世界。回首过去，保罗怀疑他之所以加入海军，是因为他想试验一下自己的长处在军队里面是否能发挥出来。他说："拥有一种能够让我保持身体锻炼和思维敏捷的生活方式非常重要，否则我担心是否会故态复萌，恢复到以前那样的结局。"然而，在军队里，保罗非但没有沦为同龄人奚落的目标，反而成为一个"领导者"式的人物。军旅生活的主要内容无非是跑步、学习以及残酷的体育锻炼，而保罗多年来一直保持这样的生活节奏，积累了很多应对压力的经验。保罗说，现在作为一名军官，"我认为自己比周围的大多数人都更坚强、更有能力，这归因于我经历过的遭遇。我认为自己是一个乐观主义者，这不是因为我认为现在及未来不会发生不好的事情，而是因为我相信无论我遭遇什么，都能克服任何困难。我感到独立和自信。我觉得自己能经受住考验。我觉得自己很勇敢"。

诗人迪伦·托马斯（Dylan Thomas）说过："世界上只有一件事比童年不快乐更糟糕，那就是童年太快乐了。"我不知道这是真的还是假的，但我知道，太多超常者其实并不喜欢童年逆境，觉得如果自己的童年没有那么大的压力，自己肯定会变得比现在更好。他们以羡慕的眼光看待那些童年简单而快乐的同龄人，想象着这些同龄人的童年更令人期待，更有价值，更有魅力，更正常，更适合生活，更……他们宁愿用一切美好的字眼去形容别人快乐的童年生活。然而，事实未必如此。

虽然无情的、过大的压力对我们没有好处，但适度压力并非坏事。学习应对压力很像锻炼，正如保罗所说，通过努力练习，我们变得更强壮，变得更有能力。这就是英国儿童精神病学家迈克尔·鲁特（Michael Rutter）所称的“钢化效应”（steeling effect），也就是说，如果我们置身于一些艰难的环境，可以帮助我们抵御未来困难的影响，研究心理学家理查德·丁斯特比尔（Richard Dienstbier）提出了“韧性模式”（toughness model），与这一观点存在异曲同工之处。按照理查德的观点，如果我们体验过了压力感，我们就不会那么害怕未来困境激发恐惧心理，我们开始把威胁和问题看作能够控制的情况。

有充分的证据表明，身处逆境确实能让我们变得更坚强，与适度的压力做斗争甚至比完全没有压力还要好。对年轻的松鼠猴的实验表明，早期接触短暂的压力源会使它们更有复原力，与之前没有接触过压力的猴子相比，那些接触过适度压力的猴子在新环境下更舒适，焦虑程度更低，甚至皮质醇水平也会更低。

此外，在一项针对500多名达特茅斯学院学生（其中大约一半参加过越战）的研究中，那些在战争中只是做些外围辅助工作的学生的心理健康水平要高于那些直接参与战斗或远离战争的退伍军人。心理学家马克·西里（Mark Seery）和他的同事们曾经在全国范围内选取了2 000多名年龄从18岁到101岁不等的成年人作为样本，开始了一项耗时数年之久、颇具代表性的心理学研究，结果发现，较之于曾经经历过严重逆境和轻微逆境的人，那些经历过一些适度逆境的人往往比较成功，对生活往往比较满意，也更有能力应对自己遭遇的问题。这使得西里等研究者得出结论认为，在适度的情况下，凡是不能杀死我们的东西，终会使我们变得更加强大。这在一定程度上契合了德国哲学家尼采的观点。

保罗告诉我："我想，自从欺凌事件开始以来，我的生活可以说是一场持久战。至今，我仍在战斗，与自己战斗，力求做到最好，并向自己和他人证明无论我选择什么方式，我都有能力，而且必然会取得成功。我有学位，有军衔，有爱好，有朋友，但战斗仍在继续，还有很多事情要做。"这就是保罗找我的原因，不是因为他觉得自己的生活不顺利，而是因为他决心让生活变得更好。

就像许多超常者一样，保罗的下一场战斗是想方设法让爱情融入自己的生活。他担心待在军队里，无法陪女朋友，二者好像无法协调，他想知道怎样才能成为一个更好的伴侣。当然，前面还有其他挑战。不过，我提醒他，意志坚定的问题解决者不仅在军队中表现出色，在人际关系中也往往表现出色。他是一个战士，虽然这让保罗离家出走了一段时间，但这也是他如此努力地寻找一种方法来维持他的关系的原因。

保罗不知道他的女友是否能理解他内心的挣扎，是否会继续爱着他这样一个战士。或许，她已经爱上他了。保罗在军队宿舍的抽屉里藏着一幅超级英雄的画像，那是女友用炭笔画的一幅他的素描，因为在她看来他就是这样的人物，勇敢，坚强，不可战胜，肩负使命。

第 5 章

逃跑

如果幸运的话，单凭一个冥想，

就可以改变一百万个现实。

——玛雅·安热卢

当玛拉（Mara）还是个新生儿时，她的母亲就有一种把她往墙上摔的冲动。她母亲每天晚上都坐在护理椅上摇着她，眼睛一直盯着房间里的一个地方，她想象着把自己的女婴扔在那里。一天晚上，当她觉得再也无法抗拒这种冲动时，就把灯关了，这样她就看不见那个地方了。她紧紧地蜷缩在一个角落里，膝盖贴在胸前，使劲地挤压怀中的玛拉。玛拉和母亲都在大声地哭，玛拉的父亲就找了过来。“不要开灯。”玛拉的母亲说。她在恐惧的抽泣中坦白了一切。母亲和孩子一起尖叫着，父亲蜷缩在冰凉的恐惧中，他还没来得及采取行动，妻子的尖叫就达到了刺耳的高潮，孩子也逐渐安静下来。父母都以为玛拉死了，其实她已经睡得很熟了，仿佛她体内的一个开关已经关闭，从一个蠕动、尖叫的婴儿变成了一个安静柔弱、8 磅[①]重的温暖之源。那天晚上，玛拉的母亲被送进了医院，医生们起初以为她可能是产后抑郁症，但医生没想到的是，玛拉的母亲出院回家后，这种精神疾病并没有消失，在玛拉从一个婴儿成长为一个蹒跚学步的孩子的过程中，母亲的病情变得越来越糟糕了。

玛拉的母亲曾经是一位忙碌的家庭主妇，喜欢为家人和朋友尝试

① 1 磅约为 0.45 千克。——编者注

一些新菜式，但随着时间的流逝，她变得越来越易怒和难以捉摸。玛拉和她的父亲从不知道能不能吃得上妈妈做的晚餐。玛拉不止一次地收拾好她那个儿童尺寸的手提箱准备逃跑，但因为母亲不允许她离开院子，她就坐在他们家那个树木茂密的大院子最远处的角落里，凝望着天空。它看起来是那么空，好像什么也没看，除了鸟儿和飞机，它们想飞哪里就飞哪里。看着它们，玛拉可以在外面坐上几个小时。

面对恐惧，我们的大脑会本能地决定是战斗还是逃跑。然而，当反击不再是一种选择，身体上的逃跑也不再是一种选择时，许多超常儿童就会留下来，遵从环境的要求，而在内心深处，他们会找到逃避的方法。也许他们在不知所措的时候睡着了，或者他们没有离开院子心已经逃跑了。即使他们的身体必须保持静止，他们也会把思想带到别的地方。这是许多复原力强的孩子的关键生存策略之一。不管怎样，他们都会逃脱。他们拒绝被周围的人所困扰。

根据心理学家理查德·拉扎勒斯（Richard Lazarus）和苏珊·福克曼（Susan Folkman）的研究，应对压力的方法有两种：一种是关注问题的应对，即个体努力解决问题；另一种是关注情绪的应对，即个体管理自己的情绪反应。以问题为中心的应对方式和以情绪为中心的应对方式在某种程度上类似于现代的战斗或逃跑，这两种方式在本质上没有优劣之分。更确切地说，就像“匿名戒酒互助协会”（Alcoholics Anonymous）的“宁静祈祷”（Serenity Prayer）教导的那样，“愿上帝赐予我平静去接受无法改变的事情，赐予我勇气去改变我能够改变的事情，赐予我能够分清两者的智慧”。适应的艺术就是在正确的时间选择正确的应对方式。许多复原力强的孩子能够想方设法将外界环境的影响削弱到最低，通常，他们首先选择战斗，试图反击，以某种方式改变现状，改善自己的命运。如果反击不奏效，那么他们也不一定接受他们的处境，只不过他们或许表面上承认接受，至少在无法做出改变的时候表示接受现状，但内心里会想方设法疏远周围混乱的环境。

疏远环境是一种以情绪为中心的应对方式，它基于这样一种认识：尽管我们可能无法改变发生在我们身上的坏事，但我们可以改变我们对这些坏事的关注程度，以及改变它们对我们情绪的影响程度。在心理学中，关于这种应对方式，最古老、最广泛的术语是“分离”（dissociation），这个词指的是让我们分离于周围环境的各种策略。最极端的分离形式与创伤后应激障碍有一定关系，各种书籍或电影往往会给予这个策略耸人听闻的和病态化的描述。正是由于这个原因，玛拉成年后才会想知道她这一生的分离倾向对她的精神健康意味着什么。然而，最常见的分离不一定是耸人听闻的或有问题的，而是通常被用作一种创造性的、临时性的应对策略。

玛雅·安热卢小时候曾在密苏里州生活过好几个月，她在那里长期受到母亲男友的性侵。听听她是如何将自己在那里度过的时光所带来的影响降到最低的：在我看来，我只在圣路易斯待了几个星期。或者听听安热卢的哥哥贝利是如何处理自己童年的恐惧的：当我还小的时候，事情非常糟糕的时候，我的灵魂就会爬到心脏后面，蜷缩起来，然后就睡着了。当它醒来时，那可怕的东西已经不见了。

知道如何以及何时将自己与周围环境分离听起来可能很复杂，但心理学家哈利·斯塔克·沙利文（Harry Stack Sullivan）认为，这种形式的疏远环境是人类大脑保护自身稳定的最基本能力，甚至在很小的婴儿身上也能看到这种能力发挥作用。心理学家爱德华·特隆尼克（Edward Tronick）设计的对于“面无表情”的研究可能诠释了这一点。在这些研究中，心理学家让母亲把几个月大的婴儿放到汽车座椅上，先正常地和婴儿互动一到两分钟，然后转过身去，背对着婴儿，接着面无表情地看着婴儿。这让宝宝感到不安，宝宝便开始试图通过微笑来吸引母亲，而母亲仍然保持着面无表情。当宝宝发现这种做法失败时，就会不断地扭动手臂，哀求地哭喊着，试图吸引母亲。当宝宝试图通过微笑和哭闹去吸引母亲的时候，其实是在用专注于问题的方式来应对不利环境。宝宝试图强迫妈妈改变冷漠表情时，其实是在反击妈妈的冷漠。如果微笑和哭闹都不成功，婴儿就会改变策略，把目光移开，蜷缩起自己的身体，吮吸手指、手臂或脚趾。这是因为当婴儿意识到失去母亲的帮助时，他所能做的就是安慰自己，这就是以情绪为中心的应对方式。婴儿似乎放弃了寻求外界的帮助或解决方案，但他选择在心理上与自己所处的环境分离，希望以此来拯救自己。

大屠杀幸存者维克多·弗兰克尔回忆说，集中营自我保护的最关键规则之一是“不要太显眼”。对于那些生活在担心自己安全甚至生命安全的家庭中的孩子们来说也是如此。他们可能会小心翼翼地保持安静。他们可能通过想象自己融入墙纸或沉入地板来扮演隐形人的角色。他们可能尝试着像雕像一样一动不动，不引人注意。几十年来对适应力强的儿童的研究表明，当面对长期的压力时，善于应对的人知道如何躲到安全的地方，如何为自己抽出时间。从心理上疏远环境主要存在于婴儿期和幼儿期，随着年龄的增长，这种应对策略的使用量会逐渐减少，也许是因为我们开始有了其他的选择，具备了真正逃离环境的能力，而不只是在心里默默地想着逃离环境。婴儿只能把目光移开，蜷缩起来，而大一点的孩子可会躲到自己的房间或躲到其他可以躲藏的地方，在那里他们可以睡觉、玩耍或阅读，而不是思考正在发生的事情，在那里，他们可以和毛绒动物或宠物等依偎在一起，从这些稳定的、不会忽然变化的东西那里寻求安慰。

玛拉的处境取决于她的母亲是否服用了一种白色药丸，药丸上面印有非常微小的数字。玛拉知道，如果妈妈放学后去接自己，证明妈妈已经服了药。如果玛拉在那里微笑着挥手，那么她可以期待一个美好的下午。玛拉的妈妈可以花上几个小时为她的女儿烤她最喜欢的蛋糕和饼干，而这个女孩最幸运的时刻就是坐在搅拌机旁边的柜台上，舔着木勺上用鸡蛋、牛奶、面粉等搅拌在一起的面糊。在这些日子里，玛拉认为她拥有世界上最好的母亲，而在这样的日子里，确实如此。然而，有时，黄色的校车转过街角之后，她发现母亲并没有在那里等着自己。下车后，玛拉下意识地向她的校车司机挥手告别，心里却忐忑不安，不知道回家后等待着自己的是什么。在这种情况下，玛拉很少出门。她最喜欢的逃避之所是卧室里的那个衣柜，衣柜里面有一个横着的衣杆，衣杆上面的架子上放着枕头和毯子。玛拉轻轻地踩在一个小梳妆台上，就能爬到高高的衣柜顶上。就是在那里，她发现了她所谓的“魔术”：她盯着一个点，可以是门上的铰链，也可以是天花板上的某一个点，一只眼睛闭着，另一只眼睛睁着，然后反复交替，这样一来，玛拉意识到她用不同眼睛看东西的角度是略微不同的，双目并用的作用就是将两只眼睛同时固定在同一物体上。然后，不知怎么的，她训练她的眼睛或大脑不要固定在同一物体上。她意识到，如果她让这两幅图像分开，世界就会失去焦点。玛拉凝视着两只眼睛看到的两个图像之间的空间，仿佛找到了一种新的观察方式，但其实她并没有真正去看这个物体。

玛拉练习得越多，这个“魔术”就变得越简单。后来，当母亲的脸忽然晴转阴，抓住玛拉的胳膊不放时，玛拉不需要收拾她的小手提箱离家出走或躲到她的衣橱上面去逃避，而是通过自己发现的这一"魔术"，让右眼看到的图像和左眼看到的图像分离开来，留出一定的空间，她就可以溜进这个空间。这样一来，即使她站在母亲面前，母亲使劲摇着她，这依然能让玛拉觉得自己是远离母亲的。

每一年，每5个成年人中就有一个患有某种精神疾病，每20个人中就有一个患有严重的精神疾病。至于什么精神疾病算"严重"，没有明确的列表，至于什么精神疾病算"轻微"或"无关紧要"，也没有明确列表。大多数心理学家都认为精神分裂症和躁郁症属于严重的疾病，而抑郁症、饮食失调症、强迫症等心理疾病如果严重到足以严重干扰日常活动，如履行工作职责、谋生、维持人际关系、料理家务或照顾自己等，则可视为严重的精神疾病。当然，在成年后，生活中的日常活动之一可能是抚育子女。尽管我们可能不会把精神疾病患者视作为人父母者，但如同其他女性一样，患有精神疾病的女性也有可能成为母亲，而且在患有严重精神疾病的女性中，多达50%的人会和自己的孩子生活在一起。在研究中，患有精神疾病的父亲往往被忽视，从现有的数据来看，患有精神疾病的男性拥有孩子的概率似乎远低于同龄人，与孩子共同生活的概率也比较低，但确实有一些患有精神疾病的男性患者有孩子，而且与孩子共同生活。

玛拉上小学时，她的母亲被诊断出患有双相情感障碍，这是一种情绪障碍，影响着近600万美国成年人，因此影响着数百万像玛拉这样的美国儿童的日常生活。双相情感障碍的症状包括抑郁发作、躁狂发作或混合发作，缺乏睡眠，精力无限，工作混乱，随之而来的是不可避免的无穷无尽的低落，患者可能会在绝望中连续几天或几周睡眠或哭泣。尽管双相情感障碍的症状可能是戏剧性的，但目睹这种精神疾病可能会给儿童和家人造成压力。随着症状的起起落落，患有严重精神疾病的父母们不得不为了保住工作和支付账单而苦苦挣扎，这使得他们很难为孩子提供最基本的必需品。患有严重精神疾病的父母更有可能是单亲父母，就他们自己而言，他们的行为可能太不稳定，无法提供孩子们渴望的成长环境。像玛拉的母亲一样，被自己的症状和情绪所折磨的父母可能无法关注或满足孩子的情感需求。由于许多精神疾病是慢性的和间歇性的，这些压力对孩子们的影响不是一次性的，而是会在以后的岁月里一次又一次地影响他们。

尽管面临重重挑战，那些患有精神疾病的父母依然像其他父母一样，经常发现他们的看护者角色具有深刻的意义，他们对孩子的爱和他们想成为好父母的愿望为他们提供了强大动力，促使他们努力做得更好。这些家庭的孩子往往把他们的父母视为好父母，看待他们的态度比他们父母自视的态度还要积极，因为他们的眼光超越了父母的疾病，与父母建立了心灵交融的关系。这对每个人都有好处，因为即使父母正在与精神疾病做斗争，如果孩子们与自己所爱的父母建立了温暖而深情的联系，孩子们体验的痛苦也会有所减少。患有严重的精神疾病并不一定会使父母成为坏父母，同样，父母有严重的精神疾病并不一定意味着会毁掉孩子的生活。尽管父母患有严重精神疾病会加大孩子出现情绪和行为问题的风险，但针对青少年的研究发现，约 1/3 到 1/2 的孩子在学校、工作和人际关系方面表现良好，没有精神健康问题，他们的外表和行为都和同龄人一样。

他们是怎么做到的呢？

如同许多生活在逆境中的孩子所做的那样，这些孩子也找到了一种逃避现实的方法。

在玛拉赖以寻求精神逃避的书架上，放着毛茸茸的动物玩具和一些儿童书籍，但她最珍视的是一个黑色的收音机，她把它塞在枕头里。妈妈哭了一个下午，玛拉从架子上坐起来，把那只奶油色的耳塞塞进耳朵里。她回忆说："我尽量把声音弄大。我不在乎我的听力是不是会受损。我希望我是聋子，这样我就听不见了。"玛拉用手指拨动收音机上的塑料调谐盘，看着它那红色的小指针僵硬地移动。先放音乐，再静音，然后接着放音乐，再静音。当玛拉这么做的时候，她觉得自己其实是在调整自己的注意力，她把注意力集中在音乐上，就挡住了妈妈的声音。

我们从一种生活方式退出的办法就是进入另一种生活方式。我们专注于一项全神贯注的活动时，就会忘记大大小小的烦恼。专心听音乐，沉浸在书或电影中，演奏乐器，做白日梦，胡思乱想，看电视，投入到一项爱好或运动中，等等，这些只是我们通过关注其他事情来远离日常生活压力的一些方式，通常是一种放松身心或减少周围世界干扰的方式。古典钢琴演奏家詹姆斯·罗兹（James Rhodes）在回忆录《乐器》（*Instrumental*）中，回忆起童年时，为了逃避性虐待的痛苦，他选择了演奏音乐的方式："学校有几个练习室，里面放着破旧的立式钢琴，它们是我的救星，每当我有空闲时间，就进入音乐的世界。"米斯蒂·科普兰是第一位成为美国芭蕾舞剧院首席舞蹈演员的非洲裔美国女性。在她的回忆录《运动中的生活：一个不太可能的芭蕾舞演员》（*Life in Motion: A Unlikely Ballerina*）中，她把舞蹈视为一种忘却童年逆境的方式："我妈妈的新男朋友可能成为我的下一个继父，我们不一定有足够的硬币去买食物，我没有自己的床，就睡在地上，但无论什么时候，只要我跳舞，只要我创作，我的头脑都是清晰的，我就不再想这些事情。"

任何有吸引力的活动都涉及选择性关注或选择性不关注，也就是注意力的转移，这种转移使我们能够缩小我们的感知范围，降低小的压力因素，甚至严重错误行为的影响。虽然这听起来像是逃避现实，但在醒着的时候，我们的大脑在多达 50% 的时间里是走神的，这表明这些远离现实的动作有一些重要的生存功能，有利于我们生存。事实上，研究人员已经发现，具有吸引力的任务和关注点能够产生非常积极的影响，帮助人们减轻压力，保持安全感和控制感，在糟糕的事情发生后恢复理性情绪，有时还能让人产生"心流"（flow）的感觉。

即使玛拉的注意力不放到书架上，她也善于以这种或那种方式把注意力集中在她选择的其他事物上，似乎没有注意到母亲的崩溃。一天晚上，警察看到她母亲在轻度狂躁的超速驾驶中撞到电线杆后，他们把她母亲从后门押了进来。玛拉在电视机前吃着比萨，一只耳朵听着游戏节目，另一只耳朵听着警察的声音，从来不朝他们的方向看。玛拉现在回忆说："当时我的眼睛一直盯着电视，我知道这看起来一定很奇怪，但说真的，我无法回头看着他们。"

和玛拉一样，瑞士哲学家、认知发展领域的鼻祖式人物让·皮亚杰（Jean Piaget）的母亲也患有精神疾病。他既与她相处，又与她保持距离，他让自己沉浸在有序的科学世界中，从而去应对母亲那无序的、不可预知的情绪。皮亚杰写道："我母亲心理健康状况不佳的直接后果之一，就是我很小就开始放弃玩耍，转而去从事认真严肃的工作，之所以这样做，既是为了效仿父亲（一位思想缜密、善于批判的学者，他教我懂得了系统性工作的价值），也是为了躲进一个私人的、非虚构的世界。”皮亚杰 7 岁时开始研究自然。10 岁时，他在杂志上发表了一篇关于稀有麻雀的文章，并开始对软体动物进行研究和分类。15 岁时，他已是公认的心理学研究者，但收到他作品的编辑们并不知道他的年龄。

玛拉的私人世界不是科学世界。她的书架是一个谜一样的地方，她在那里听音乐，让她的思想随意驰骋。“走神”一词可能意味着缺乏方向感，但社会学者提醒我们，并非所有走神的人都迷失了方向。走神允许自我从一个地方移动到另一个希望更大的地方，这种精神上的流动可以让像玛拉这样被困的孩子重获自由。当她听音乐时，她想象着自己在遥远的地方，做着遥不可及的事情。她可以住在这里，也可以住在那里，但当她从书架上下来之后，她的思想就没法随意驰骋了，这令她感到一种病态的恐惧。玛拉回忆道：“我必须待在我的地方，我必须做我自己。”

当我们无法改变现实时，作为应对，有时我们会在脑海中冥想自己能改变它，从而变得专注于白日做梦或冥想，至少是片刻，直到另一种逃避方式成为可能。许多超常的成年人回忆起童年时都会记得自己当时丰富的冥想。最常见的是冥想成为动物或超级英雄，但如同孩子们自己一样，冥想也是多种多样的。这些冥想的共同之处在于，它们有能力将孩子从恐惧、无助、看不到希望的状态中解救出来，把她送到一个任何梦想都能成真的地方，甚至幸福生活也能实现。美国前第一夫人埃莉诺·罗斯福（Eleanor Roosevelt）小时候母亲就去世了，之后她被父亲送去和姑姑住在一起，她说："我希望能独自生活在一个梦幻的世界里，在那里我是女主人公，我的父亲是男主人公。当我上床睡觉时，当我早上一觉醒来时，当有人令我烦忧时，我就躲进这个世界里。"

可以肯定的是，如果过度依赖冥想，那么在更大程度上就属于一种妄想症了，其积极意义会打折扣，但如果有意地、灵活地运用冥想这个技巧，则能帮助儿童和成人更好地生存下来。在一项针对以色列的受虐儿童的研究中，人们发现，冥想和其他应对机制的结合是希望的重要来源，可以预测14年后的生活将会很好。这项研究的一位参与者回忆起自己的童年时说："我从不知道明天我是否还能活着，但每当夜幕降临，我就会站在窗边，想象着纽约的灯光。我坐了几个小时，想象着自己进入了这座伟大的城市。"同样，维克托·弗兰克尔在回忆录中描述了在大屠杀期间，他和其他"囚犯"如何通过躲进自己的内心世界，找到了一个解脱之道。在他们的内心世界里，他们可以去任何地方，甚至可以回家。"在我心里，我想着自己乘坐公交车回家，打开我公寓的前门，接电话，打开电灯。我们的思想往往集中在这些细节上，这些冥想会令人潸然泪下。"

儿童比成人更容易产生冥想，但对所有年龄段的人来说，最容易跳出自己的世界，进入另一个世界的方式之一是通过书籍这个门户。一位导师曾对我说，作家往往是比我们更好的心理治疗师，许多适应力强的孩子通过阅读来治疗自己。漫画作家艾伦·摩尔（Alan Moore）说："我想，所有虚构的人物，尤其是冒险或英雄小说中的人物，说到底都是我们对自己的冥想。有时候，这真的很能揭示我们的内心世界。"有时，超常者会对战士这种人物形象产生情感共鸣，这种共鸣会让他们会觉得自己很强大。

有时，超常者还会被其他类型的强大角色所吸引。作家阿希尔·夏尔玛就是如此。他的哥哥曾经不幸在游泳池中游泳时受伤，导致瘫痪和脑损伤，这起事故摧毁了夏尔玛的家庭生活。夏尔玛在回忆录《家庭生活》（*Family Life*）一书中回忆了自己当时是如何应对这种局面的：“我总是忘我地沉浸在书里，可能是真的在读书，也可能是在想象自己是书里面的某个人物。我喜欢主人公是年轻人的书，最好是25岁以下具有某种神奇力量的年轻人。沉浸在书中，我感到自己被紧紧地吸引住了，我仿佛觉得自己可能拥有超自然的力量，比如飞翔或者预见未来。”

一个人读什么书取决于他需要什么，而有些人，比如让·皮亚杰，读书是为了获得一种秩序感，并了解真实的自然界，而玛拉则反之，她读书或听音乐是为了设想自己成为另外一个样子，或者设想自己能够逃到其他地方，也就是说，她读书是为了逃避自己赖以生活的真实世界。玛拉最喜欢读《大篷车里的孩子们》（*Boxcar Children*），羡慕他们的冒险经历。她假装自己的衣橱就是自己的大篷车，她喜欢待在里面，仿佛进入了一个与现实截然不同的世界里。她回忆说：“那些孩子们既有兄弟姐妹的陪伴，又不必忧心自己的父母。他们有自己的空间。”当玛拉饿了的时候，她就像坐着大篷车溜进城里从商店偷食物的孩子一样，蹑手蹑脚地走下楼梯，溜进厨房，偷偷地从食品柜里拿出一盒盒果冻，塞进口袋里。玛拉躲进自己的衣橱里，舔舔手指，然后把手指浸在果冻里，一遍又一遍，直到手指变红以及内心感到温暖。她衣橱的枕头上通常会沾一点果冻，就像被沙子弄脏了一样，但没人能指望一个旧的车厢是一尘不染的。

对玛拉来说，进入中学后，学校只是暂时的逃避之所。玛拉的衣橱不够结实，再也支撑不住她了，所以，像许多超常的孩子一样，随着年龄的增长，玛拉也会找到一种逃离家庭的方式。在工作日，她放学后会参加各种活动，让自己保持忙碌的状态，周末则在朋友家过夜。暑假，只要她父亲允许，她就会去参加各种夏令营，比如足球夏令营和青年夏令营。

有时候，她逃离家庭的行为并没有经过周密的计划，而是在非常偶然和随机状态下进行的。一天下午，玛拉跳下校车，走到房子后门，脱掉鞋子，正要进门，就看见厨房里到处都是摊开的食谱。那一瞬间，她的心怦怦直跳，忽然发现妈妈很久没有给她做她最喜欢的菜了。玛拉注意到书页上用不同颜色的笔做了记号，那些信息是她母亲费尽心力想要弄懂的。她的母亲则躺在地板上，喃喃自语道："今天不烤面包了。"

这时，她失去了理智，不像往常那样通过读书或听音乐去逃避现实，而是走进浴室，从窗户爬了出来，然后光着脚走过四个街区，来到了一个朋友家里。她朋友的母亲打开门时，好奇地看着她，玛拉站在门外，她是一个没有受到邀请的不速之客，脚上什么也没有穿。她朋友的母亲惊讶地喊道："天这么冷，你的鞋子去哪儿了？"玛拉微笑着耸了耸肩，走进客厅。她自然而然地陷入了沉默。她和她的朋友玩了一个下午的电子游戏之后，玛拉终于放松了下来，感觉自己好像处于一所不会发生任何奇怪或可怕事情的房子里。过了很长一段时间之后，玛拉闻到了做饭的味道，她想爸爸可能回家了，便借了双运动鞋，朝家里走去。

在家里的时候，玛拉经常在晚上重新整理卧室的家具和其他物品，想象着自己正住在一个非常非常遥远的高层公寓里。她想象着卧室的电灯开关是对讲机，通过这个对讲机和一个假想的看门人说话。最后，她搬到地下室，也假装那里是一个与家庭不同的、遥远的房子。尽管当时玛拉还需要好几年才能真正长大，并离开自己从小生活的家庭，但在她心里，她觉得自己早就已经离开了这个家。

到了高中，玛拉最喜欢去的地方是公共图书馆。从古埃及起，图书馆一直被称为“灵魂的疗养所”。玛拉就是在这里疗伤的。在图书馆的中央，有一个带天窗的圆形中庭，中庭的正中央矗立着一个直径约20英尺[①]的巨大地球仪，围绕着倾斜的轴线缓慢地旋转。图书馆所在的楼是一个两层楼的圆形建筑，玛拉喜欢沿着楼梯爬上二楼，慢慢地绕着图书馆走动，向下可以看到那个蓝绿相间的地球仪不断旋转的画面。从上面看，伴随着低沉的声音和均匀的灯光，图书馆就像是位于太空中一样。当玛拉在那里时，她感到自己远离了现实世界。

二楼有一张她喜欢的桌子，就像曾经全神贯注于她的收音机和书一样，她也全神贯注于她的家庭作业。也许就像皮亚杰一样，玛拉现在逃进了一个井然有序的世界，她一直忙于考试和学期论文，计算自己的平均成绩，而不去想妈妈。不足为奇的是，玛拉的成绩是全优。

有时，为了放松自己，她从图书馆视听部那里借来自我催眠的磁带。一般来讲，那些擅长沉浸在冥想之中的人通常很擅长自我催眠。

① 1英尺为30.48厘米。——编者注

她把两把四四方方、垫得很厚、扶手很平的椅子推到一起，拼了一张像婴儿床一样的小床，可以蜷缩起来。就像她曾经训练她的眼睛去分离视觉一样，玛拉现在训练她的大脑去做磁带上讲的事情。在磁带里，一个老师教她如何擦掉自己的想法，就像擦掉黑板上的粉笔字迹一样。她躺在那里，闭上眼睛，希望她头脑中的橡皮擦更加强有力，效果更持久，能够擦出自己在黑暗角落里面窜入头脑的不好想法。她最喜欢的磁带帮助她想象自己有一天会成为什么样的人，这些都是引导她的冥想，在冥想中，她遇见了未来的自己。

对于许多超常者来说，最容易逃避现实的地方就是未来。对于一个拥有稳定的、可预期的生活的孩子来说，活在现在可能代表着无忧无虑和天真无邪的状态，而思考未来可能会令他们感到恐惧和不确定。然而，对于许多超常者来说，他们最害怕的不是改变，而是生活将保持一成不变。展望未来，勇敢无畏的他们不会有什么损失，反而生活环境可能会变得越来越好。

通过这种方式，像玛拉这样有复原力的青少年，不仅把对未来的幻想单纯地当作一种脱离此时此地的方式，而且积极主动地把它当作一种武装自己的方式。这就是以调节个人情绪为基础的逆境应对方式。敢于展望自己的未来有助于一个人取得更大的成就，而这对复原力强的孩子尤为重要。对卓越的个人或那些能够在前进道路上克服障碍的人的研究表明，他们往往能够自主做出决定，有坚定的毅力去实现自己的决定，做每一件事都怀有强烈的主观意图，知道自己究竟想要什么，而且面向未来的意识非常强。

玛拉坐在二楼的桌子旁边，仔细阅读备考书籍、大学指南和地图等。她把目光投向了一所常春藤盟校，不是因为她认识那里的某个人，而是因为她听说过这所学校，而且感觉离自己非常远。图书管理员打印出录取信息，她把这些文件像一个秘密的、一流的逃跑计划一样放在背包里。一个朋友给了她一个带有这所学校标志的钥匙链，她随身携带了很多年，就像一个护身符。玛拉回忆说：“他是唯一知道我梦想的人，当他给我钥匙链时，就好像他允许我认真对待我的梦想。在那之前，我认为这真的只是一个幻想。”

当我们幻想未来的自己时，愿景越具体可行就越好。有时，超常的孩子起初只是把目光放在一些具体的目标上，比如一个特定的工作、一个遥远的城市、一个安静的家或者一种安全的人际关系、一个有门卫的公寓、一辆红色的车、一所看起来不错的学校。对于演员艾伦·卡明来说，他在一个乡村集市上买的一套车牌给了他充分的想象空间，使其想象着未来有一天能够摆脱父亲的控制，那套车牌仿佛给了他一张逃出父亲控制的车票。卡明在其回忆录《不是我父亲的儿子》一书中写道：“我以后会生活在一个有公共汽车和出租车的地方，在那里，我永远不用在又冷又湿的公共场所等父亲等上几个小时，不知道我父亲何时结束和情妇的约会，不知道他是否以及何时会来接我。”

最终而言，玛拉赖以逃离现状的“门票”是她在学校期间的努力学习，但朋友送她的钥匙链和她读到的大学指南也发挥了重要作用，因为它们告诉玛拉，她可以在其他地方绽放生命的光彩，她可以永远逃到别的地方去。坐在图书馆二楼的桌子旁，看着一楼不停旋转的地球仪，她怎么都没想到自己会成长成为一个满世界旅行的人，最终活成了自己设想的样子：进入了常春藤盟校，生活在一个遥远的地方，距离她所坐的这个地方非常远。现在，她觉得自己在一个超越俗世的世界，当她规划明天，决定要去哪里的时候，她都觉得自己能够主宰自己的生活。

第6章

警觉

我有超人的视力和惊人的观察力。

——罗杰·沃特斯（Roger Waters），

《没人在家》（*Nobody Home*）

杰西很小的时候，觉得姐姐查莉可能是“魔鬼圣婴”（Rosemary's Baby）。那是 1968 年，罗曼·波兰斯基的恐怖片《魔鬼圣婴》刚刚上映，大人们议论纷纷。除了用这个词之外，还有其他什么字眼能形容查莉呢？查莉确实喜欢拔掉邻居们栽种的花，尤其是那些看起来珍贵或精心种植的花。她经常要一些卑鄙的恶作剧，比如把带有酸味的脱脂牛奶倒进杰西的杯子里，看着她在一阵风中呕吐。她对着杰西的皮肤又捏又扭，想看看伤痕会是什么样子。晚上她们躺在床上聊天时，查莉让杰西发誓保守秘密，然后小声说杰西是被父母收养的。杰西觉得她姐姐的话说服力很强，于是翻遍了母亲的书桌，试图找到与父母收养自己相关的法律文件。或许姐姐的恶作剧可以解释为什么杰西的妈妈总是给杰西提供更多的保护。

杰西很害羞，姐姐查莉对邻居的花所做的事令她感到尴尬，但为了和邻居家的狗玩，她会鼓起勇气走到隔壁，按门铃。她喜欢绕着有篱笆的院子跑，那院子好像是一个离家很远的世界。狗追着她满院子跑，在她摔倒的时候舔一舔她的小脸蛋，凉爽的草和柔软的毛贴在她的皮肤上，杰西感到无忧无虑。只有这个时候，她才觉得自己的生活是小孩子应有的生活，而她和姐姐在一起时从未有过这种感觉。有一次，邻居去度假一个星期，把他们的狗寄养在了别处，查莉却装出一副幸灾乐祸的样子，骗杰西说狗死掉了。

也许像这样的花招应该是幼稚的恶作剧，杰西的妈妈通常是这样理解的。“孩子们打打闹闹……”杰西的妈妈总是这样含糊不清地说，而不是带着权威说话。听她的话，感觉她好像不知道该怎么做，也不知道该怎么讲完她的这句话。由于姐姐查莉喜欢折磨杰西，导致杰西感觉到了更险恶的东西，她有时甚至怀疑查莉是不是魔鬼的孩子。

杰西读小学时，姐姐查莉已经读中学了，中学的校车先穿过她们居住的社区，因此，每当杰西放学回到家时，查莉已经先到家了。这意味着杰西每天从前门进来的时候，总是感觉自己好像是在踮着脚尖走进别人家一样。姐姐查莉身高将近一米八，控制着电视、食物、电话和屋子。她坐在位于客厅中部的沙发上，而且喜欢坐在沙发中部的位置。如果杰西向姐姐发起了挑战，比如质问她“薯片怎么没了？”或者要求说“我想换个频道”，姐姐就会从沙发上站起来，跑到她后面推她、打她、踢她或者扯她的头发。大多数时候，查莉控制着遥控器，选她自己喜欢看的电视节目，杰西只是躺在客厅的地板上，吃着面包和黄油，被迫一起看电视。她有时觉得自己像个囚犯。

当然，有时候，甚至很多次，杰西和查莉也会变成好姐妹。她们一起吃饭，一起住一间卧室，一起度周末和度假，如果有人在当地的溜冰场上捉弄杰西，姐姐甚至会站出来给她撑腰。她们在长途汽车旅行中一起坐在后座傻傻地唱着歌。她们从小就被教育说“晚安，我爱你”。因此，无论白天发生什么，晚上睡觉前都会互道晚安。这种友好关系反而是最令人困惑的地方，它令杰西明白了一个道理，即你永远不知道别人会给你什么，即使是那些说爱你的人。她知道好人可能是坏人，有时候和你同住一室的人也可能是坏人。

一天下午，杰西想出去和隔壁的狗玩，但姐姐不让她去。于是，杰西便想到求助母亲。她先是走着，后来跑着去厨房给正在上班的妈妈打电话，但是挂在墙上的那种老式旋转拨号电话要花很长时间才能把号码拨完整，杰西只能站在那里，绝望而坚定地等待着那 7 个数字拨出后发出的嘀嗒声，她不停地拨啊，拨啊，拨啊……

但还没来得及拨完所有的号码，查莉就把电话从她手里抢走了，话筒砰的一声打在了她的头上，然后重重地落在油毡地板上。电话听筒没有放好，垂在墙边，晃来晃去，所以在这一天剩下的时间里，没人能打电话进来或打出去。

“我要告诉妈妈！”杰西尖叫着奔向她们的卧室，砰的一声关上门，把一把椅子顶在门后。她以前这样做过很多次。姐姐猛敲着门，勃然大怒道：“如果你不开门，我就杀了你！我要让那条狗跑掉！”

杰西在卧室里焦急地来回踱步，侧耳听着门外接下来会发生什么。她听见查莉跺着脚走开了，然后翻浴室的抽屉，之后回到门外，用发卡开锁，直到咔的一声，门上的球形把手旋转了一下。杰西的心怦怦直跳，查莉用她那高大的身体冲撞那扇微微打开的门。杰西看着椅背和球形把手微微抖动了一下，又把一个小梳妆台推到门后。这时，她的心脏跳得更厉害了。由于进不去，查莉便转身离开了。杰西的心跳才放缓，背靠着门后的梳妆台，瘫倒在了地板上。她坐在地板上，盯着对面的电源插座看了一会儿。她忽然觉得这些电源插座仿佛也在盯着她，瞪大了眼睛，惊恐地张大着嘴巴，它们是这一切唯一的见证者。

几个小时后，当杰西听到高跟鞋发出的噔噔声时，她意识到妈妈下班回家了，迅速把梳妆台和椅子从门后移开，大步走进厨房，泪如雨下地讲述了被姐姐打、打电话、椅子、梳妆台以及她对邻居家的狗的担心。杰西的妈妈只是倾听着，但也许是因为她没有足够的钱请保姆，以至于无法承认杰西受到了虐待。她只是对杰西说："亲爱的，放学后直接回你的房间，锁上门，等我回家再出来，问题就解决了。"

很多美国人认为，家庭往往是最危险的地方之一，因为在家里面，兄弟姐妹之间的关系可能是最暴力的。兄弟姐妹之间的攻击被认为是最常见的家庭暴力形式，这种暴力比配偶虐待和校园欺凌加起来还要普遍。在这方面，很难获得详细的国家统计数据，因为兄弟姐妹之间的暴力行为很少向当局报告，而一旦报告，往往被视为一个家庭内部的问题，在法律上处于被忽视的状态，但大量的调查数据描绘了一幅令人不安的画面。

根据多项大规模研究的结果评估，在任何一个年度之内，大约有 1/3 的儿童遭到兄弟姐妹拳打、脚踢、猛推、牙咬或其他形式的攻击。当儿童长大离开家的时候，1/2 到 3/4 的人至少一次成为兄弟姐妹身体攻击的受害者。尽管这些行为中有许多是在拥挤的汽车后座上相互打闹，或者是偶尔用玩具当作武器打闹，但相当数量的攻击行为挺严重，甚至反复发生，可能导致割伤、擦伤、骨折或牙齿脱落。这种身体虐待常常伴随着频繁的情感虐待：恐吓、嘲笑、贬低或威胁（包括针对宠物和财产的威胁）。3% 到 14% 的年轻人表示曾被兄弟姐妹用枪或刀威胁过，其中一些好斗的兄弟姐妹也会对父母大发雷霆。这些发现使研究人员得出结论："儿童是美国家庭中最暴力的人。"

兄弟姐妹间的暴力虽然普遍，但具有讽刺意味的是，人们却认为这种普遍存在的暴力是无害的。普遍流传的文化故事强化了这样一种观念：兄弟姐妹之间的争斗尽管不幸，却可能无法避免。古罗马神话中关于罗慕路斯（Romulus）和勒莫斯（Remus）的故事告诉我们，罗马是由罗慕路斯在一场关于土地的争论中杀死了他的兄弟后建立的。在所谓的亚伯拉罕诸教的第一家庭中，亚当和夏娃的大儿子该隐（Cain）嫉妒地杀死了小儿子亚伯（Abel）。当然，这些故事的本意是为人们提供警示，但它们使家庭暴力蒙上了正常化的色彩，表明兄弟姐妹之间的竞争和侵犯如同文明和人类一样古老。

兄弟姐妹之间的竞争和虐待的界限是模糊不清的，这是一个人们都承认的事实。许多父母就像杰西的母亲那样，把兄弟姐妹之间的暴力视为琐碎之事，认为这是童年的正常元素。有些人说“孩子就是这样”，或者说“我哥哥以前打我，结果我也没什么事啊”。施暴者更有可能是年龄较大的，很可能是男孩子，而人们可能会说“男孩子就这样”。姐妹之间可能会长期存在严重虐待的情况，对杰西这样的孩子来说，这种虐待可能真的很可怕、很危险，但成年人通常不会把女孩视为合理的威胁源头。很多儿童即使受到了兄弟姐妹的攻击，也会尽量淡化这种经历，他们更喜欢给这种行为贴上“冲突”和“竞争”的标签，而不是“暴力”或“虐待”的标签。

兄弟姐妹之间的暴力在青春期前往往更频繁，但在青春期后往往更极端。幼儿的攻击性是很常见的，通常在青春期前达到顶峰，孩子们在这个过程中逐渐学会了应对挫折的策略，也学会了和朋友们一起参加各种户外活动。因为许多好斗的兄弟姐妹都能从中成长，年幼的兄弟姐妹之间的暴力可能不会给他们留下永久的身体伤疤，父母往往也会否认它的严重性。然而，幼儿之间的攻击行为可能是频繁的，并可能产生长期的情感影响。兄弟姐妹间的暴力与随后的校园欺凌、焦虑、抑郁、家庭暴力有很大关系。随着年龄较大的孩子变得更大、更强壮，并能获得更危险的武器，持续到高中的暴力倾向于变得越来越严重，越来越有害。

在各国无不严肃地对待校园欺凌和校园暴力的时代，我们不清楚为什么我们会认为手足之间的欺凌行为无足轻重。与同龄人相比，孩子更容易被兄弟姐妹一次又一次地打击。孩子与其他同龄人的关系会因为年级的变化和兴趣的变化而改变，但兄弟姐妹之间的关系却与此不同，就像杰西的例子一样，她们的关系在多年之内都是不可改变的，这会让家感觉像监狱。通常，兄弟姐妹之间的关系是我们唯一从摇篮到坟墓的血缘纽带，兄弟姐妹可能是我们生活中最有影响力或最具破坏性的人物。父母可能是我们建立恋爱关系的模板，但同龄人往往是我们建立社交关系的模板。弟弟妹妹们比他们的父母更密切地关注着他们的哥哥姐姐，与哥哥姐姐相处的时间更久，所以当一个哥哥姐姐性格很危险的时候，会发生什么事情呢？

著名精神分析学家、行为学家阿尔伯特·埃利斯（Albert Ellis）曾说，对未来行为最好的预测是过去的行为。在压力和暴力中长大的孩子们知道这一点，因此他们产生了所谓的“痛苦预期”，或者说，他们产生了一种强烈的信念，认为更多的坏事将会发生。他们每时每刻都生活在心理学家杰罗姆·卡根（Jerome Kagan）所说的“预感焦虑”之中，也就是说，他们的心头经常会产生一种切切实实的恐惧感，害怕自己遇到什么糟糕的事情。像杰西这样的孩子会有意识或无意识地观察周围的环境，寻找危险。他们非常注意细节，注意别人的情绪和行为，因为他们不能指望别人在他们身边，他们学会了照顾自己。他们变得警惕。

珍妮特·沃尔斯（Jeannette Walls）在其名为《玻璃城堡》（*The Glass Castle*）的回忆录中详细描述了她与酗酒的父亲和不上心的母亲共同度过的童年生活。她 3 岁时被炉子里的火烧伤，没过几年，家里失火，仓皇而逃。“我生活在一个随时可能爆发火灾的世界，”她坦率地写道，“正是知道这一点，我才时刻保持警觉。”大脑中让我们保持警觉的部分是杏仁核。杏仁核不仅在战逃反应中发挥着重要作用，而且在需要做出战逃反应的决定之前也发挥着重要作用。它不仅在明确的、已经发生危险的情况下触发一种高度警觉的状态，而且在不确定的、可能发生危险的情况下也会触发这种状态。我们的杏仁核（以及它们引发的防御系统）这种防患未然的倾向被恰如其分地称作“烟雾探测器原理”，容易犯下过于敏感、反应过度的错误，它宁愿提前做出过度预警，也好过危险发生之后再仓促应对。如果你是珍妮特·沃尔斯，你肯定需要火警警报在刚探测到烟雾时大声响起，不是在整个房子着火的时候再响起。

我们的大脑会逐渐适应我们的生活，而且研究表明，长期承受压力会反复刺激杏仁核，最终给人带来永久性的改变，比如，人们对潜在威胁更加敏感。这种变化可以在从战场上归来的士兵身上看到。在一项研究中，研究人员使用功能性磁共振成像设备扫描两组士兵杏仁核的活动，然后加以比较。一个小组由部署在阿富汗的 33 名士兵组成，他们的任务包括战斗巡逻、排雷和穿越敌人领土运输物资，他们在那里穿行在敌人的枪林弹雨之中，目睹了受伤的士兵和平民。另一组由 26 名从未被派往海外的士兵组成。在外派之前，功能性磁共振成像设备的扫描结果显示，两组士兵在面对愤怒面孔照片时（这是一个普遍存在的威胁信号），杏仁核的活动水平相同。但在一组士兵外派到战场之后，事情就开始变化了。与那些从未经历战争的士兵相比，曾到过战场的那一组士兵的杏仁核活动增强，而且对愤怒的面孔表现出了更强烈的反应。

当然，不仅仅是战争让我们的大脑变得更加敏感，恐惧阴影笼罩下的日常生活有不同的表现形式，虐待兄弟姐妹的小孩子、酗酒的父母、危险的社区和校园欺凌，只不过是孩子们每天在各类雷区中摸索前行的几个例子。毫不奇怪，我们在遭受暴力的儿童身上也发现了同样的大脑变化。一项研究测试了 20 名遭受家庭暴力的儿童和 23 名没有遭受家庭暴力的儿童。如同士兵从战场归来一样，面对同一幅显示愤怒面孔的照片，那些在家里遭受暴力的儿童的杏仁核活动水平比较高，在家里没有遭受暴力的儿童的杏仁核活动水平则明显比较低，而且杏仁核的应激程度与暴力事件的严重程度呈现出正相关的关系。除了暴力之外，其他一些不幸事件也会引起大脑反应，比如，儿童被迫与母亲分离开来，或不得不在孤儿院长大，或由抑郁的母亲抚养，都被发现比同龄人有更大的杏仁核，这可能是因为他们逐渐习惯于时刻保持警惕，习惯于自己照顾自己。

最好的防御是进攻。在一个危险的世界里，在危险发生后能够做出回应固然有益，但更重要的是提前发现威胁。早一点发现威胁为我们提供了时间上的优势，使我们能够积极主动地面对问题。许多青少年——以及他们的杏仁核——不仅善于应对危险，而且善于在危险向他们走来时就发现它。

一名士兵在谈到战区时表示："一旦在那里待久了，你就会开始明白那不是一个正常的地方。所谓正常，就像你走过自己居住的街区，你了解自己的邻居，你知道一切是正常的时候是什么样子。”对于复原力强的孩子来说，什么是正常的呢？这些孩子生活在充斥暴力的或不可预知的环境中，而不是正常的、可预期的环境中，因此，会变得善于发现危险信号，从而让自己保持警觉。就像战场上的士兵一样，他们特别注重观察周围环境中的细节，尤其是那些暗示事情不对的细节。许多复原力强的孩子能观察到什么时候自己周围的环境会出现偏差，并保持警觉，这种能力是他们同龄人不具备的。像杰西这样的超常者描述说自己对危险迹象是极度敏感的，几乎可以说相当于拥有了“第六感”，事实上，关于威胁探测的研究也表明了这一点。

来自问题家庭的学龄前儿童已经比同龄人更加关注某些细节。一项研究调查了 14 名就读于心理治疗学校的学龄前儿童，他们都曾遭受过某种形式的虐待。其中一些儿童遭受过身体虐待或性虐待，另一些儿童曾目睹家庭暴力或被忽视。这些学龄前儿童参加了韦氏幼儿智力测验（WPPSI）。在这项研究中，受虐待的学龄前儿童的总体智商得分处于平均年龄范围内，这表明，总的来说，他们的智力水平与同龄人没有显著差异。但在一项名为“图像填充”的子测试中，他们却比同龄人表现得更好。在这项子测试中，孩子们会看一些展示普通物体或现实生活情景的图像，但这些物体或情景并不是完整无缺的，而是某个部分会缺失，比如没有门把手的门或没有腿的桌子。这一子测试测量的是视觉的警觉性和对细节的关注，尤其是区分重要细节和非重要细节的能力。在那些受过虐待的学龄前儿童里面，30% 的人成绩显著高于平均水平，或者高于平均值一个标准差。在那些没有受过虐待的学龄前儿童里面，只有 10% 的人在这项子测试中的表现都好于在其他各项子测试中的表现，而在那些受过虐待的学龄前儿童里面，几乎所有人在这项子测试中的表现都好于在其他各项子测试中的表现，也就是说，这些受过虐待的孩子在“图像填充”子测试的表现是最佳的。

由于一个人遭到的侵犯主要来自周围的人，因此，周围人的表情可以作为重要的线索，帮我们去判断某些事情已经或将要出错。查尔斯·达尔文认为情绪是普遍存在的，我们的生存依赖于读懂情绪和应对情绪。保罗·埃克曼（Paul Ekman）和卡罗尔·伊扎德（Carroll Izard）的进一步研究表明，理解愤怒、厌恶、恐惧、快乐、悲伤和惊讶这 6 种情绪都需要面部肌肉的特定运动。我们在进化过程中对这些表达十分敏感，有些孩子可能会变得特别敏感。多项研究表明，受虐待的儿童善于从愤怒中发现一种情绪。如果《旧约》箴言书所言属实，那么远离纷争是人的尊荣，而愚妄人都爱争闹。适应力强的孩子可能达不到“尊荣”的地步，却至少不算“愚妄”。也许这就是他们变得如此习惯于愤怒的原因。我们来看一看 3 项研究的成果。

在第一项研究中，研究人员对 24 名 8 到 10 岁之间遭受过身体虐待的儿童和 23 名年龄相仿但没有遭受过身体虐待的儿童进行了测试。孩子们在电脑屏幕上观看显示愤怒、快乐、恐惧或悲伤的彩色照片，每次观看一张。每张照片都可能以一种不集中或模糊的形式呈现，这使得表情难以辨识。每隔 3 秒钟，脸部图像就会变得更加集中，情绪也会变得更加容易识别。像素每隔 3 秒钟增加一次，增加 14 次后，画面就会变得完全清晰。每隔一段时间，孩子们被要求辨别出照片上显示的情绪。结果表明，与那些没有受到虐待的孩子相比，受虐儿童可以根据较少的信息，在较短的时间内识别出愤怒的表情。然而，这些受虐待的儿童识别快乐或恐惧表情的速度则比较慢，识别悲伤的速度更慢。

在一个相关的研究中，同样是这些研究者研究了 95 名 9 岁的孩子，其中大约一半人曾经遭受过身体虐待，另一半则没有遭受过身体虐待。研究者让这些孩子观看一系列模特照片，模特展示了丰富多样的表情，从中性到快乐，从中性到悲伤，从中性到愤怒，从中性到害怕，或者从中性到惊讶。与未受虐待的同龄人相比，受虐儿童在表情形成的早期就能正确识别出愤怒，而当时面部肌肉组织能够提供的线索较少，那些没有受虐的孩子根本没有识别出愤怒。孩子在家里体验到的敌意越多，他们就能越快地察觉到愤怒的表情。在识别快乐、悲伤、恐惧和惊讶这几种情绪时，受虐儿童的表现和他们没有受虐的同龄人没有什么不同。

第三项研究考察了遭受暴力的儿童是否不仅能更快发现危险，而且能保持更长时间的警惕。研究人员对 11 名受虐的和 22 名未受虐的 4 岁和 5 岁儿童进行了唤醒测试，并测量了他们的心率和皮肤反应状况。研究者让孩子们在无意中听到两个人的谈话，谈话总共分 4 个阶段：（1）中性的谈话，言辞平和；（2）激烈、愤怒的言论；（3）争论悬而未决的沉默期；（4）争论解决，双方相互道歉。当听到那两人愤怒地谈话时，受过虐待和没受虐待的孩子的情绪都被激发出来了，都开始保持高度警觉。但当那两人的谈话进行到第三阶段，孩子们都意识到那两人不会影响到自己了，没受虐待的孩子的情绪会回归基本状态，而受过虐待的孩子依然保持警惕，依然高度关注着他们的谈话，甚至在谈话进行到第四阶段时依然如此。

看看查尔斯·达尔文的一句话是怎么说的："任何一种形式的痛苦或折磨如果长时间持续下去，都会导致抑郁，削弱行动的力量，但它能很好地使一个人保护自己免受任何巨大或突然的不良因素的影响。"这就是许多超常儿童的大脑所发生的变化：他们学会了保护自己，使自己免受任何可能发生的事情的伤害。要在生活中避免冲突、不确定性因素或暴力的影响，特别是人们不了解或否认的暴力，前提就是明白一件事，即人们做什么比他们说什么更重要。因此，复原力强的孩子可能会成为他周围世界的敏锐观察者。他们生活在一种自发警觉的状态中，这种状态使他们无意识地、高度敏感地觉察到别人表情和举止的微妙变化。他们就像一个预测天气的晴雨表一样，总是在努力预测别人的行为，以衡量他们的情绪。就像杰西所说的那样："我姐姐总是在我放学后观察我，但到最后其实是我在观察她。我不停地观察她，好像我的生命就靠观察她而活了。"

杰西上中学后，她觉得自己在家里比在学校用脑还要多。从星期一到星期五，每天放学后，她走下校车，打开家里的前门，然后就开始搜寻线索，希望从中猜出自己在当天剩余时间的命运。杰西朝着姐姐查莉的方向瞥了一眼，估摸一下接下来会发生什么。如果两人用放松的眼神交流，意味着查莉很开心，或者她想从杰西那里得到些什么，这样的话，在那天的剩余时间里，姐妹俩可能会在厨房里拼凑做饼干的原料，或者一起花点零钱订比萨。如果两人眼神交流时姐姐的鼻孔比平时扩大，那就意味着查莉在隐瞒什么，或者在撒谎，这会让杰西绞尽脑汁想可能很快就会出什么问题。低垂的目光意味着查莉处于易怒的状态，所以杰西就会像她母亲所建议的那样把自己锁在自己的卧室里。

杰西很多下午都是关着门待在卧室里，做作业或者读从学校带回来的书。正是在这些独处的时光里，她发现了希腊神话，尤其是雅典娜这位智慧女神、战争女神。杰西被这个用头脑而不是肌肉统治世界的女人迷住了。她认识到了战略的力量。杰西知道她永远不会比姐姐查莉更高更壮，但也许她能超越她。杰西尤其被雅典娜手臂上栖息着一只猫头鹰的细节所吸引。杰西说："猫头鹰是非常聪明的，它们可以回头看四面八方，而且在晚上看得很清楚。我需要这样，因为夜晚或许比白天更糟糕。"

和她妈妈说的相反，杰西的问题并没有在她妈妈晚上下班回家后得到解决。随着查莉逐渐长大，打架的原因不再是薯片或电视频道，而是变成了逃学或偷钱。如果查莉不喜欢一段对话，可能会扔玻璃杯去终止对话。如果查莉卷入了暴力冲突，可能会用拳打脚踢的方式来终止冲突。这是非常令人厌恶的。现在查莉甚至会打妈妈。如果她们的母亲发现钱包里的钱不见了，去质问查莉，那么现在查莉甚至会揍母亲一顿，把她推进卧室里面，锁上门，在里面揍她一顿。杰西被拳头砸在身上的声音吓坏了，她感到内疚和无助，她觉得自己有责任终止这一切，却惊慌失措，站在门外又哭又叫："妈妈，妈妈，你没事吧？查莉，别打她！妈妈，别打了！妈妈，开门！"

有时候，当他们的母亲下班回家后因为钱包里面的钱不翼而飞而威胁说要报警时，查莉整个晚上都把自己关在浴室里，威胁说要自杀。在这些晚上，杰西从来没有站在门外大喊大叫，而是坐在厨房的桌子旁做几何证明，或者死记硬背世界历史上的国家和首都，心里想着"自杀吧！赶紧自杀吧"。杰西有时想在查莉的牙刷上下毒，作为一种自卫，但她不知道该下哪种毒。

晚上，妈妈把钱包放在枕头下睡觉，杰西和查莉睡在一起。当查莉心情好的时候，两个女孩就像好姐妹一样在床上有说有笑，这让杰西很困惑，因为这感觉既像是在保护自己，同时也像在背叛自己。杰西不知道的是，这与那些意志坚不可摧的"囚犯"所做的事情如出一辙。他们一边寻找生存或逃避的方式，一边寻找享受生活的方式。查莉心情不好时，她用记号笔在床单的中间位置画了一条线，并警告说："如果你越过这条线，我就用剪刀把你刺死。"杰西学会了侧睡在床边，总是背对着查莉，一条腿垂向地板。她用腿紧紧地抓住床边，不让自己在夜里翻身。

杰西经常担心查莉会在黎明前杀死她或她的母亲，所以她特别注重训练自己保持清醒，与床头柜上的数字闹钟对抗，无论时间多晚，她都努力保持清醒，目标就是成为房子里最后一个入睡的人。她按照逐渐增加的方式确定自己的入睡时间，而且分钟数比小时数多一，比如，她首先定在10:11之后入睡，然后是11:12之后，然后12:34之后。她就躺在床上，想象着自己成为雅典娜，或者雅典娜的猫头鹰。到中学结束的时候，如果她下定决心在凌晨1:23甚至2:34之后睡觉，她也能做得到。第二天早上，当两个女孩醒来时，查莉表现得好像从来没有发生过什么糟糕的事情一样（尽管前一晚肯定发生过），而杰西却觉得她从来没有闭上过眼睛。

杰西觉得自己和别人不一样，她的家庭也和别人的家庭不一样，她可以肯定这一点，因为当她试着和朋友们分享她生活的细节时，她很快听到了朋友们的回复，而且朋友们的预期很轻松随意，比如"是的，我的哥哥也很讨厌"，或者"我和我妹妹只是为了化妆之类的事情而吵架"。听到这些回答，杰西也不想再多说什么了，只是内心感觉自己真的与别人不一样。

她觉得与朋友们相比，自己在这个世界上生活需要更多的计谋和策略。也许她是对的。杰西回忆说：“我的生活就像一场象棋比赛，我一直在学习和掌握它。我做这个，你可能做那个；如果你那样做，我就应该这样做。”她已经习惯了查莉偷她的东西，以至于当她离开房间的时候，养成了在脑海中想象房间画面的习惯，当她返回房间的时候，如果有什么东西不见了或者被打乱位置了，杰西马上就会注意到。

大多数适应力强的孩子不知道“杏仁核”这个概念，因此无法解释自己非同一般的、难以用语言描述的能力，也无法解释他们为何能整天保持警觉，有时甚至彻夜无眠。他们和其他人一样困惑，他们有一种不可思议的能力，能够知道什么时候情况不妙，有时甚至在问题刚刚出现一些迹象，别人都没看到苗头的时候，他们却能自动地做出反应。他们也想知道为何自己总能先于别人发现愤怒和危险，这让他们产生一种奇怪的、强大的、沉重的感觉，觉得自己能在未来到来之前看到它。

有时，要理解这些超常者非同一般的感知能力，唯一方法是将他们与具有类似天赋的人物形象联系起来，因为他们对这些人物形象会有很强的认同感。就像杰西同雅典娜及其猫头鹰很有认同感一样，一些超常者会因为自己的超强的视力和敏感的触觉而对“超人”等英雄产生认同感。其他人则觉得自己对夏洛克·福尔摩斯这样的侦探很有认同感，其中包括《蜘蛛侠》的作者斯坦·李，因为他们的共同点是发挥超强的观察力去发现线索，解决别人都不知道的谜题。李说：“小时候，我最喜欢的超级英雄是夏洛克·福尔摩斯。夏洛克·福尔摩斯虽然只是一个卓越的人，但对我来说，他和那些超级英雄一样非同一般。”

童年逆境往往被简单地视为阻碍发展的一个因素，而且许多研究确实也发现长期的压力，特别是一个人在童年时期的生活中承受的压力，会干扰注意力、情感、行为和健康。但还有比这更重要的。

超常儿童克服困难的一种方法是培养专门的生存技能，这些技能与其生活环境息息相关。从许多方面来讲，杰西培养出来的警觉对她很有帮助，甚至在离开家之后也是如此。在学校里，她表现得谨小慎微。这是适应力强的青少年往往都会具备的一种品质。杰西是一个深思熟虑和勤奋上进的学生，总是准时上课或赴约，她小心翼翼，不犯任何类型的错误。她善于揣摩同学和老师的情绪，然后据此管理自己的行为方式。

这使杰西深受老师和朋友们喜爱，而她也喜欢她可以信任的人。杰西减轻查莉对其影响的一个方法是选择安全的地方，选择与安全的人在一起。对儿童、成人和灵长类动物的研究表明，权力小的个体比权力大的个体更关注其他个体，而且对其他个体的判断也更准确。同样的道理也适用于像杰西这样的超常者。杰西说："你得能读懂家里的人，才能知道地狱什么时候会降临。所以我擅长仔细观察别人。我能抢在坏事发生前采取预防措施。但如果我看到一件好事将要发生时，我也能认识到这一点。我是说，无论好事还是坏事，我都能提前判断出来。"

心理学家维克多·格策尔和他的妻子米尔德丽德对数百位名人进行了里程碑式的研究，他们得出的结论是，成功往往不是来自在正确的时间出现在正确的地点，而是来自能够认识到在正确的时间出现在正确的地点。杰西的杏仁核不仅帮助她注意到危险，也帮助她注意到机会。像杰西这样的超常者们会扫描周围的环境，寻找安全甚至快乐的机会，直到有可能逃离当前处境。这种逃离通常来自发现一所学校、一个人或一份工作，它会把他们带到别的地方。杰西的确去了别的地方：先是上了大学和商学院，然后进入了压力很大的商业咨询行业。

她擅长处理不可预测的因素和危机，而且她的评估技能异常发达。杰西 30 岁生日时，她在背上文了一只小猫头鹰的图案，就是她崇拜的雅典娜女神手臂上栖息的那种猫头鹰。

警觉和表现之间的关系就像一个倒写的 U。不警觉时，我们的表现就不好，太警觉时，我们的表现也不好。大多数人在适度警觉时表现得最出色，因为在这个时候，他们能感到一种切实存在却不会摧垮他们的压力，要求他们集中注意力，并发挥出其最大能力。像杰西这样的超常者感觉自己的生活就像处在一个颠倒的 U 形曲线的顶端，就像在永不停息的波浪上冲浪，这需要技巧、专注和数不清的微调。能够日复一日、夜以继日地这样做，会让人感觉很有力量，就像失去了控制的强大一般。它既令人疲惫，又令人兴奋。

长期的压力不仅使杏仁核处于应激状态，而且还会抑制前额叶皮层和海马体的活动。前额叶皮层是大脑中调节恐惧的部分，它与主管情绪的杏仁核进行“对话”或“理论”。海马体负责记忆和学习，日常生活中的短期记忆都储存在海马体中。它能让我们认识到家里发生的事情可能不会发生在其他地方，一个坏人不能代表所有人，那是过去，不代表现在和未来。如果一个人的杏仁核极其敏感，那么前额叶皮层和海马体的效率就会降低。结果，超常的儿童和成年人在最初暴露于危险之后，总是觉得自己被困在过度警觉的状态中而无法停止，这样一来，警觉可以持续多年，甚至一辈子。

从进化的角度看，普遍存在的危险是有一定价值的，使我们不至于在每个新情形下都显得幼稚。然而，危险过多过大也是有问题的，因为在这种情况下，那些超常儿童无论走到哪里，都可能预期自己会遭遇危险，从而时刻感到不安。这是许多儿童遭受虐待之后，尤其是遭到其深爱和信任的人虐待之后，产生的一种隐秘而危险的后果。当坏事一次又一次地发生时，大脑就会认识到危险不是一种不寻常的遭遇，而是一种生活方式。此外，很难不过度回应那些本该关心你的人实施的虐待行为，无论这种情况多么罕见。比如，如果杰西自己的姐姐伤害她，而她的母亲却没有保护她，那么她怎么可能期待从陌生人或朋友那里得到更好的保护呢？

警觉帮助我们处理外在的困难，然而，长此以往，它会对大脑和身体造成损害，导致一系列内在的问题，比如胃部不适、腹泻、暴饮暴食、食欲不振、免疫抑制、失眠、性欲降低、心脏不适、焦虑、抑郁等，疲惫算是最简单的问题了。即使成年后，杰西也会习惯性地保持警觉，好像她的大脑从来没有休息过。她工作太努力了，以至于忘了吃饭，她几乎没有时间操心工作之外的生活。当周围有其他人的时候，她很难放松下来，有时她会想自己与朋友的关系是不是真的，或者自己同别人打交道时是不是太注重别人的反应了。杰西对那些看起来无忧无虑、粗心大意、从来没有想过要文猫头鹰文身的人感到疏远，甚至有点反感。

过去，杰西长时间盯着闹钟是为了在夜里保持清醒，而现在，长时间工作之后，她盯着闹钟却是为了产生睡意。在劳伦斯·冈萨雷斯（Laurence Gonzales）所著的《生存下去》（*Surviving Survival*）这本书中，一位越战老兵说："我已经20年没真正睡过觉了。"杰西也觉得自己好像一直没有真正睡着过。当然，她肯定睡着过，但她的主观感觉是自己没有怎么真正睡着过。这种感觉可能并不完全准确。在无数个漫漫长夜，那些经历长期压力的人不仅难以入睡，而且就算入睡，往往也睡得不那么深，“深度睡眠”所占的时间更少。杰西都不知道自己是否能过上一种有规律的生活，是否能够享受有规律的睡眠，就像她周围那些看似正常的人一样。

善于读懂别人情绪的杰西后来爱上了一个很少生气、不会突然动怒的男人。当他们一起去旅行时，杰西感到从自己的警惕中解放了出来。她注意到皮肤上的阳光和食物的味道。她产生了一种好玩的感觉，想起了自己曾经和隔壁邻居家的狗一起在草地上玩耍的情景。杰西很少再回想和姐姐查莉一起长大的过程了，只是有时候她看到电源插座，发现上面的插孔的形状类似于一张惊恐的小脸，才会想起自己小时候和姐姐查莉共同生活的情景，或者当有人提到《魔鬼圣婴》这部电影时，她才会想起姐姐这个人。杰西和她的伴侣的新家感觉就像一个度假屋，可以让她摆脱过去生活的地方的阴影。随着时间的推移，她不再觉得自己像个囚犯，或者像个战争狂，或者像只猫头鹰，她也不再在脑海中回忆小时候和姐姐共同生活的那个房间的样子。

杰西有了孩子之后，她要确保孩子们有安全感，孩子们在一起相处过程中不会发生伤害，而且在这个世界上也不会遭到外界的伤害，这在某种程度上让她恢复了警觉，开始提防孩子可能遭受的伤害。她曾经满世界出差，仿佛她的生命就依赖于这个世界，而前不久，她放弃了这种谋生方式，因为她的小生命确确实实需要依赖她。之前，她似乎总有事情要做，总有人要照料，几乎不假思索就关注并满足了每一种需求。她无私奉献了无数个日日夜夜，每天都保持警觉，让自己表现出最好的一面。她是一个成功的顾问、一个勤奋的伙伴、一个细心的母亲，但有时她也会因为自己内心的坚持而感到疲惫。杰西有时会思考数十年的压力给她带来了什么，思考和姐姐查莉一起度过的童年是否最终会害死自己。

现在，杰西终于觉得自己晚上可以安心睡觉了，但她仍然睡在床的边缘，背上的猫头鹰图案对着她的丈夫和卧室的门。她的丈夫有时会对她说，杰西的眼睛总是一眨一眨地睁开，发出非常轻微的声音，而且还能清晰连贯地跟他说话，好像杰西只是躺在那里休息，从来没有真正睡着过似的。

第 7 章

超人

当我还是个小男孩的时候，就被送到了寄宿学校，
当时还在打仗，我有一种监禁感和无力感，
我渴望运动和力量，就是那种轻松的运动和超人的力量。

——奥利弗·萨克斯（Oliver Sacks），

《说故事的人》（*On the Move*）

“没有人知道我在这儿。”伊丽莎白说。她指的不是别人，而是她在附近一家大学附属医院的住院医生。她当时正在那里攻读医学博士和法学博士学位。她说：“人们会认为需要心理医生的帮助是一个弱点。”那一天，以及接下来3年多的日子里，伊丽莎白几乎每次到我的办公室就会黯然泪下。她的眼泪是几乎看不出来的那一种，像是从眼角里渗出来的，每隔几分钟就会汇集到下巴尖的那个位置，然后她用手背擦去眼泪。我们在一起度过的所有时间里，伊丽莎白从来没有找我给她拿过纸巾，她好像什么事情都要自己去做，不想给别人添麻烦。

“我来找你，是因为我觉得我不属于人类，我好像没有人类的感情。”伊丽莎白一开始就这么向我吐露道。

我指出，她的眼泪表明情况并非如此。

“我不知道我为什么会哭。”她说。她似乎因为无法控制自己的眼泪而感到尴尬和不安。“我在外面就没哭过。”

经过多次讨论之后，她对我讲了下面这番话：“昨晚，我在网上读了一篇文章，名字是《我是亚当·兰扎的母亲》。你知道，亚当·兰扎是桑迪·胡克枪击案的凶手，这篇文章的作者并不是亚当·兰扎的母亲，只不过这个作者觉得自己可能遭遇同样的命运，因为她的儿子真的没法管教了，她控制不住他，文章讲的内容都是做这样一个孩子的家长有多困难，永远不知道这个孩子接下来会做什么，或者，你知道，如何跟他打交道。”

说到这里，伊丽莎白的鼻子抽动了几下，擦干了眼泪。

“你知道我读到这篇文章的时候是怎么想的吗？”她直截了当地问我，“我是亚当·兰扎的妹妹。我的意思是，我哥哥没有开枪，但他跟这篇文章里的那个孩子没什么区别。为什么没有人写过这个呢？”

伊丽莎白的哥哥亨利是一个有“特殊需要”的孩子，只不过没有人确切知道他的特殊需要究竟是什么，也不知道如何满足他。从伊丽莎白记事起，她的父母经常开车把她哥哥送到几百英里外的专科医院，找专科医生，希望能得到更好的诊断与治疗。间歇性狂暴症。自闭症谱系障碍。感觉统合失调症。儿科双相情感障碍。抽动秽语综合征。每当哥哥被贴上一种新标签，都给他们带来了一线希望，希望能找到办法去抑制哥哥在公共场合疯狂发脾气，以及在家里摔盘子砸碗，甚至导致骨折的暴力行为。

可以说，伊丽莎白的父母为了帮助亨利，付出了艰苦卓绝的努力。她的母亲放弃了自己的事业，几乎把除了睡眠以外的所有时间都奉献给了亨利，而她多么想多一点睡觉的时间啊。工作日，母亲不仅是亨利的家教，还要陪他去赶赴一系列的预约，包括参加语言治疗、社会技能培训、职业治疗、物理治疗、辅导、精神病学治疗、游戏治疗等等。在周末，她到处参加会议，听取有关发育障碍的最新观点。有时伊丽莎白的父母会因为如何处理亨利的事情而发生争吵，她的父亲不希望把所有的油脂都涂抹到一个吱吱作响的车轮上，即不想把所有精力都投入到亨利身上，但她的母亲说她看不到还有其他什么方法。最终占上风的通常都是亨利的母亲。

由于这个家庭忙于应付亨利的特殊需要，伊丽莎白在成长过程中连自己最普通的需要都没有得到过满足。她是一个非常容易相处的孩子，能在游戏室里连续坐好几个小时，不哭不闹，也不叫任何人，直到家里的第三个孩子（她的妹妹）出生时，她才算变得活泼一些。所以，人们觉得她可能也存在一些发育方面的障碍。因为伊丽莎白是和她的妹妹一起长大的，一起玩耍，一起聊天，远离他们的哥哥。伊丽莎白把她童年最美好的时光归功于她的妹妹，现在是她最亲密的朋友，这似乎也是她父母一直希望的。

有个亲戚问伊丽莎白的父母，为什么他们在不得不花那么多时间去照顾亨利的情况下还要生第三个孩子？伊丽莎白意外地听到了下面这个答复："给伊丽莎白生一个妹妹，这样在父母都不在的时候，伊丽莎白就不会独自照顾亨利了。伊丽莎白和她的妹妹需要让亨利一起度过成年期。"伊丽莎白一方面感到父母这是在保护自己，同时也感到自己存在的意义就是为了哥哥做出牺牲。她一直想和妹妹谈谈她所听到的事情，但却不忍心告诉她这个消息：她生来就是为哥哥服务的。有一次，伊丽莎白和妹妹在外面玩得太久了，伊丽莎白中暑病倒了。"妈！"她倒在浴室地板上之前大喊了一声。当时，哥哥亨利发病了，正在楼上大发脾气，妈妈在照顾他，只是回应了一声："我希望你此刻不需要我！"而此刻，伊丽莎白脱得只剩下内衣，像海星一样仰卧在地上，躯干和脸颊冰冷地贴在瓷砖地板上。据说，兄弟姐妹要找到各自不同的定位，以便不会为了相同的资源或相同的家庭地位而展开竞争。如果亨利的定位是"有特殊需要"，那么伊丽莎白的定位可能就是"不能有任何需要"吧。

成为一个有特殊需要的孩子有无数种方法。特殊需要这个术语是一个人有特殊医疗保健需要的简称。它是一个总括性的术语，涵盖所有长期存在身体、发育、行为或情感问题，从而需要特殊的医疗、心理健康或教育服务的群体，而不仅仅是一个人成长过程中需要的常规服务。这种情况下最常见的包括学习障碍、注意力缺陷（多动症）、情绪障碍、抑郁症、双相情感障碍、焦虑障碍、自闭症谱系障碍、行为障碍、发育障碍、关节炎或其他关节问题、智障、脑瘫、语言能力障碍、抽搐、哮喘、糖尿病、严重过敏、癫痫疾病、听力障碍、视力障碍、脑损伤等等。这个列表虽然很长，却无法包括所有病症。任何需要特殊服务的疾病都可以说成特殊需要。许多有特殊需要的儿童不止符合一种疾病标准，或者像伊丽莎白的哥哥一样，他们的行为和症状根本不符合诊断标准。

在一项针对有特殊医疗保健需要的儿童开展的全国性调查中，调查人员对全美数百万个家庭进行了抽样调查，结果发现大约13%~20%的18岁以下人员有特殊医疗保健需要（数量为1 000万到1 500万）。男孩在某种程度上比女孩更容易出现儿童健康问题，而且在不同收入阶层里面，具有特殊需要的儿童的发生概率大致相同。医疗技术的进步意味着无数个原本可能死于这些疾病或者因这些疾病而入院治疗的儿童，如今更有可能住在自己家里了，由父母满足他们的特殊医疗保健需要。这些有特殊需要的孩子大多与至少一名兄弟姐妹同住一处房子，甚至同住一间卧室。

必须明确的是，2/3的有特殊需要的儿童和他们的家庭受其疾病的影响并不大，而且特殊需要的数量也很少。但是大约1/3的有特殊需要的儿童的疾病会严重影响他们日常生活，也会严重影响他们的父母和兄弟姐妹的日常生活。有特殊需要的孩子往往不能像正常孩子那样过上正常的生活，比如，他们可能无法和同龄人一起跑步、玩耍和学习。经济和婚姻可能会因为需要持续照顾而变得紧张，为了给孩子提供他们需要的东西，父母往往必须减少工作或者停止工作。对于家庭成员来说，要在一起享受美好时光，或者在公共场合不被人鄙视或讥笑，都是很困难的。此外，这些斗争往往不是短暂的，因为许多有特殊需要的儿童所面临的困境产生的影响将一直延续到他们成年以后。

有特殊需要的孩子多种多样，人们或许认为这些孩子的兄弟姐妹能够正常成长，但有时这些兄弟姐妹也会受到影响，看起来与这些有特殊需要的孩子很像，其成长过程算不上正常。这些被反复磨炼过的兄弟姐妹被称为“超常的兄弟姐妹”，他们用自己早熟的发育来弥补亲人发育的缺陷。年幼的弟弟妹妹可能会表现得像年长的哥哥姐姐一样，而年长的哥哥姐姐可能会承担起父母的角色，帮助做饭、做家务和照顾有特殊需要的弟弟妹妹。这些“超常的兄弟姐妹”的成熟与其年龄不相符，往往被当作“小大人”或“老灵魂”。有特殊需要的孩子在做事情时不灵活，那些“超常的兄弟姐妹”在车里和在家里就会扮演父母的替补角色。父母经常对他们说这样一句话：“如果没有你，我们该怎么办？”

正如《我是亚当·兰扎的母亲》那篇专栏文章所言，由于有特殊需要的孩子数量不断增加，其父母面临的挑战也越来越突出。然而，这些孩子的兄弟姐妹基本上是一个未得到充分认知，也没有得到充分满足的群体。与他们的兄弟姐妹相比，“超常的兄弟姐妹”不仅在家庭中被忽视，在调查研究中也是如此。直到最近，临床医生和家庭才开始认识到，有特殊需要的儿童的兄弟姐妹也是一个特殊群体。

有特殊需要的孩子会给其兄弟姐妹带来特殊的好处，也会导致他们付出特殊的代价，因为他们在距离一个患有慢性病或残疾的亲人只有几英尺远的地方长大，这种情况可以为个人成长提供独特的机会，因此，许多“超常的兄弟姐妹”比他们的同龄人更有责任感，也更有能力。和不同的兄弟姐妹生活在一起可以培养宽容、同理心、同情心和耐心。知道你深爱的家人可能永远不会好起来，甚至可能会死去，会让你正确看待童年时期遭遇的其他问题。他们的童年经历可以促使其培养出不同的技能，发挥自己的天赋和优势，成为毕业典礼上做告别致辞的优秀学生、班长、医生、社区领袖和体育能人。年轻的高尔夫球运动员乔丹·斯皮思（Jordan Spieth）认为自己的成熟和脚踏实地在很大程度上归功于他有一个患有精神功能障碍的妹妹。他说：“她是我们家里最宝贵的财富。”

当然，伊丽莎白的故事只是讲述她自己的事情，而且这个故事被公开谈论的难度比较大。但广泛地讲，她的故事折射出了孩子们如何爱他们具有特殊需要的兄弟姐妹的故事，生活对他们自身来说也可能是困难的。像伊丽莎白这样的“超常的兄弟姐妹”可能会担心自己是否有一天也会遇到同样的问题，或者生下有同样问题的孩子。他们可能会因为自己有特殊需要的兄弟姐妹明显与众不同的行为方式感到尴尬，然后觉得自己在内心和思想上背叛了自己的兄弟姐妹。他们可能会对家庭中不平等的待遇感到不满，因为他们的兄弟姐妹因为每天做的事情而受到表扬，而他们自己的成就却没有受到表扬，因为父母觉得他们做这些事情是轻而易举的，是意料之中的，不值得表扬，这样一来，他们就会坠入嫉妒的深渊，这甚至会令他们对自己产生厌恶情绪。他们可能会因为未来某天不得不照顾自己的兄弟姐妹而感到负担，然后又为自己的自私感到羞愧。“超常的兄弟姐妹”通常会把这些感觉藏在心里，其中大约一半的人会在一生中的某个时候遭遇自己的健康问题，比如抑郁、焦虑、药物滥用或饮食失调，只不过他们的朋友和家人可能永远不会知道罢了。

世界著名的神经学家、作家奥利弗·萨克斯在英国长大，他的弟弟十几岁时被诊断出精神分裂症。成年后，萨克斯公开写下了他童年的矛盾心理：“我开始害怕他。迈克尔会遭遇什么？同样的事情是否会发生在我身上？”就像许多遭遇童年逆境的孩子一样，萨克斯也是通过与家里的问题保持距离来加以应对：“我在家里建立了自己的科学实验室，关上门，充耳不闻，防止迈克尔发疯。这并不是说我对迈克尔漠不关心，我对他有一种强烈的同情，但我也必须保持距离，创造我自己的科学世界，这样我就不会陷入他的混乱、疯狂和引诱之中。”

后来，萨克斯意识到，他之所以决定前往美国行医，一定程度上是为了摆脱那个“可悲、绝望、没有自理能力”的弟弟。他觉得成为一名神经科医生是了解和主宰大脑的一种方式，而大脑正是摧毁了他的弟弟和家人的器官。然而，神经疾病从来就没有快速或简单的解决办法。萨克斯在 30 岁前后的 4 年时间里对某种药物上瘾，但他没有告诉别人，一直默默地与此做斗争，切身感受到了缺乏照顾的无助感。几十年后，他用笔记录下了一直萦绕在他心头的内疚：“我本可以，也本应该变得更有爱心，给他更多支持……当他迫切需要我的时候，我却不在他身边，我觉得我是一个坏哥哥，60 年来，这种感觉一直挥之不去。”

当人们看到像奥利弗·萨克斯或伊丽莎白这样的“超常的兄弟姐

妹”时，从表面看，他们似乎是没有瑕疵的，能够适应他们所处的特殊环境，但这个世界往往没有看到的是爱、恨、保护、尴尬、内疚、愤怒、怨恨、挫折、恐惧和疲惫等复杂情感集于一身。就像他们有特殊需要的兄弟姐妹一样，许多人最渴望的是平凡和可预期的生活。他们也想要完全属于自己的生活，不受疾病的影响。他们希望能够享受与兄弟姐妹之间的正常关系，这种关系允许竞争和相互辱骂。他们渴望拥有自己的普通情感、需求，渴望取得里程碑式的成就。他们希望自己不病态，没有缺陷，但这些“超常的兄弟姐妹”往往觉得自己不可能是正常的，他们需要变得“超常”。他们不可能是普通人，他们必须是超人。

1969 年，当奥普拉·温弗瑞（Oprah Winfrey）15 岁时，一位特邀演讲者参观了她的高中。在那一个小时里，杰西·杰克逊牧师发表了温弗瑞所说的“影响一生的演讲”。她在演讲中向学生们提出了一个回应和解决种族歧视的方法：“卓越是对种族主义最好的威慑。”奥普拉决定要让自己变得优秀起来。那天晚上，她回到家，把这句话做成了一张字条，贴在镜子上，直到大学毕业。

事实证明，卓越是对任何形式的犯罪行为的最佳威慑。伊丽莎白本能地知道，保护亨利、她自己和她的家人不受鄙视和不公平待遇的最佳方法似乎就是出类拔萃。人非圣贤，孰能无过？但伊丽莎白非常小心，努力从来不出任何差错。

亨利不能被单独留在家里，没有保姆照顾他，所以无论伊丽莎白的母亲去哪里，亨利都跟着去。亨利讨厌走路，也讨厌杂货店那明亮的灯光和较低的温度，此外，哥哥还无法控制自己的饮食，能一次性吃下一盒巧克力或浆果，因此，他妈妈不会给他们买这些零食。有些孩子可能会在商店里为买糖麦片或甜零食而哭闹，但亨利患上了医生们所说的“盲目狂怒症”（blind rages），不分场合和时间地发怒，医生之所以用这个词来形容他，是因为找不到比这个更好的说法。他用胳膊摇着他妈妈那辆又大又结实的金属购物车，用脚踢着她，当其他大多数购物者假装漫不经心地把目光移开时，他却对那些敢于盯着他看的人发出嘶嘶声和吐唾沫。有一次，一个商店的经理让他们离开。“我在买我们要吃的食品，应该怎么处理我的孩子？”伊丽莎白的母亲恳求地说，这个时候，伊丽莎白感到很丢人，希望自己能找个地缝钻进去。

伊丽莎白很小的时候，每当亨利在商场里面发病，她都会偷偷溜到一条空无一人的过道上，仔细地朝两边看看，然后把手伸进衬衣里，假装摆弄自己的项链。她将双手举过头顶，仿佛变成了强大的、假装在拨弄云朵的伊希斯女神。到了上中学的时候，她试着用她唯一真正的力量——表现得非常非常好，来改变别人对她的凝视和瞪视。在去商场购物时，她快跑着去给妈妈拿东西，这样她们就能在商店里快速高效地移动。从外表上看，伊丽莎白和她的母亲像某个奇怪的游戏节目里疯狂的参赛者，但在内心深处，她们觉得自己是在逃命。为了避开收银台旁边摆放的糖果，伊丽莎白的母亲先把亨利带到停车场，到汽车里等着伊丽莎白结账，伊丽莎白则以有序的方式把购物车里面的物品堆放在传送带上，水果和水果放到一起，冷冻食品和冷冻食品放到一起，盒子与盒子放到一起，奶制品和奶制品放到一起，然后掏出母亲的信用卡结账，结完账迅速和她的妹妹推着购物车去停车场。伊丽莎白的母亲虽然有一个非常麻烦的孩子，但她也有一个模范的孩子。

伊丽莎白觉得自己必须变得优秀起来。这或许与奥普拉·温弗瑞立志在白人世界里成为一名成功的黑人女性具有一定的相似之处。她有一种模糊而持续的感觉，觉得自己有什么东西需要证明或弥补。学校日复一日地为她提供无数这样做的机会。早晨，她高高兴兴地和她的校长打招呼："嗨，米勒太太！"她假装没注意到亨利。亨利当时已经被安排到了普通班级中，接受主流教育，和伊丽莎白在同一个学校。亨利像一块巨大的太妃糖一样从校车里走出来，伸展着自己的身体，拽着他母亲和副校长的胳膊。在教室里，伊丽莎白在所有考试中都获得了满分，这给她提供了莫大的精神慰藉。然而，亨利在走廊里的大声叫喊的噪音时不时地打破她的世界。

在一次学校的才艺表演中，伊丽莎白完美地弹奏了巴赫的一曲小步舞曲，但在演奏过程中，她脸颊红扑扑的，这并非因为她对上台表演感到焦虑，而是因为她很生气。她上台时，忽然听到亨利放声大笑，后来父亲在她演奏时把亨利从礼堂里领了出去。当她坐在钢琴前，手指平稳地在琴键上上下滑动时，她还想象着自己在台上冲着母亲尖叫"难道就不能把他扔给保姆一次吗？"那天晚上，伊丽莎白闷闷不乐，抱怨亨利毁了她的夜晚，她母亲斥责道："伊丽莎白，看在上帝的分上，原谅亨利吧。你刚刚经历了他永远不会有的美妙体验。他控制不了自己，而你能，你真的很幸运！"

许多超常者似乎都有某种秘密武器。小说家爱丽丝·沃克早期的一个老师回忆她时说："上帝啊，没错，她从一开始就有这个天赋。我遇到过许多孩子，但她是最聪明的。"或者就像传记作家卡尔·桑德伯格（Carl Sandburg）在谈到年轻的亚伯拉罕·林肯时说："同一本书，亚伯拉罕能比别人读出更多的信息。"当然，这种秘密武器并不总是领略书本上的智慧，安迪·沃霍尔（Andy Warhol）还记得，他在很小的时候就因为艺术才能而受到关注："老师们喜欢我。他们说我有天然的才能。"不是每个超常的人都能成为著名的小说家、艺术家或政治家，也不是每个超常的人都需要有非凡的才能。然而，许多超常者拥有的秘密武器是一种自然或非自然的能力，即自我控制。

自我控制是一种引导自己的思想、感情和行为的能力，通常是一种更好地适应世界的方式。这是一个概括性的术语，有了自我控制能力，我们就能抵制诱惑，延迟满足自己的需求，调节自己的情绪，并朝着自己想要达到的方向努力。自我控制能力的强弱指我们究竟能在多大程度上遵守交通规则，遵循他人的指导，控制自己的情绪，愿意与他人合作，坚持锻炼，健康饮食，保持承诺，节约资金，按时上班，或努力工作。正如近一百年前西格蒙德·弗洛伊德所说的那样，个人控制自己的能力一直是文明的标志之一，这种能力让理性超越激情，让个人屈服于社会，让自我比本我更强大。

现在，我们已经知道了自我控制能力不是源于自我本身，而是来自前额叶皮层。人类的大脑形成和进化的顺序是从后到前，从下到上。大脑最原始的部分位于大脑的后部和下部，这些部位是自动发挥功能的，不需要意识的介入。比如，脑干无须我们的任何努力就能调节心跳、呼吸和睡眠，杏仁核则会反射性地触发战逃反应，前额叶皮层顾名思义位于大脑最上部和最前部，就在前额后面。这个部位主管我们最先进、最超前的思维，自上而下对杏仁核进行调节，使我们的冲动性和情绪性的反应趋于淡化，并代之以有意识和有意图的行为。前额叶皮层在发挥执行功能方面发挥着重要作用，其中最主要的是自我控制功能。

关于自我控制，目前最常被引用的例子就是大名鼎鼎的“棉花糖实验”，这是由斯坦福大学心理学家沃尔特·米歇尔（Walter Mischel）在20世纪60年代设计和开展的。在这一经典的实验中，大约90名四五岁的小朋友围在一个房间里，他们每个人面前都有一块棉花糖，可以马上吃，但假如能等20分钟，他就能拿到两块。毫不奇怪的是，有些孩子一瞬间就把那块棉花糖吃光了，有些孩子试图等20分钟，但没坚持住，还有一些孩子则为了吃两块糖而坚持住了。这个实验原本旨在反映儿童在延迟满足感方面的个体能力差异，但后来成为一项长期的、关于儿童发展情况的研究。多年来，棉花糖实验的预测有效性已经得到了证实。那些有足够的自我控制力来等待两块棉花糖奖励的学龄前儿童，在成年后会拥有更高的SAT（学术能力评估测试）分数，更好的处事技巧，更高的教育水平，更大的自我价值，以及较低的吸毒率。

在棉花糖实验之后的几十年里，其他科学家也揭示了自我控制的好处。2012年，一项囊括了100多项调查研究和3万多名调查对象的大数据分析结果表明，自我控制与一个人在学业、工作、爱情和健康等方面的状况息息相关。从早期教育到高等教育，自我控制能力强意味着一个人的出勤率更高，花在学习上的时间更多，花在看电视上的时间更少，考试分数更高，自我控制能力甚至比智商更能预示学业是否能够取得成功。

那些自我控制能力强的学生在课外也更有优势。他们有更好的人际关系，往往很受欢迎，至少部分原因是他们善于压抑自己的欲望，满足他人的需要和愿望。更强的自我控制能力与更好的运动表现也有关联，因为它使运动员更有可能全身心地投入有规律的训练中，在压力之下保持冷静，并取得卓越成就。自我控制不仅帮助我们去做必要的工作，也能帮助我们拒绝具有破坏性的事情。因此，那些自我控制能力较强的人不太可能像自我控制力差的人那样因为暴力、愤怒、犯罪和暴饮暴食等问题而苦苦挣扎。

自我控制甚至可以告诉我们为什么一些经历创伤的人会患上创伤后应激障碍综合征，而另一些具有同样经历的人却不会。脑成像研究表明，前者的前额叶皮层表现出更少的活动。这表明创伤后应激障碍综合征至少在一定程度上是杏仁核调节不足的结果，导致战逃反应机制失控。事实上，这个疾病的治疗方案就包括指导患者如何更好地控制自己的思想、情感和行为。这个疾病的一个典型特征是由于经历创伤而感到不知所措和无助，而自我控制能力强的人觉得即使自己无法控制发生在自己身上的一些事情，但能控制住自己的情绪和生活。

自我控制能力在很大程度上能够预测一个人未来的发展情况，而且这种预测功能非常强大，以至于它可以与智力和社会经济地位的预测功能相媲美，但重要的是，自我控制能力与这两者并不一样，其中一个差异就是自我控制能力并不像智力那样是与生俱来的，也不像社会经济地位那样是个人很难改变的。无论任何人，即使不聪明，没有特权，也都有机会培养出这种能力。可以肯定的是，米歇尔的学前教育研究表明，有些人一开始就比其他人更有自控力，而那些自控力强的人很可能在生活中表现得更好。（伊丽莎白的母亲在一定程度上是对的：伊丽莎白很幸运，她比哥哥更有自控力。）然而，自我控制并不是一种与生俱来的天赋，并非只有富人有，穷人同样可以培养这种能力。自我控制可以通过实践和挑战来建立，那些在家里或社区与逆境做斗争的人每天都面临着实践和挑战。每天都在有问题的兄弟姐妹面前保持沉默，在遭受欺凌时忍住眼泪，对发脾气的酗酒者敬而远之，在回家的路上避开危险的障碍物，为摆脱困境而努力工作，等等，都有助于培养自控力。超常者来到这个世界的时候，可能至少具备一定程度的自控能力，所以才可以很容易地通过棉花糖实验，但人们不能低估生活环境的影响，毕竟人们必须在这个环境中日复一日地控制自己的想法、感受和行为。

成年后，许多超常者将自己的生存和成功归因于他们有一种特殊的能力，那就是控制自己，从而掌控自己的命运。事实上，那些超越困难环境的人往往在一定程度上是通过自我控制和自我引导做到这一点的。在考爱岛纵向研究中，研究人员对夏威夷的一群婴儿进行了长达数十年的跟踪调查，结果发现，那些能够克服童年的不利条件，到中年取得卓越成就的人，往往是那些在青春期就相信自己的效率，相信自己有能力克服一切障碍的人。在另一项研究中，研究人员调查了近 3 000 名年龄在 25 岁至 74 岁之间的成年人，发现童年时缺乏父母的支持与成年后的慢性精神问题和身体健康问题有一定关系，但那些感觉自己能够掌控生活的人却过得很好。

超常者在发挥前额叶皮层的执行功能方面拥有令人惊讶的能力，能够自己控制和引导自己的生活，有点像企业里面的高级执行官。他们为自己设定目标，制作写着“追求卓越”的励志标语，他们知道，优秀不仅仅来自拥有一些优质的原材料，更重要的是，他们愿意并且能够让这些原材料真正发挥作用。伊丽莎白内心觉得自己无所不能，却从不向别人承认这一点。她觉得只要自己下定决心，明智地选择一件事，肯定能做成。

因为伊丽莎白的父母认为她和妹妹没有摊上哥哥那种不幸，属于非常幸运，因此，不允许她们对哥哥有任何抱怨，也不允许她们像正常人一样表达内心的情感。伊丽莎白回忆说："在我们家，如果你说的话不好听，那就不要说。也就是说，如果你心里产生了不好的想法，那也不要表达出来。"伊丽莎白也不知道自己内心究竟会产生什么想法。对于一个没人愿意谈论的问题，我们心里很难产生什么想法或感觉，但对一个没人能谈论的问题，产生想法或感觉就更难了，因为没人知道这个问题究竟是怎么回事。伊丽莎白回忆说，由于哥哥的病情从来没有明确的诊断结果，因此，无论亨利做错任何事，都不用承担责任。"有时他没什么问题，有时会制造麻烦，但不管什么样的麻烦，他是无法控制自己的，所以父母不让我对哥哥的错误表达任何想法。"

愤怒、悲伤和恐惧本是人类的正常感觉，但对于伊丽莎白而言，则成了禁区。姐妹俩被告知要用更加积极的视角去看问题，要驾驭这些负面情感。因此，她们俩在家里花了很多时间来超越人类这些负面情感。比如，在一般情况下，兄弟姐妹吃晚饭时可能会你一言我一语地跟对方争吵，可能会逐渐地、慢慢地毁掉家庭用餐的氛围。但在伊丽莎白家里则相反，父母不让她们和哥哥争吵，在餐桌上，当亨利嘲笑伊丽莎白说"我的课比你的课更难"的时候，伊丽莎白漫不经心地、开玩笑地说："不，我的课更难。"结果亨利一下子把盘子砸向了她，晚饭氛围一瞬间就被毁掉了。伊丽莎白想钻到桌子底下，然后爬到屋外，结果她母亲命令道："起来！哪儿也别去。你要坐在这儿向哥哥道歉。"在伊丽莎白十几岁的时候，亨利用一把切肉用的刀袭击了她，她的父亲拨打了911，警察让哥哥坐在警车的后排座上，把他带走了。警察离开后，伊丽莎白和妹妹开始收拾家里的利器，比如刀子、镰刀和螺丝刀，都收了起来，藏在鞋盒里。后来，在开车去警察局的路上，伊丽莎白的母亲一脸严肃地问她打算对哥哥怎么做：“你可以起诉他，但那样他就会有前科……或者我们可以把亨利送进医院一段时间……”

“如果把他送到医院，他还能找到工作吗？”伊丽莎白问道，她为哥哥的未来担忧，明显为他承担着一种责任感，这令她感到了一种精神负担。

“能啊，亲爱的，”伊丽莎白的母亲说，“没有人会知道的。”

“这样的话，那我觉得还是把他送医院吧。”伊丽莎白说。

多年后，当伊丽莎白在我办公室里回想起这次去警察局路上与母亲的对话时，脸上掠过一丝嘲弄的微笑，俏皮地对我说：“他想杀我，但我无权杀他。”

伊丽莎白上大学时，非常擅长精神创伤问题专家贝塞尔·范德科尔克所说的“应对问题，而不产生情绪”。她一学期上 7 门课，在学生宿舍当住校顾问，跻身院长奖励名单，每周还要当 20 个小时的服务员。她一个人做这么多工作，听起来可能难以置信，甚至令人觉得是不可能完成的，但至少在一定程度上是由于她的前额叶皮层非常能干，使得伊丽莎白总是能够比大多数同龄人做得更多。每学期，她都需要得到院长的特别许可，才可以挑起异常繁重的工作担子。在半年一度的工作总结会议上，她愉快的性格和用不同颜色标注的计划表无声地给她增添了许多光彩。但谁都不知道，而且伊丽莎白自己也没有多想的一个事实是，她的惯例是每天喝十杯咖啡，晚上只睡四五个小时，甚至经常连自己饿肚子都没注意到。

后来，她去了法学院和医学院，在那里，她充分展示了自己在亨利服用精神药物的多年间积累起来的医学知识以及对法律体系的了解。“伊丽莎白，你如何做到这一点的？这些你都知道吗？”她的同学好奇地问。伊丽莎白的成就显而易见地将她与她的哥哥亨利区分开来：他作为一个病人，要待在家里，而她作为一个医生，成就斐然；他坐在警车后座上，而她取得了法律学位。此外，因为给亨利治病，家里的信用卡债务越来越多，父母经常因为这个事吵架，伊丽莎白看在眼里，回想起母亲曾经向一位亲戚吐露说终有一天，她和她的妹妹需要共同养活哥哥，现在终于明白了这句话的内涵。伊丽莎白的家庭对她寄予的希望太大了，不会允许她表现得不出色。

然而，尽管她表现出色，伊丽莎白本能地知道自己只能私下里悄悄地谈论自己的荣誉，包括取得了优等成绩、被研究生院录取、被选作总住院医师等等。如果不是私下里谈论自己的荣誉，那就索性一个字都不要提了，以免引起哥哥亨利的不愉快。当有人在她哥哥面前提到她的成就时，她却表现得很退缩。如果一个善意的陌生人在公共场合无意中暴露了兄弟姐妹之间的差异时，比如，当哥哥亨利被问到“年轻人，你呢？你也是研究生吗？”，全家人都会紧张得屏住呼吸。伊丽莎白深感内疚，觉得凡事只要对她有好处，必然会对她哥哥有坏处。到最后，她回家的时间越来越少，因为她从父母那里得到的信息从“你的荣誉让你的哥哥很难过”变成了“你的存在让你的哥哥很难过”。

像伊丽莎白这样的超常者生活在一个极度痛苦的悖论之中：他们的家庭需要他们表现得好，过得好，但他们往往对自己的健康和成就感到难过。他们的庆祝可能是无声的，也可能根本不存在，他们的成就可能导致他们努力保护的人感到痛苦、愤怒或悲伤。虽然许多超常者觉得自己没有资格拥有人类最原始的情感，但他们可能会拥有一种更为复杂的感觉：内疚感。内疚感是一种社会性的、与道德有关的感觉，是以两人或多人之间的关系为背景形成的。当我们感觉自己的行为方式对别人产生伤害，或者当自己看到一个群体，尤其是家庭成员之中存在不平等现象，内疚感便油然而生。内疚存在于与自我控制能力密切相关的前额叶皮层之中。可以说，我们的生活就是被前额叶皮层主宰的！伊丽莎白会在和我聊天的过程中哀叹，“我生活在该死的前额叶皮层里面”。前额叶皮层不断进化的目的就是促进公平，内疚感会促使我们努力让事情变得公平一些。

然而，对于大多数超常者来说，生活并不公平，可能永远都不会公平。对于许多身体健全的人而言，与其共同生活的兄弟姐妹、母亲或父亲都因为这样或那样的健康问题而苦苦挣扎，他们看在眼里，却无能为力。

尽管伊丽莎白觉得自己应该对亨利的不幸负有某种责任，但她除了在神经发育方面比弟弟占据了优势之外，什么都没做错。她越想通过表现得善良、乐于助人、超越常人来平衡家庭成员之间的不平等，她就越能超越她的哥哥，这反而让他感到更难过。除了毁掉自己的成功事业之外，伊丽莎白没有什么办法让家庭成员的生活变得更公平，而一旦自己的事业毁掉，只会给父母带来更多的负担。

当人们对某件事情感到内疚，却无法给这件事情带来某种修复，那么，人们就无法适应现实。事实上，有一个大数据分析项目，系统研究了100项调查研究的成果，涉及2万名受试者，分析结果表明当一个人对自己无法控制的事件感到负有责任却无能为力时，这就与抑郁产生了关联。这正是令伊丽莎白在治疗过程中苦苦挣扎的问题。她说：“我觉得，因为我是幸运儿，我不能沮丧或崩溃，但我还觉得自己不能有幸福感。”

当伊丽莎白准备拿她的医学博士和法学博士学位时，她没有收到父母的礼物，只是要求了一件事：让这一天属于她自己。出于愧疚，她要求母亲和妹妹单独来，让亨利留在父亲身边，这样她就可以尽情享受自己的成就带来的喜悦了。当这两个女人按响伊丽莎白公寓的门铃时，伊丽莎白刚好要出门去参加毕业典礼，她母亲不情愿地承认说那天上午带着亨利看病去了，拖得太久，所以来迟了。伊丽莎白罕见地变得勃然大怒，尖声叫道："我只要求一件毕业礼物！我只想要那一天属于我自己。难道就不能抽出一天把亨利的事情往后放放？他非得今天去看病？"

"亨利又住院了。"她母亲冷冰冰地说。

伊丽莎白充满了内疚。她又一次被打败了。

"只要振作起来，我们就会过得愉快的，"她妈妈继续说，"这是你经常做的事。这就是你一直擅长的。"

伊丽莎白就算心里感觉再痛苦，也不能表达出来，哥哥亨利已经够让她的父母不堪重负了，无论是从经济方面、后勤安排方面还是情感方面，她的父母都无法承担得起再出现一个这样的孩子。但有时候，伊丽莎白真的无法理解父母的难言之隐，便一反常态地进一步追问"你们为什么总是把亨利放在我前面？"，然后又会发出一阵尖叫。她希望通过这种方式让父母给自己一个解释。

经过三番两次的否认之后，伊丽莎白的母亲生气地给出了下面这个解释（也许她不是有意这么讲的）："伊丽莎白，你是一个动物爱好者。假如你有两只小狗，一只很可爱，每个人都跑到它面前，想要抚摸它，和它玩，而另一只又叫又咬人，没有人想靠近它。如果你必须把一只狗丢弃到街上，那么一定会丢弃那只可爱的，因为你知道有人会过去把它捡起来。"

第 8 章

孤儿

按照自己喜欢的方式摆放家具，

那一定是天大的幸福。

——伊迪丝·华顿（Edith Wharton），

《欢乐之家》（*The House of Mirth*）

26岁的娜迪娅（Nadia）看起来比实际年龄小一点，因为她经常笑，而且在坐着的时候脚趾会频繁地动来动去，但她似乎又比实际年龄大一点，因为与许多同龄人相比，她取得了更多里程碑式的成就：她当时正在攻读艺术史专业的博士，还没毕业，但已经结婚一年多了。她穿着时尚但休闲的绿色紧身军裤和一件露肩衬衫，属于那种看上去毫不费力就能拥有一切的人。看着她，人们永远也猜不到她的大多数朋友都拥有她永远不会拥有的东西，或者至少再也不会拥有的东西：父母。

娜迪娅是两岁时来美国的。她不太清楚来美国之前发生了什么，但到美国之后，她的成长经历初期跟普通人没什么两样，也是稳定可预期的。她在洛杉矶一个幸福的家庭中长大，或者更准确地说，在一个幸福的公寓中长大，公寓下面就是她父母开的一个卖酒的商店。后来，忽然有一天，她所熟悉的生活永远改变了。那是1997年，她刚上大学，大一上学期的一天下午，她回到宿舍，看到语音信箱里的留言。

"娜迪娅，是真的吗？"一位来自家乡的朋友问道。

"你没事吧？"另一个说。

"天啊，娜迪娅，给我回电话……"她多年的挚友以近乎央求的语气对她说。

这些信息都不是她父母发来的，所以她给最好的朋友回了电话。

“娜迪娅，天啊，我很抱歉！”当她听到娜迪娅的声音时尖叫起来。

“关于什么？”

“天啊，娜迪娅。哦，我的上帝，哦，我的上帝……你不知道？”

“知道什么？”

“有人抢劫了你父母的商店，而且……”

“他们还好吗？”

“不！他们……他们死了。”

“谁死了？”娜迪娅难以置信地问，“强盗吗？”

她的朋友哭得更厉害了，不得不说：“你的妈妈和爸爸。”

娜迪娅来到我的办公室时，距她接到那些电话已经过去 8 年了，觉得没有父母的日子也没那么难挨了。确实，都过去这么多年了，也应该没有当初那么难挨了。她对我说：“你知道，人们觉得我应该已经度过了这道坎，但孤独感时常袭上心头。”娜迪娅虽然已经是成年人，但她仍然希望自己有一个母亲和一个父亲。这种愿望非常强烈，以至于时常令她感到猝不及防。她哽咽着说：“其他人对我也不错，但这跟父母之爱没法比，这样讲我很难过，但真的是不一样，没了父母，永远是我的一个心结。”

大多数人认为父母的去世是童年最严重的悲剧之一。然而，很少有人意识到这种悲剧有多普遍。每 9 个孩子中就有一个在 20 岁之前会失去父亲或母亲，也就是说，在任何一年，如果有一个孩子被诊断出患有癌症，那么就有 35 个孩子的父亲或母亲去世。

由于这种不幸难以保密，而且通常也不会令人感到羞于启齿，因此，历史上的许多伟人都会在传记中披露父母去世的信息。心理学家马文·艾森施塔特（Marvin Eisenstadt）在 1978 年发表的一项经常被引用的研究论文中研究了 573 个失去单亲或双亲的名人，从荷马（Homer）到肯尼迪（John F. Kennedy）都囊括在内。其中一些人的成就在 1963 年版的《不列颠百科全书》（*Encyclopedia Britannica*）和 1964 年版的《美国百科全书》（*Encyclopedia Americana*）中至少能占据一整栏的篇幅。在这些名人里面，将近一半人在 20 岁之前失去了单亲或双亲，这一比例在他们所处的那个年代可以说很高了。尽管艾森施塔特的数据自 20 世纪中叶以来就没有更新过，但在早年失去单亲或双亲的公众人物的名单却不断拉长，略举数例如下：最高法院大法官索尼娅·索托马约尔，歌手芭芭拉·史翠珊、保罗·麦卡特尼、波诺和麦当娜，演员茱莉亚·罗伯茨，纽约市长白思豪，众议院议长保罗·瑞安，还有曾任美国总统的比尔·克林顿。

就像其他童年逆境一样，单亲或双亲的去世可以催生出个人成长的机会。80% 的失去父母的孩子说他们比其他人更有复原力，60% 的孩子说他们因为失去父母而更坚强。有些人觉得他们必须让自己变成这样，因为除此之外，别无选择。最高法院大法官索尼娅·索托马约尔记得父亲去世那天，她被告知了这样一句话："索尼娅，你现在必须变成一个大女孩了。你妈妈现在很伤心，你不能再哭了。你必须为你的妈妈坚强起来。"美国前总统比尔·克林顿在他的自传中指出，他的父亲在车祸中不幸去世构成了他生命中的一个新起点："我父亲去世后，给我留下了一种感觉，我现在必须承担起两个人的责任，如果我做得足够好，就可以弥补失去他以后的生活。"

英雄主义叙事模式的一部分特征往往是先接受不利局面，然后想方设法变不利为有利。但请不要误解，虽然很多失去单亲或双亲的人最终取得了伟大成就，但这并不意味着亲人去世本身是一个积极的人生经历，他们的成就也无法消除他们失去亲人的悲痛。在那些童年失去单亲或双亲的人里面，近 3/4 的人表示希望这种事情从未发生过，并认为如果没有发生这种事，他们的生活会好得多。在那些年轻时就失去父母的人中，超过一半的人表示，他们愿意用生命中的一年，换得与父母多相处一天。然而，他们必须学着接受这种突如其来的生活，甚至是优雅地接受。“我多么希望这种事没有发生过啊。”斯蒂芬·科尔伯特（Stephen Colbert）在谈起他父亲和两个兄弟在一次飞机事故中丧生时如此说道。当时，科尔伯特只有 10 岁。良好的适应能力并不意味着没有心碎。

哈罗德·库什纳（Rabbi Harold Kushner）在《当好人遇到坏事》（*When Bad Things Happen to Good People*）一书中恰如其分地描述了一个人在厄运袭来后变不利为有利的内心矛盾，这本书描述的不是失去父亲或母亲的痛苦，而是失去孩子的痛苦。这种描述令人感到心痛，但恐怕也是最坦白直率的描述了。他说：“亚伦去世后，我变成了一个比较敏感的人，一个比较高效的牧师，一个比较富有同情心的顾问，但如果我的儿子能重新获得生命，我宁愿没有这些，愿意在一秒钟内放弃所有的收获。如果我可以选择，我愿意放弃一路走来的人生阅历带来的所有的心灵成长和深邃思想，愿意做回 15 年前的自己，那个时候，我还是一个平庸的拉比，一个冷漠的顾问，能帮助一些人，无法帮助另外一些人，但我有一个聪明快乐的儿子。然而，这由不得我来选择。”

1976 年发表在《儿童精神分析研究》（*Psychoanalytic Study of the Child*）上的一篇题为《喷漆的豚鼠》（The Paint Guinea Pig）的论文讲述了一个关于儿童如何努力理解“失去”的故事。这里的“失去”，是幼儿园教室里一只宠物的死亡，它是一只名叫金妮（Guinny）的豚鼠。老师非常明确地告诉孩子们宠物已经死了，说：“金妮已经死了，埋在了公园里。”过了一段时间，老师带来了一只新的豚鼠作为宠物，只是这只豚鼠的颜色与之前那一只不同。孩子们不知道这只新豚鼠不是金妮，便问：“谁给它喷了漆？”但事实上，他们的金妮永远走了，再也不会回来了。

娜迪娅虽然不是幼儿园的儿童，但她还算一个年轻人，当她面临一个意想不到的巨大损失时，无法一下子安之若素。她不像一个小孩子，她知道父母已经走了，再也不会回来了，但这对她的生活造成的痛苦影响，在未来某一个时刻才会体现出来。比如，当她填写表格时，在一些空白处本该写上父母的名字，如今却要写上“去世”。比如，当她需要选择课程，想给母亲打电话寻求建议时。再比如，当她回到家乡，开车经过她曾经居住而如今却被卖给别人的那栋房子时。失去父母造成的精神压力是逐渐积累起来的，虽然失去父母发生在一瞬间，却在一点一点地造成折磨。带来打击的不仅是失去父母这种悲剧本身，还有它在漫长时间内改变一个人的生活的方式。

那篇关于豚鼠的论文还说：“孩子们一边玩滑板一边哀悼。”这样讲的意思就是孩子们在表达哀悼的同时还能保持一种积极的生活方式，他们的生活不会因为失去心爱的人或物而停止。他们要去找朋友玩，有事情要做，他们的悲伤很快会烟消云散。娜迪娅也是一边玩滑板一边哀悼，她踩着滑板穿行在校园的每一个角落。她从未离开过学校，甚至整个学期都不会离开。娜迪娅的父母如果在世，也会希望她这样，而且，如果不待在校园里面，她能去哪里呢？她能做什么事呢？

对于任何一个失去亲人的孩子来说，生活的连续性是极其重要的。也许没有什么地方的生活比大学生活更有连续性了。在大学里，无论家里发生了什么，食堂里都有饭菜供应，讲堂里面都有讲座可听，考试也会按部就班地举行，足球比赛也会如火如荼地进行。很多时候，娜迪娅能够完全忘记她失去父母的现实，因为她周围的年轻人也没有与父母在一起生活。然而，如果她离开学校的街区太远，书店、咖啡馆、文身店和比萨店就会逐渐让位给那些两层别墅、灯火通明的社区以及里面的家庭。这个时候，无家可归的感觉给她的心理造成了打击，她知道，自己的家已经没有了，到了校园之外，找不到一个可以让她迈入前门的房子，甚至当她踩着滑板，咔嗒咔嗒地滑过人行道时，也不会有人想起她。这声音回荡在空中，显得那么响亮而孤独。

还有其他一些悲伤的时刻会令她恍然一惊。

娜迪娅即将毕业的那个5月份，她走进一家平时最喜欢的咖啡馆，却发现每张桌子上都坐满了女人，有年轻的，也有年老的，有的手里还拿着花。她们衣服的颜色散发着春天的气息。她忽然意识到那天居然是母亲节。前几年，每逢母亲节，娜迪娅总会做一些特别的事情作为纪念。娜迪娅在等咖啡时，像一个人类学家一样观察着每对母女。她是一个局外人，但她想知道和母亲坐在一起会是什么感觉。也许比想方设法庆祝母亲节更让她难过的是，她竟然把母亲节忘了。

然后是毕业典礼。娜迪娅和她的3个好友及其家人一起度过了这一天。“每个人对我都很好，有很多庆祝活动，那一天真开心，但这是小事，你知道吗？不管和谁在一起，我总是唯一一个没有家人陪伴的，所以我最后总是会沦为给别人拍全家福的那个人。我通过镜头看着他们。在他们周围有一个边框，这个边框里面的每一个人都是其他人的至亲。有时人们会注意到这一点，邀请我和他们一起拍照片，这真的很好，但我知道他们只是想让我感觉舒服一些，以便让事情看起来不是真实的模样。”

娜迪娅毕业那一年是2001年，20多岁。毕业后，她深刻地体会到了生活的反常，学校不在了，日历失去了所有的意义和节奏，心里总是有一种新的孤独感。她觉得自己飘忽不定，与人疏离，好像没有什么真正的理由去找任何人或去任何地方。好像做什么事都没有道理。对娜迪娅来说，没有父母就像没有宗教信仰一样。

那一年9月11日上午，娜迪娅和另外4个女孩住在旧金山的一套公寓里，当第一架飞机撞上世贸中心时，她们都在睡觉，那时还不到早上6点。第二架飞机撞击后不久，她们的手机和座机就开始响个不停，其他女孩的父母纷纷打来电话提供指导和发出警告。醒来。打开电视。不要在家里工作。没有人知道接下来会发生什么。今天不要开车过桥。像她的室友一样，娜迪娅在接下来的几天、几周里都沉浸在疑惑与悲伤之中，当然，她还想到了那些失去父母的儿女们。直到后来，她才记得那天早上没有人来找她，整个世界都在分崩离析，没有人会想到她。那时距离父母去世已经过去4年了，她突然明白了一个事实：自己是个孤儿。

孤儿状态的本质就是得不到保护。通常，我们认为孤儿就像娜迪娅一样父母双亡。世界上最著名的孤儿——《小孤女安妮》里的主人公安妮遭遇的就是这种情形。事实上，在我们喜爱的许多经典小说里面，主角都是孤儿，比如《简·爱》《雾都孤儿》《绿山墙的安妮》《汤姆·索亚历险记》《欢乐之家》《指环王》《007》《星球大战》《哈利·波特》等等。当然，世界上许多深受欢迎的超级英雄也是孤儿。和娜迪娅一样，蝙蝠侠在一次抢劫中失去了父母。

然而，孤儿不仅仅指父母双亡这一种情形，而是有多种情形。根据美国公民及移民服务局对于“孤儿”的定义，一个小孩如果双亲失踪或死亡，或被父母抛弃，或与父母分离或走失，都属于孤儿。联合国更进一步，认为即便一个孩子失去单亲，也可以视为孤儿。失去母亲的儿童被称为“失母孤儿”，失去父亲的儿童被称为“失父孤儿”。人们或许认为孤儿孤零零地生活，但事实上，绝大多数失去单亲或双亲的儿童与在世的单亲、祖父母或其他亲属生活在一起。世界上许多孤儿的生活状态一点也不像小孤女安妮那样。

当年，心理学家马文·艾森施塔特从百科全书里寻找失去单亲或双亲却取得杰出成就的名人，如果今天重复他的研究，对孤儿的定义更具包容性——失去单亲，那么他会发现一个更长的孤儿列表，很多值得关注的名人都是孤儿，比如杰拉尔德·福特、约翰·列侬、亚历克斯·罗德里格斯、乔恩·斯图尔特、勒布朗·詹姆斯、西蒙娜·拜尔斯、沙奎尔·奥尼尔、玛丽莲·梦露、肖恩·科里·卡特、威利·纳尔逊以及巴拉克·奥巴马。他们每一个人都是失去了父母一方或双方。艾森施塔特写道，他之所以对孤儿的定义相当狭隘，是因为对孤儿而言，有关父母死亡的信息更容易获得，而且“这种影响应该比其他形式的损失更显著，更容易被注意到”。对于后面这半句，我不得不说难以苟同。

还记得前文提到的萨姆吗？他爸爸离家出走之后，给他寄来了一堆破烂的十元钞票和彩票。成年后，萨姆对一个父亲去世、留给他一大笔遗产的儿时朋友产生了终生难以消除的复杂想法："我不好意思这么说，但我一直羡慕他。人们知道他的故事，他们为他感到难过。我也为他感到难过！他的父亲去世了，真是令人悲伤和不幸。但从某种程度上说，他很幸运拥有一个人们可以理解和同情的故事。我的故事是什么？我有个赖账的爸爸？我的朋友的父亲不想离开他的家庭，当他离开的时候，还能留一笔财产供养他们。我的父亲选择离开了我，从不回头，从不关心我是否安然无恙。"

萨姆继续向我倾诉。

"我和妻子结婚之前，向她坦白了我的一些想法，她所说的话可能就是我娶她的原因。她说：'你失去了父亲。'你知道，我简直不敢相信。我确实失去了一个父亲，但说实话，我是说，我原本以为没有葬礼，就不算失去父亲，直到她开口，我才意识到我真的失去了父亲。当我年幼的时候，人们只是回避这个话题，当他去世的时候，我已经是一个成年人了，我已经有 20 年没见过他了，我甚至不在乎他的去世，人们不理解这一点。我的感觉是，很久以前我就失去了他，但那时似乎没有人注意到。"

萨姆描述的是一种"被剥夺的悲伤"（disenfranchised grief），或者说他觉得自己失去了亲人，由此引发悲伤，但这种悲伤并没有得到广泛的社会认同。虽然他们通常不被视为孤儿，就连他们自己的意识里也不认为自己是孤儿，但这些被父母抛弃的人也能够感受到丧亲之痛。尽管他们可能并没有真正体会到父母一方或双方死亡给孩子带来的痛苦，但他们确实感到自己被抛弃了，被扔下不管了，被剥夺了父母可能给予他们的关爱和保护。我们从嘻哈艺术家 Jay–Z 轰动性的说唱作品《艰辛生活》（*Hard Knock Life*）里面就能体会到这一点。这个作品是他根据美国百老汇音乐剧《安妮》（*Annie*）改编的，讲述了孤儿院女孩的艰辛生活。他说：“我发现我与安妮之间好像有一面镜子，她的故事就是我的，我的故事也是她的。我觉得这首歌曲的合唱队的一句歌词完美地捕捉到了贫民区孩子们每天的感受‘我们没有被 kiss（亲吻），而是被 kick（驱逐）’。我们可能并非都是真正的孤儿，但基本上都是在街头长大的。”

安妮的故事就是 Jay–Z 的故事，是娜迪娅的故事，是萨姆的故事，也是每一个因为父母死亡、离婚、患精神疾病、入狱或其他原因而遭到抛弃，不得不自己照顾自己的孩子的故事。

社会学家和心理治疗师莉莲·鲁宾（Lillian Rubin）的父亲在她 5 岁时就去世了。她发现，那些战胜困难、克服艰难生活的人之所以会这样做，至少在一定程度上是因为他们有一种被她称为“可收养性”的特质，或者说懂得一种如何被别人接纳的诀窍。当家里的生活很困难，或者父母不在家的时候，许多超常儿童会找其他人来取代父母的角色，来弥补父母的缺失。有时他们在体育、学习或艺术方面有某种天赋，甚至更多的时候，他们的个性会引起家人、老师、邻居或朋友的注意。这一点很重要，因为在经历逆境后能实现良好调整的预测指标之一是拥有外部支持，而可收养性会吸引那些可能提供帮助者的关注。心理分析学家斯图尔特·豪泽（Stuart Hauser）称，可收养性较强的适龄青少年善于“招纳别人”，或者说，善于吸引一群认同和支持自己的人。

我们可以回顾一下几十年前对考爱岛那些脆弱却坚强的儿童的研究。一些孩子说，他们长大后之所以能取得不错的成绩，主要是因为在内心深处很坚强，能够控制自己，但在外表上，他们也有自己的优势。总的来说，用莉莲·鲁宾的话来说，这些成功的孩子具有显著的可收养性。研究人员说，他们性情随和，容易相处，这有助于他们吸引亲戚朋友。在婴儿时期，他们被描述为积极、多情、可爱和善良，这些令人向往的品质引起了周围人的积极关注。这些善于社交、睡眠和饮食良好的婴儿在一岁时与母亲的互动更为积极，在两岁时与其他看护人的互动更为积极。在童年中期，他们在学校的学习成绩或许并不是很好，但善于沟通，善于与人相处，而且找到了一群支持自己的小伙伴。在青春期，如果他们觉得有必要，他们就可以表现得比较外向，并且能够与年龄比自己大的成年人交往。最终，孩子喜欢交往的成年人越多，就越有可能成功地过渡到成年阶段。每一个脆弱却坚强的孩子都能说出至少一个在家庭之外关心他们的成年人的名字。

娜迪娅就有很好的可收养性。她的故事确实引人注目，给人印象最深的是，在父母去世后，她从未错过任何一个节拍。她是一个成功者，是一个鼓舞人心的人，这就是为什么其他人喜欢有她在身边，因为她不会表现出崩溃的样子。直觉上，娜迪娅也知道心理学研究者明白的一个道理：当不好的事情发生的时候，那些隐藏自己痛苦的人会比那些不隐藏痛苦的人显得更有复原力。她刚刚成年时，其他家庭带她一起去度假，作为对这些好意的回报，她时刻要求自己小心翼翼，不惹麻烦。她很快就把桌子清理干净，并把碗碟洗干净或放进洗碗机。用她自己的话来说，她是“每个人最喜欢的住客”。

许多超常者都觉得自己是每个人都喜欢的住客。

诗人、小说家西尔维娅·普拉斯也是一名孤儿。上大学时，她利用暑假打工，作为对奖学金的弥补（许多奖学金都是由富有的捐助者提供的）。1952 年夏天，普拉斯为玛格丽特·康托尔夫人做助手。看一看康托尔夫人在给学校就业办公室的一份报告中是如何描述她的："西尔维娅是一个非常优秀的女孩。她的举止仪态很美。她一贯阳光的性格和她用生动的语言表达自己的能力使她成为一个非常有趣和受欢迎的人。"

但这与我们通常对孩子的期望形成了鲜明对比，尤其是对我们自己的孩子的期望。精神分析学家唐纳德·温尼科特说："正常的孩子是什么样的？她也是吃吃喝喝、不断成长、甜甜地笑吗？不，她不是这个样子。一个正常的孩子如果对父母有信心，就会可着劲地调皮捣蛋、搞破坏、恐吓别人、浪费东西以及乱花钱。西尔维娅·普拉斯或娜迪娅等超常儿童对父母缺乏信心，他们也不能确定代替父母看护自己的人是否会继续支持他们，所以，他们知道自己没法做一个正常的孩子。

讲得坦率一点，鲁宾提出的可收养性这一术语是个错误的说法。事实上，大多数孤儿从未被领养，大多数超常儿童也从未被领养。想象一下像娜迪娅这样的孩子找一个"代理父母"可能是很容易、很方便的，比如祖母、姨妈、姑妈或者教练都可以取代他们父母的角色，做他们的父母无法做到的事情。有时会发生这种情况。想想西蒙·拜尔斯（Simone Biles）的故事吧，她曾 4 次获得奥林匹克运动会金牌，许多人认为她是有史以来最伟大的女体操运动员。拜尔斯的母亲吸毒、酗酒，父亲抛弃了家庭，她的童年是在寄养中心度过的。她在蹒跚学步时，就和外公外婆住在一起，外公外婆很快就收养了她。拜尔斯明确表示，他们是她的父母；他们是她的爸爸和妈妈。

然而，大多数超常者都是由各种各样的好人培养出来的。比如，和某个朋友共度一个周末，和某个亲戚度过一个假期，在某个朋友的家里度过一个星期，从某个老师那里得到一句鼓励的话，从某个人那里得到一些建议，从某个邻居那里得到一个机会，等等，不同的人给予不同的照顾，共同拼凑在一起，弥补了父母之爱的缺失。尽管他们在某种程度上类似于“拾荒者”，但超常者却将他人给予的点点滴滴关怀塑造成了完整的生活。无论走到哪里，他们都小心翼翼，不要求太多，也不要求太舒服，因为他们没有权利要求太多。保拉·麦克莱恩（Paula McLain）的回忆录《像家人一样》（*Like Family*）这样讲述与寄养家庭一起生活的故事：“它就像一个酒店，因为什么都不属于你。床、牙刷、洗澡水等等，就像图书馆里的书一样，都是借来的。”

罗伯特·弗罗斯特（Robert Frost）说过：“家就是这样的地方，当你去时，它得接纳你。”对娜迪娅来说，她没有地方可去，也没有人非要欢迎她。正因为如此，她在这个世界上的一举一动都与众不同。每时每刻，她都觉得自己像个闯入者，像个可有可无的人。没有什么比有人告诉娜迪娅她太麻烦了更令她感到揪心的了，她感觉自己可能会给别人带来不便，所以，为了保护自己，她努力让自己表现得很好相处。她性情随和，一切都遵从主人或室友之便，从不过问他们是待在家里还是出去，是订比萨还是去看电影。当和她住在一起的一些女孩洗澡时间太长、洗澡时间不合适或者吃别人的剩饭剩菜时，娜迪娅也是一副漠不关心的样子，从不提出自己的想法。她不知道这样长期下去会是什么结果。

“孤儿往往是最好的新兵。”詹姆斯·邦德系列电影《007：大破天幕杀机》中饰演M夫人的朱迪·丹奇如是说。丹奇这句冷酷、深刻的评论抓住了研究人员往往会错过的一点，即在孤儿与别人的关系里面，谁在招纳谁并不总是很明确。“招纳”这个概念让有韧性的孩子听起来像一个穿着小花衣的魔笛手，手持一个长笛，掌握着所有力量，用神奇的曲调在自己身后招纳了一群追随者。但孤儿，即使是拥有很好的可收养性的孤儿，往往也不是这样的。可收养的孤儿往往觉得自己必须高高兴兴地跟在别人后面。

如果一个复原力强的孩子看似脆弱，却不可战胜，那么我们看到的是坚强和复原力，而脆弱和无助才是其真实的内心感受。拥有权力就是能够帮助或伤害自己或他人。拥有权力的人控制着资源，包括物质资源和感情、支持或决策权等非物质资源。那些没有权力的人密切关注那些有权力的人。一段关系或一个家庭里的两个人拥有权力的多寡决定着他们各自的体验。最深刻的区别之一，对无权者而言，有权者可以自由地做自己。他们能表达自己的感受，能要自己想要的东西。他们可以是自发地遵循内心意愿，在很大程度上没有恐惧地做出选择。他们可以内外一致。无能为力的人则发现谨慎地隐藏自己的真实情感和愿望才是明智之举，尤其是当他们不快乐、不容易实现愿望的时候。

小孤女安妮自己也唱过：“直到你挂上笑容，才算是穿戴整齐。”但是微笑对不同的人意味着不同的东西，这在部分程度上取决于他们有多大的权力。研究表明，对于权力大的人来说，他们脸上的微笑与内心的愉悦或高兴相对应，而权力小的人微笑则是为了让别人感到舒服，他们的微笑和他们内心的真实感受之间没有关联。对有权者而言，微笑是真实的，而对无权者来说，微笑是策略性的或强制性的。有权者想笑的时候就笑，无权者需要笑的时候才笑。

早在 1923 年埃德娜·圣文森特·米莱（Edna St. Vincent Millay）获得普利策诗歌奖之前，她和母亲以及两个姐妹就像四个孤儿一样生活。

米莱的父亲抛弃了家庭，母亲和三个女儿从一个家搬到另一个家，几乎成了流浪者。米莱的传记作家南希·米尔福德（Nancy Milford）写道："这些姑娘现在成了她们母亲的'小女人'，母亲一遍又一遍地告诫她们不要给任何人惹麻烦，告诉她们要整洁、干净、负责任。她们认真对待她的告诫。她们在亲戚（主要是姑姑）中间很谨慎，不透露自己的感受，也不透露自己的真实愿望。"

权力多寡的差异造成了孤儿与他人的关系变得复杂和不平衡，甚至孤儿与他们的恩人之间的关系也会如此，只不过恩人自己可能没有意识到这一点。权力更大的人每天从回报的角度思考问题，比如"我想要什么以及怎样才能得到它？"，而权力较小的人则每天从惩罚的角度思考问题，比如"我害怕什么以及怎样才能避免呢？"。孤儿最害怕的是被那些接纳他们的人赶出家门，所以为了保持良好的声誉，他们觉得有义务微笑着满足别人的需要。他们一切事情都亲自动手，为晚餐唱歌，想要什么都自己去找，尽量表现得随和，与别人好好相处。这样一来，结果往往是这些超常的孤儿觉得自己根本不是什么英雄，反而觉得自己像宠物、表演杂耍的小马、女仆，甚至感觉自己像妓女一样，只有他们不制造麻烦，能给别人提供舒适或娱乐或某种服务，别人才会收养他们。

这听起来可能有些刺耳，但有权者和无权者之间的差异并不一定是恶意的，而是结构性的和自发的，有时是不可避免的。这些差异的确令人感到痛苦。指出这些心理差异可能令人觉得这些被收养的孤儿有些忘恩负义（这样讲貌似有失公允，因为像娜迪娅这样的超常者往往对收养家庭心怀感恩），但实际情况确实如此。许多超常者内心感受到失落，却从未表露出来，部分程度上是因为他们不能像正常人那样拥有所有类型的情感，比如，正常人可以不被欣赏，可以不被别人理解，觉得无所谓，但这些情感对孤儿而言很奢侈，哪怕片刻都不行，他们必须确保自己时刻得到别人的欣赏和理解。

1926年出生的女演员玛丽莲·梦露，原名诺尔玛·琼·莫滕森（Norma Jean Mortenson），从没见过自己的父亲。她的母亲患有精神分裂症，多次进出精神病院，因此，母亲只是断断续续地抚养过她，时间也不长。结果，梦露成为洛杉矶孤儿家庭协会的常客，但大部分时候，她被安置在寄宿家庭里。这些寄宿家庭只要接纳孤儿，每周就可以得到5美元的补助。梦露在她的自传中回忆说："我待过的那些家庭只有一个共同特征——迫切需要那5美元。当然，我也有点用处。我身体健康，有力气，能做成年人的工作，而且我也学会了不吵不闹，以免打扰别人。从不抱怨或要求任何东西。大多数家庭都有自己的孩子，我知道他们总是排在第一位。每个人都可以命令我，如果不听话，我就会被送回孤儿院。"梦露从来没有摆脱过这种脆弱感，这种在别人面前无足轻重的感觉，她最终用自杀结束了自己的生命。用她自己的话来说，在短暂的一生中，她一直试图让自己"不再像某种可有可无的装饰品或流浪猫一样被邀请来，又被忽略掉"。

娜迪娅是她朋友圈里第一个结婚的人。就像许多在某种程度上把自己视为孤儿的超常者一样，娜迪娅在这个世界上最希望得到的一个结果就是有人能把她放到第一位。她想引起某人的注意。她想要一个家庭和一个舒适的、属于自己的家。娜迪娅直言不讳地说，自从父母去世后，很多善良慷慨的人都关心她，接纳她，但只有在我的办公室里，她才能说这些人的爱与父母之爱是不一样的。

是否举行婚礼一直是个难以决定的问题，因为如同毕业典礼及度假一样，婚礼也是一种由社会规范驱动的社交活动。但超常者的生活并不符合社会规范，这就意味着本应由父母出席的场合反倒再次让她想到父母已经不在的现实，原本应该快乐的日子反而会变得很复杂。

对于许多超常者来说，婚礼迫使他们思考如何对待难以相处的父母或兄弟姐妹，而且婚礼安排往往让人觉得自己的生活受到了过去的主宰，而不是感受到未来的鼓舞。娜迪娅觉得婚礼是为那些有家庭的人准备的，很难想象谁来陪伴自己一起走过红毯，谁会坐在前排看着自己。她的未婚夫提醒她，婚礼是为那些即将组建一个家庭的人准备的，而现在已经是 21 世纪了，他们不必拘泥于传统的社会规范，而是可以选择任何方式结婚。他们甚至聊到了用旅行取代婚礼，但娜迪娅的未婚夫很爱她，理解她，希望办一场属于娜迪娅的婚礼。

这并非易事。

娜迪娅最好的朋友和可以当伴娘的闺蜜们住得很远，所以一个星期六，娜迪娅独自出门寻找婚纱，逛了一家又一家商店，试了一件又一件婚纱，在试穿的过程中，她意识到自己根本不知道该如何选婚纱，也不知道哪一件最好看。她环顾四周，看到其他年轻的女孩儿都有母亲陪伴，母亲帮助女儿把白色的大裙子拉到她们的头上。商店打烊后，娜迪娅哭着回了家，她的未婚夫说第二天会和她一起去选婚纱。“你不应该看到我的婚纱！”娜迪娅抗议道。这是另一个社会规范。“那太蠢了，”她的未婚夫反驳道，“结婚是我和你之间的事，我要和你一起去。”娜迪娅仍然清晰地记得他们两人在试衣间里一起说说笑笑并决定买哪一件衣服的情景，那是娜迪娅最快乐的回忆之一。

几个月后又来了一段愉快的情感记忆。娜迪娅在婚礼大厅下面的一个房间里穿着婚纱，婚礼马上就要在那里举行了。她听到了几十个人的欢声笑语，他们都是从童年时代到大学时代的朋友、远道而来的亲戚、父母的朋友。他们看到娜迪娅的生活过得很好，都很高兴。起初，娜迪娅认为这些熙熙攘攘的人或许是在参加附近举办的一场鸡尾酒会，无意之间被自己看到了。后来她才意识到这些都是来参加她婚礼的客人。这么多客人不辞辛劳，远道而来，仅仅是为了参加她的婚礼，这真是太令她吃惊了。

虽然娜迪娅现在已经结婚了，但对父母的记忆并没有随着时间的流逝而消失。她清楚地记得父母对她做作业或打扫房间的看法，但如今她很难想象父母会怎样看待自己现在的生活，或者自己嫁的这个男人。在她十八九岁或二十出头的时候，她和同龄人都开始与父母分开，在这个世界上自食其力，一边忙于经营自己的成年生活，一边怀念父母，这个时候，父母虽然不在，她却觉得生活轻松多了，但婚后她对父母的渴望反而更加强烈，她没有为这种变化做好心理准备。

她注意到自己渐渐开始喜欢观察年长的妇女，有时候觉得她们所做的一些小事就像奇迹一般。比如，当她的婆婆把一个木勺放在一锅沸腾的意大利面上面，以防止水溢出来。比如，当她的女上司直截了当地说："娜迪娅，不要在雪地里开车，那不安全。"或者在乘飞机时一位年长女士安抚一位年轻母亲怀中哭泣的婴儿，把哭闹扭动的婴儿抱到肩上，孩子就停止哭闹了，年轻母亲对年长女士说："您挺会哄孩子的。""我已经做过很多练习了。"年长女士回答，唯恐自己的答案让新手妈妈失去信心。娜迪娅觉得她就像偷面包屑一样偷着观察和学习其他年长女士，来丰富自己的经验，或者她像储存橡子一样储存这些点点滴滴的经验，这样当她自己成为一个母亲的时候，她就知道该怎么做了。

娜迪娅怀疑自己来接受治疗是为了在45分钟内感受到母亲般的关怀。她需要一个年长的女人来照顾她，她可以向这个女人学习，但有时她的治疗看起来既痛苦又有益。我提供的心理治疗的一个限制是有开始时间和停止时间，还有账单。这或许不可避免地导致她想起了再次寄人篱下时要适应家庭生活的被收养者，只是有一个重要的区别：她能够对我讲出内心真实的感受。“我想要一个不用预约的妈妈。”她抽泣着说。有几个下午，治疗结束后，娜迪娅在车里又哭了起来，有时候我也想哭。我没有做的一件事就是劝说她放弃悲痛的感情。没错，她有一个关心她的伴侣、治疗师、朋友和家人，这是事实，但也确实没有人能够弥补父母去世后留下的空虚。不管过了多少年，她都有权悲伤。

不久，娜迪娅的思想开始转变了，不再终日纠结于是否能有一个母亲，而是开始考虑自己是否能做好一个母亲。对她来说，很难想象在没有父母陪伴的情况下自己能有个孩子。然而，她的父母喜欢抚育孩子，她觉得自己能够缅怀和尊敬他们的一种方式就是像父母那样去抚育自己的孩子。我们花了很长时间讨论娜迪娅童年的美好回忆：她母亲为假期制作的巧克力糖果，她和爸爸一起完成的科学项目，她母亲在她睡觉前给她读故事书，她生病时母亲给她制作的姜汁汽水。是的，母亲不会在娜迪娅身边亲自教她做一个好母亲，但生前已经向她展示了如何去做。

就像在决定是否举办婚礼时所做的那样，娜迪娅和她的爱人也开始谈论如何用自己的方式建立属于自己的家庭。有时娜迪娅会考虑收养一个孩子，因为她很了解渴望拥有一个家的感觉。她上网研究收养过程，很快就浏览了一家机构的网页。照片和简短的句子描述了这些孩子，每个人都穿着他们最好的衣服，他们的性格被描述为喜欢笑话，喜欢去学校，喜欢冰激凌或喜欢骑自行车。他们的笑容太灿烂了，看着他们，娜迪娅感到有些伤心。

第 9 章

面具

外表形象是一种面具，它的设计一方面是为了给别人留下明确的印象，另一方面是为了掩盖个人的真实本性。

——卡尔·荣格，《分析心理学两论》(*Two Essays on Analytical Psychology*)

约翰尼·卡森（Johnny Carson）小时候生活在美国中西部，他母亲不喜欢男孩子，并且公开表达对他的厌恶。为了取悦母亲，哄她开心，他发现魔术是一个好办法。魔术表演是他进入演艺圈的敲门砖，帮助他成为表演和视线诱导的年轻大师。卡森主持《今夜秀》（*The Tonight Show*）长达30年，使他成为美国最受欢迎的人之一。然而，他虽被誉为“深夜之王”（King of Late Night），享有极高的人气，却是现代史上最不为人了解的公众人物之一。“谁都不了解约翰尼。”美国作家杜鲁门·卡波特如是评论道。

已故评论家肯尼斯·泰南（Kenneth Tynan）的评价可能也是对的。他说，在与卡森交谈时，卡森给人的印象就是让你觉得“你正在跟一个精心安装的安全系统讲话”。卡森开启职业生涯的花招就是用独特的外表形象诱导观众的注意力，让观众不去关注其真正的动作。类似地，卡森也戴上了一些面具，让人们无法观察到他的内心世界。卡森在《今夜秀》的助手艾德·麦克马洪（Ed McMahon）曾经根据自己的观察发表过这么一句评价，说他的老板“在2 000万人面前很自在，但在20人的聚会上却不自在了”。每周有6个晚上，他都会通过媒体向2 000万名观众展现自己，但他展现的范围是经过精心挑选的。在独白和节目中，他一直主导着对话，让观众看到他想让他们看到的东西。

卡森从未写过回忆录，这不足为奇。为了揭开“卡森的神秘面纱”，纪录片导演彼得·琼斯（Peter Jones）在其去世后阅读了部分个人和职业档案。甚至采访了其最亲近的人，其中很多采访是非公开的。琼斯在国家公共广播电台上说：“令我吃惊的是，我们对他的内心生活知之甚少。我想，美国人看到的只是约翰尼·卡森公开的一面，而真实的一面则只有他自己知道。除了在镜头前，约翰尼·卡森在其他任何地方都无迹可寻。”

玛莎称她的母亲为“拍照狂”，因为从她记事起，母亲就一直拿着相机追着她，比如，玛莎在浴缸里，坐在椅子上，走向汽车，穿着内裤，等等，母亲都会给她拍照。即便玛莎叫她不要拍，她似乎也不愿停下来，或者即使想停也欲罢不能。母亲给她拍照时，并不是偷偷地拍。在布朗克斯动物园的一次旅行中，玛莎骄傲地在一头大象面前伸腰摆姿势，结果母亲厌恶地说：“站到一头皮毛又软又漂亮的动物前，没人想看到皮肤粗糙干燥的动物。”

玛莎的母亲先后跟 3 个前夫生了 3 个孩子，玛莎的父亲是这 3 个男人里面最富有的，玛莎也是唯一一个未成年人，所以留在家里跟母亲一起生活。她的照片似乎很有价值，源源不断地寄给住在上西区的父亲，作为回报，她的抚养费源源不断地涌入。玛莎的父亲虽然不会亲自抚养这个女儿，但给她寄了很多支票，她过着非常舒适的生活（她母亲也跟着沾光）。然而，母亲觉得她们俩的生活从来没有想象的那么舒适。一天，母亲自豪地穿着一只长及地板的貂皮大衣摆造型时说：“这都是他欠我的，你必须先有钱，才能赚到钱。”

玛莎小时候喜欢看妈妈在约会前打扮自己：珍珠、高跟鞋，还有香水的味道。一切都显得那么特别和令人兴奋。作为参与约会的一员，玛莎也感到特别兴奋。有一次，玛莎的母亲在她们居住的那个大公寓的客厅里招待一个男人，玛莎穿着睡衣坐在她母亲的脚边。她看着这个女人一边笑一边说话，一边弯曲她的高跟鞋，不停地扭动。这似乎是一个迷人的姿态。当玛莎被打发上床睡觉时，她急忙跑开，钻进被窝里，把毛绒动物玩具放在周围。她想象着，在她入睡后，她的妈妈和她的约会对象可能会进来看看她有多可爱。

玛莎曾经是一个可爱的棕色头发的秀兰·邓波儿（Shirley Temple）式的女孩，到了青春期时，她的牙齿和发型都很糟糕，卷发就像瘦长的胳膊和腿一样难以控制。玛莎说："当我不再是一个可爱的孩子时，我妈妈就会对我发火，而我也不再是一个有吸引力的配饰了。每次她看我的时候，我都能从她脸上看出来。她恨我，因为我不是她希望看到的模样。我爸爸再婚的时候，她告诉我这是因为我不像以前那么可爱了。"

玛莎的母亲用无情的手段控制着她的女儿，用严厉的语言和残酷的对比来改善她的容貌。当玛莎穿着自己觉得舒服而母亲却不喜欢的衣服时，母亲就会让她感到不舒服，就会尖叫地训斥道："没人想看到你不戴耳环的样子！"当她没有打理那自然卷曲的头发时，她妈妈也会尖叫着说："你看起来就像从浴室排水管里冒出来的一个该死的毛球！"

精神分析学家唐纳德·温尼科特说过"镜子的前身是母亲的脸"。他这么说的意思是，在婴儿和儿童试图通过照镜子来弄清楚自己是谁以及自己是什么样子之前，他们早已经习惯于通过观察父母的表情反应做出判断。有些孩子通过父母的脸看到了爱、喜悦和接纳，而玛莎看到的却是不快、失望和厌恶。

到了青春期，当玛莎在镜子里看自己的时候，她觉得自己仿佛在通过母亲照相机的镜头看自己。她感觉自己时刻生活在母亲的视线范围之内，为了避免惹母亲生气，她不停地审视着自己的弱点和不完美。在她的衣橱里，每一件衣服都挂在那里，好像只有她能看到每一件衣服上面都贴着一个标签，上面写着她妈妈对这件衣服的评价，比如“你得穿这件颜色鲜艳的衣服”，或者“你穿这件衣服看起来像个女同性恋”。玛莎身上的每一个部位也是如此，母亲也会做出评价。玛莎以为无论自己有什么爱好，母亲都会有看法。有自己的想法似乎很危险。事实上，当玛莎讲述她年轻时的故事时，更多地提到母亲，而不是她自己。

玛莎不记得自己在成长过程中的想法和感受。每次离开自己的卧室时，她都会感到焦虑和不安，害怕违背母亲的喜好。如果她走出卧室时头发没有梳直，母亲有时会用刷子把她的卷发强行拉直，这很疼，还会让她的头发变得蓬松。“你的头发看起来像只该死的松鼠的尾巴！”她的母亲尖叫了一声，“你这个样子，没人会和你结婚！”然后用刷子的硬处敲打她的头部。有好几次，母亲非常愤怒，用梳子打玛莎的头，力度大到足以留下肿块。玛莎不止一次被打得昏倒在地。

当玛莎的父亲打电话来说他要和他的新妻子生孩子时，玛莎的母亲踢了厨房里的金属垃圾桶，直到把它踢瘪，然后倒在地板上，可怜兮兮地抽泣着。“我们会没事的，妈妈。爸爸不会忘记我们的。”玛莎试图打消母亲的疑虑，蹲下来给母亲揉背。她母亲尖叫着回敬她说：“但你还是不会把头发弄直的！”她的母亲无力地用脚踢开了玛莎，可怜巴巴地抬起头来看着她，脸上满是泪痕，带着一种痛恨责备的神情。

每年约有 300 万至 500 万儿童因遭到虐待而被转入儿童权益保护机构，但玛莎不在其中，因为没有人替玛莎联系过任何人，她也不认为自己受到了虐待。玛莎觉得，被梳子打虽然很疼，但还不足以构成虐待，虽然经常受到批评，但似乎还没有严重到有害的地步。她直言不讳地对我说："有人爱我。我有一个很好的地方住。这跟被爸爸用皮带打或者锁在壁橱里不一样。"

虐童行为往往是在不公开的环境下发生的，而且虐童的定义也不准确，因此人们对其认识严重不足，估计有 85% 的虐童案件没有得到上报。身体虐待是对儿童的非意外伤害，通常是由掌掴、敲击、踢、烧灼、掐、咬或击打造成的。人们经常把管教和虐待混淆，留下印记的暴力行为往往被视为更严重，更有可能表明是虐待，但一般情况下，打孩子虽然肯定属于虐待，但不会留下伤痕，父母也担心对孩子外表造成伤害，知道最好不要在孩子身上留下明显的印记。学校里没有人能看到玛莎头上的肿块，但当她坐在教室里时，她能感觉到肿块的存在。

玛莎从没想过自己符合肉体虐待的条件，事实上，肉体虐待的定义并不像她想象的那么清晰。虐童行为在不同的种族和阶级之间都广泛存在，女孩和男孩同样容易受到虐待。最常用的武器是手和拳头，而不是腰带。父亲往往是最严重形式的虐待的肇事者，特别是那些导致死亡的虐待。然而，母亲却是最常见的虐童者，因为她们是主要的看护者，父母离婚后，孩子主要跟着母亲一起生活，母亲挥舞着手边能够拿到的任何东西，比如木勺、铲子或梳子实施虐童行为。被人用梳子打伤似乎没有被皮带打伤那么严重，但被父母用什么工具打伤的体验都是一样的，尤其是在虐待反复发生的情况下。各种形式的身体虐待给孩子的身心造成压力，导致孩子患上与压力相关的疾病的风险会大大提高。

如果说身体虐待是对孩子身体的伤害，那么精神虐待就是对孩子心灵的伤害。在更极端的情况下，精神虐待可能涉及孤立或限制一个孩子，比如像玛莎所说的那样把孩子独自关在家里或壁橱里，或者通过让孩子实施非法行为或不当行为去达到压榨或败坏道德的目标。然而，最常见的情况就像玛莎的情况一样，情感虐待一般表现为通过拒绝、忽视、贬低、羞辱、嘲笑或威胁来口头伤害孩子。或者，正如玛莎经历过的那样，情感虐待的表现形式难以捉摸，父母并没有意识到孩子是一个独立的、天生就有价值的个体，而是认为孩子的价值仅仅来自满足父母的需要。这种情感虐待的实施者往往是自恋型父母。

精神虐待不需要身体接触，正因为如此，其危害往往被视为比其他形式的虐童行为较轻。然而，心理学领域一些最深入的研究表明，事实远非如此。精神分析学家勒内 · 施皮茨（Rene Spitz）观察并拍摄了孤儿院的婴儿，震惊了精神分析学界。这些婴儿吃得很好，在医疗上也得到了照顾，但他们的人数几乎是护士的 10 倍。没有了爱和关心，孤儿们躺在床上，悲痛欲绝，无精打采，毫无生气。施皮茨得出了一个著名的结论："把母亲还给婴儿。"他揭示出父母和孩子之间的纽带至关重要。在一些著名的心理学研究中，研究人员哈里 · 哈洛把一只刚出生的幼猴放进一个隔离的笼子中养育，并用两个假猴子替代真母猴（今天人们普遍认为这是不道德的行为）。这两个假母猴分别是用铁丝和绒布做的，实验者在"铁丝母猴"胸前特别安置了一个可以提供奶水的橡皮奶头。按哈洛的说法就是"一个是柔软、温暖的母亲，一个是有着无限耐心、可以 24 小时提供奶水的母亲"。刚开始，幼猴多围着“铁丝母猴”，但没过几天，令人惊讶的事情就发生了：幼猴只在饥饿的时候才到“铁丝母猴”那里喝几口奶水，其他时间则疯狂地、拼命地抓着柔软的、用布做的母猴，仿佛非常渴望得到安慰。

父母的照顾是我们生命头20年获取安全感的核心。这是一个孩子所能拥有的最宝贵的财产之一，同时也承载着巨大的保护力量。有爱心的父母不仅保护我们远离困难，而且帮助我们应对不可避免的困难时期。当一个孩子生活在逆境中，无论是什么逆境，最大的保护就是来自父母或看护者的爱，来自亲密、温暖的人际关系。因此，情感虐待会起双重负面作用，因为它一方面使孩子处于压力之下，另一方面剥夺了孩子处理压力的最佳机会。也许正是因为这个原因，许多研究人员得出了一个相似的结论：情感虐待的危害并不比其他童年逆境危害小，相反，它比其他逆境更有可能导致身心健康出现问题，比如心脏病和抑郁症。伦纳德·申戈德（Leonard Shengold）甚至把精神虐待称为“灵魂谋杀”。灵魂谋杀的受害者表面上继续活着，但他们的内心可能已经死去了。

温尼科特说：“实际上没有婴儿这种东西。如果你要开始描述一个婴儿，你会发现你肯定要描述一个婴儿和某个人。”这番话的意思是每一个婴儿都不可能独立存在，都需要一个外部环境，婴儿成长为什么样子，在很大程度上取决于父母或看护者为其提供了一个什么样的环境，父母有很多种，比如年轻的、年老的、富有的、贫穷的、有经验的、没有经验的、健康的、不健康的、温暖的、冷漠的等等。即便父母不在身边，缺乏照顾者，婴儿也会根据外部环境的影响逐渐成长为儿童和成人。

当一个婴儿出生在一个正常的、可预期的环境中，环境会满足婴儿的需求，至少在一段时间内如此。足够好的母亲（good enough mother）是客体心理学的代表人物温尼科特提出的，是指开始的时候母亲几乎完全适应她的婴儿的需要，并且随着时间的推移，她逐渐地适应得越来越少。婴儿往往迫不及待地想吃饭或睡觉，也不会让自己平静下来，不容父母迟缓，所以父母不得不拿着奶瓶、尿布急匆匆地跑来跑去，直到孩子长大一点，成为一个儿童之后，可以短暂地向父母和世界屈服一分钟或一个小时，父母这时才可以把孩子的需要短暂搁置起来。在正常的发育过程中，经过数年或数十年的时间，父母对孩子需求的适应越来越少，距离越来越远，孩子成年后，开始与父母享受着更加平等的交流。也许有一天，父母会生病或年老，而成年的孩子将不得不开始适应父母的需求。

如果一个孩子在一个由于某种原因而不够好的环境中成长时，大部分的适应行为都是由孩子来完成的。儿子或女儿跑来跑去为父亲或母亲服务，比如：她蹑手蹑脚地穿过父亲正在喝酒的房间；他独自完成家庭作业，因为他的父母正在照料一个长期患病的兄弟姐妹；她喂她的哥哥吃饭和洗碗时，她的母亲要在一个黑暗的房间里一睡就是一整天；父亲失去工作后，他就没有午饭吃了；或者像玛莎一样，她会借助一种让别人感到高兴和满足的方式来调整自己，适应别人的需求。无论在什么情况下，当孩子感觉他的看护者不能适应自己的愿望或需求时，就会反过来变得善于回应看护者的愿望或需求，因为他们无权拥有自己的感觉和喜好，即便有，也是徒劳的，没人会满足自己，甚至还会给自己带来危险。

对许多超常者而言，预测别人想要什么并予以适应和满足几乎可以说是一种特殊的能力。钢琴家詹姆斯·罗兹在其回忆录《乐器》中说："10岁时，我就发现自己能在任何环境中生存，有时甚至能茁壮成长，因为我具有超级英雄般的操控能力。"许多人把自己描述成能适应任何环境的"变色龙"，或者是能自动判断任何环境、适应周围世界的"变形人"。这种改变颜色和形状的天赋与心理学家的研究结果是一致的，研究表明，那些对逆境反应良好的人往往在认知和情感上都是灵活的。超常者能够做任何事，无论什么事，无论付出什么代价。

玛莎就是这样，她成了一个善于快速表演魔术的艺术家，她自己也善于随时改变自我，随时都能戴上面具，穿上戏服，做出某个行为去适应周围的情况。无论与任何人打交道，比如，街上的朋友、班里的一位老师、商店里的店员、母亲的男友，她会猜测别人希望她扮演什么样的角色，然后尽力适应。高中时，她坐火车去其他地方的一所艺校学习戏剧，把这种天赋带到了艺校。

一个人能够适应外部环境是适应力的表现。我们遵守正式和非正式的社会规则是明智的，在家里，我们从取悦父母中获益。在不同的地方有不同的社会规则可以遵循，所以我们在工作或学校的行为方式有所不同。当我们和朋友出去时，是一种行为方式；当我们和家人在家里时，则是另一种方式。我们总能使自己适应眼前的形势。

然而，如果一个孩子根本不再期待别人适应自己的需求，那影响就非常大了。这种情况下，适应不是停留在社交礼节的层面，而是已经成为这个孩子的一种生存或生活方式。如同玛莎总是想着母亲如何看待自己一样，超常的孩子几乎完全关注外部世界，以现实情况为导向，生活围绕着直觉和满足他人期望来展开。看似聪明的选择可以保护自己不受攻击，因为超常的孩子除了会在内心世界对自己产生怀疑和挣扎之外，从不与别人发生争吵。

网球冠军安德烈·阿加西在令人心碎的回忆录中讲述了一个与自己格格不入的孩子的故事。7岁时，他站在一个网球场上，每天击球数千次。他不是和某个人比赛，而是和一个名叫“大龙”的发球机比赛。这个发球机是他专横跋扈的父亲操纵的，他把球以每小时100英里的速度朝他儿子的脚边抛去。阿加西的父亲在想，如果一个孩子每年能击100万个球，他就能去参加温布尔登网球公开赛了，而且无人能敌。当时，年轻的安德烈却是这样想的：“我不想打温布尔登网球公开赛，但我怎么想并不重要。我讨厌网球，我心里全是讨厌，但还是继续打，一个上午接着一个下午，因为我别无选择。不管我多么想停下来，都不会停，我一直祈求能停下来，却在不停地击球，我想做的和我实际做的之间存在差距和矛盾，这感觉像是我生命的核心。”

阿加西所描述的这种矛盾其实就是超常者群体中普遍存在的精神分裂。当我们迫于无奈去适应外部世界时，我们内心的真实想法与我们嘴上所说的内容就会不一致，我们内心真正的愿望与我们在现实中所做的事情就会不一致。随着时间的推移，内在想法和外在行为之间的距离越来越远，最终而言，在内心和外部之间，在真实的感觉和别人看到的表象之间，仿佛存在着不可逾越的鸿沟。

在温尼科特看来，真诚的生活首先来自别人在场时的独处，拥有独处的能力，是一个人情感成熟的最重要标志之一。这种独处是发自内心情感的，不必总是考虑别人的反应。就像温尼科特说的那样，不管我们在谁身边，“自我继续存在”。然而，当发自内心情感的独处可能给自己带来危险，必须用谋略去应对时，生活就会呈现出较为明显的计划性。这种情况下，真正的自我，也就是一个基于内心真实感觉的自我，就无法形成，或者必须隐藏起来。

当这种情况发生时，外部世界的所有人看到的就是温尼科特所说的“虚假自我”。虚假自我本质上是心理防御的一种体现，它的作用是在必要时保护真实自我。每个人都有一个虚假自我，而且在任何特定的时间，这个虚假自我都被连续地呈现给外部世界。虚假自我与真实自我处于两个极端。前者遵循合适的社会准则，遵守法律，将自己最佳的一面展现给外界，而后者则是内心的真实的、有活力的情感，但在必要的时候这些情感可以被放到次要地位，服从于表面上的虚假自我。久而久之，虚假自我开始焕发出强劲的活力，吸引别人的关注和赞美，让真实自我转入衰退或秘密的状态。安德烈·阿加西就是用这种思维看待其网球生涯的。他说：“在旁观者看来，我似乎是不顾一切地想要脱颖而出，但事实上，我的内在自我，或者说真实自我，隐藏了起来。至少，我是这么认为的。”然而，正如阿加西暗示的那样，掩盖真实自我往往会出差错。如果一种临时性的策略持续的时间越来越长，那么最终生活就会变得如同骗局一般。玛莎说：“在成功之前，我的生活一直是戴着面具的，而成功之后，除了假的那部分之外，其他部分会永远继续下去。”

精神分析学家海伦·多伊奇（Helene Deutsch）把这个极端的虚假自我称为“假想人格”（as-if personality），因为他们擅长在别人面前表现得好像自己是别人期待的那种人。她说，他们的生活“就像一个受过良好演技培训的演员的表演”，而最有才华的人非常擅长他们所做的事情。他们看起来完全是真实的，没有人会猜到他们的真实一面竟然隐藏了起来。托拜厄斯·沃尔夫（Tobias Wolff）在回忆录《这个男孩的一生》（*This Boy's Life*）中描写了自己童年时受到虐待和叛逆的经历：“我选择了躲避，戴上了一副面具，让我看起来深感抱歉，并做出各种承诺，但其实远非如此。”

对于许多超常者来说，生活就像一场这样或那样的表演，一场为了取悦或安抚周围的观众而上演的表演。剧作家萧伯纳的父亲是个酒鬼。他说：“如果你不能摆脱家里的骷髅，还不如让它跳舞。”这种想法似乎能带来更多好处。事实上，世界上许多喜剧演员、运动员、演员、政治家、艺术家等之所以能站上各自的舞台，是因为他们一生都擅长表演。一直以来，他们许多人在众目睽睽之下和聚光灯下都会选择躲藏。

玛莎的母亲劝她的女儿不要上大学。她的理由是这样的：“你不需要它。如果你足够有吸引力，别人会一直照顾你。你父亲死后，你就有钱了。”玛莎怀疑，事实是她的母亲害怕一个人待着，或者担心她不得不搬出玛莎父亲为玛莎租的这套公寓。尽管如此，玛莎还是推迟了学业，去城里参加了试镜，有些成功了，有些失败了。只要有彩排、演出和谢幕，玛莎就会过去。玛莎需要成为这样的人。

玛莎生命中持续时间最久的一场演出似乎是在母亲面前扮演一个快乐的搭档。她们出去参加鸡尾酒会或招待会之前，母亲会对她说：“我想让人们知道我很好相处。”看看玛莎是怎么做的！在这些场合，玛莎手里端一杯酒站着，掩饰内心真实的感受，向别人展现虚假的一面，逢场作戏，取悦别人，她在戏剧表演方面的故事和笔直、散发着光泽的头发吸引了宾客，对于那些面带假笑靠近自己的人，她内心其实是反感甚至是厌恶的。对玛莎而言，这完全是一场表演。尽管玛莎讨厌被人忽视，但更害怕被人关注到。玛莎偶尔看到母亲其他的儿子或女儿时，感觉他们也戴着面具，如果他们对玛莎很热情，玛莎就会觉得自己暴露出了真实自我，觉得他们可能知道了自己的真实感受。

玛莎背着母亲，偷偷地填报了一份在大学学习戏剧的申请，一定是她那内心真实、真诚的愿望促使她这么做的。母亲知道后很生气，为了减少玛莎上大学的阻力，父亲买下了给她们母女租住的那套公寓，并把它放在玛莎的名下。“我不知道你和那个女人过得怎么样。”他这样说，等于否认了把玛莎甩给母亲的责任。

玛莎进入大学的第一周就预约心理治疗，这肯定也是她真实的想法。她显然很聪明，是一个优秀的辩手，但给人的印象是自我意识太弱和警惕性太强，就好像她总想着自己会做错事，总想着有人要生她的气。见面之后，玛莎很快就对我说：“请不要喜欢我。”她来接受治疗是希望了解自己究竟是谁，如果发现我也被她表面上的魅力蒙住了双眼，发现我作为一名心理医生只对她表面上展现出来的东西感兴趣，那将给她带来一种毁灭性的失望。玛莎告诉我，她需要很大的勇气才敢提醒我不要被她呈现出来的表象吸引住，并提醒我说还要避免另外一种风险，即她可能会下意识地扮演一个“好客户”的角色，假装自己在心理治疗方面取得了进步，因为“好客户”就是这么做的。对于她的提醒，我深表赞同。

演员艾伦·卡明说：“应对父亲的暴力行为是我成年后学习演戏的开端，这让我感觉很不愉快。”玛莎也认为，应对母亲的身体虐待和精神虐待是她最擅长演戏的原因，这也不是一件愉快的事。温尼科特说，就演员而言，有些人既可以做自己，也可以表演，而有些人不能做自己，只能表演，当他们远离了自己长期需要扮演的角色时，就会完全不知所措。玛莎似乎就属于这一类，因为现在她已经远离了母亲的愤怒和母亲用来敲打她的梳子，她决定弄清楚如果不再总想着取悦别人，而是坚持做自己会意味着什么。

虽然玛莎见到我之后很快指出她在成长过程中没有被父亲锁进壁橱，但她确实觉得自己真实的内心世界被那个卧室局限住了。她把自己真实的一面藏了起来，保护自己免受批评和伤害，但她感觉自己从未被人真正关注过，也从未真实地生活过。或许正是这个原因，谁都不了解真实的玛莎，甚至连与她同床共枕者或她深爱的人都不了解。这与杜鲁门·卡波特在谈到约翰尼·卡森时的评价如出一辙。

要想获得爱，需要先有渴望，知道自己渴望什么，而有些超常者可能根本不知道自己想要什么。他们是“变色龙”，他们是“变形者”，谁喜欢他们，他们就和谁建立关系，甚至建立性关系。对这些人而言，“自己真正想要什么”和“别人想从自己这里得到什么”会混淆在一起。对于这种混淆，最好的总结或许不是来自某个著名的精神分析学家或心理学理论家，而是来自玛莎喜欢的“简的嗜好”乐队（Jane's Addiction）所唱的几句歌词。简说了：“我从未爱过，不知道这是什么。我只知道他们是否爱我。如果他们爱我，我也爱他们。”

对于这种对待爱与性的态度，似乎可以简单地用“自尊感偏低”的理由去解释，而事实并非如此。许多“超常者”对自己很满意，甚至认为自己比别人更优秀，因为他们有管理他人的特殊才能，而且许多人身边不乏追随者，是因为他们拥有个人天赋和社交智慧。然而，在人际关系中，他们不习惯提出要求，或许觉得自己配不上提出这些要求，而是习惯于条件反射式地让生活运转，无论谁出现，他们都会让生活继续运转。

曾经，作为一个女孩，玛莎在母亲的眼睛中看到了自己。现在，作为一个成年的女人，玛莎通过任何看她的人的眼睛看到自己。她的穿着和行为都是为了迎合别人，也许正这个原因，她和各种各样的人都有着看似成功的关系。但玛莎并不像温尼科特说的那样，“真实自我持续存在”。她能在不同的人面前呈现出不同的一面，这取决于她周围是什么样的人。她的人际关系就像表演，令人相信这种关系是真的，但即便她自己都觉得不安。

玛莎吐露心声说：“人们不知道，很多时候，我并没有怀着真实情感去参与人际关系。我戴着虚假的面具走向世界，并获得成功。我什么都擅长，包括做别人的朋友或女朋友。当我和他们在一起时，我关心他们，有时我甚至认为我爱他们。但我觉得我只不过擅长做一名爱心人士所做的事罢了。也许这就是为什么我可以和某个人在一起，一切都很顺利，但关系结束时，就随它结束吧，好像从来没有发生过，我真的觉得这段关系从来没有发生过。我知道这听起来很糟糕。不过，我觉得我真的很在乎和我在一起的人，只是他们不知道他们其实并没有走进我的内心。我从未袒露过内心世界。”

伊丽莎白·斯马特（Elizabeth Smart）获救的时候，玛莎的情况发生了变化。斯马特曾被一名自称传播福音的流浪汉绑架，在遭受了长达9个月的性虐待之后，才被人发现。当时，她正走在盐湖城附近的一条街上，从头到脚都穿着绑架者提供的罩袍。根据报纸上的报道，当斯马特被警方接近并问话时，她起初否认自己是被绑架的女孩，但最终又用绑架者的圣经用语重新承认了。

玛莎读完斯马特的故事后，眼睛里充满了泪水，并很快强调说自己从来没有经历过伊丽莎白·斯马特那样的遭遇。她说："但我完全明白她的故事对我意味着什么。和她类似的是，我害怕的时间太长了，我穿的衣服太长了，我的所作所为要迎合别人的需要，我说的话也要迎合别人的需要，最终，自己会被完全征服，即使现在有机会获得自由，我也不知道该怎么做。我不能独立思考，不能为自己说话，不知道说什么好。"

玛莎也感到自己失去了为自己思考或说话的能力，这使她感到害怕。她忽视自己的反应和感觉太久了，她不知道它们是什么。当她死记硬背台词、安抚母亲或取悦伴侣时，她知道该怎么做，但当她面对诸如"你今天想做什么？"之类的普通问题，或者面对诸如"你爱我吗？"之类的私密问题，她的头脑一片空白，内心感到不安。当她没有事情需要做的时候，她不知道自己想做什么。她只知道别人想要或需要她做什么，或者成为什么样的人。

玛莎考虑过退出演艺圈，但决定从事即兴表演，这是一种迫使她脱稿即兴表演的表演。对玛莎来说，这种锻炼既痛苦又可怕，但幸运的是，对大多数人来说都是如此。她在第一节课上僵住了，在第二节课上哭了，但到了第三节或第四节课，每个人都在为她加油（她也会为别人加油）。她说："这就像是'集体治疗'。我知道我很难独立思考，但事实证明我不是唯一一个，或许我还是有希望的。"

玛莎在舞台之外的生活中探寻真实的内心，并把自己的点滴感悟记录下来。她在笔记本上记下了她觉得自己可能喜欢的东西或内心的真实感觉，甚至试着把头发弄成卷发。要知道，之前她觉得不把头发弄直听起来是很可怕的事情，但现在她愿意尝试突破长期的心理桎梏。玛莎说："我很难相信自己逐渐能够判断出自己的真实感受，并知道自己最看重什么。感觉这一切都很危险。”过了一段时间之后，玛莎来找我进行心理治疗的时候，会讲述一些关于自己的新发现。她担心地对我说觉得其中一些发现似乎有点傻，很孩子气，其实并非如此。她关于自己的一些新发现的确是无足轻重的，比如，她说：“我觉得自己像个孩子，总是在胡思乱想自己喜欢什么颜色和什么食物。”但其他一些新发现则很重要，比如，有一天，玛莎紧张地对我说：“我想我是同性恋，你可能一直都知道这一点。”这时，她的眼泪和微笑交织在一起。

其实，我并不知情。

玛莎继续说：“我一直在想，也许我妈妈一直都知道，我在这方面一点也不像她。可能就是因为这样，她才一直那么害怕让我做我自己。”

第 10 章

疏离

没有人意识到有些人仅仅是为了做正常人，

就要付出巨大的精力。

——阿尔贝·加缪（Albert Camus），《笔记本》（*Notebook*）

米歇尔（Michelle）经常感到担惊受怕。她说，在她看来，这个世界并不适合她，常常觉得自己不应该生活在这个世界上。她觉得公共场所的人有时看起来像戏剧中的演员。在上动感单车课时，她觉得那些男男女女疯狂地一圈又一圈地蹬着自行车，看起来很滑稽，就像马戏团里骑自行车的小丑。要么这个世界不真实，要么她自己不真实，她不知道究竟是哪一种。她觉得自己已经失去了一个正常人应有的情感，觉得自己的存在似乎是个错误。在同密友在一起的时候，她想让自己脸上挂着微笑，想让自己看起来开心一点，都不得不费力去做。有时候，她觉得自己像个僵尸一样麻木，如同行尸走肉。

或许正是由于这个原因，米歇尔才喜欢上墓地，才喜欢在那里小憩。有一块墓地她特别喜欢，下班后可以步行过去，但看起来一点也不像那些井然有序、每隔几英尺就竖着一簇簇假花点缀、足以同高尔夫球场媲美的公墓。她常去的这块墓地的历史可以追溯到 19 世纪，有很多郁郁葱葱的老树，树冠遮天蔽日，盖住了墓地，一堵矮墙似乎是由苔藓粘在一起的，看起来脆弱易碎，将墓地与外部世界隔离开来。野草和三叶草之间矗立着不同高度和形状的墓碑，其中有些墓碑的角度非常奇怪。有些墓碑上的文字依稀可见，无声地呈现着一篇篇陈年旧事。葬在那里的，有南北战争时期的士兵和寡妇，有只活了几个月的婴儿，有死于伤寒的男人，有死于分娩的女人。如果在墓地里碰巧被熟人撞到，她可能会辩解说喜欢那个地方，因为那里比较宁静，但这个理由很牵强，因为宁静的地方很多，她可以选择其他地方。米歇尔之所以躲进那个墓地，是因为她觉得葬在那里的人曾经过着艰辛的生活，或者至少有迹象显示他们曾经生活艰辛，这能令她寻求一丝的心灵慰藉。

对米歇尔来说，与活人在一起时，心里反而可能感觉不安。她向医生抱怨说觉得自己有一种疏离感，觉得与周围环境格格不入，医生评估说她可能患上了精神错乱。经过一系列身体检查，包括在黑暗的房间里做脑电图检查，医生只发现她存在低血压问题，便告知她要多摄入盐分和多喝水。她的医生可能没有意识到，尽管米歇尔描述的这种与外界疏离的感觉可能暗示着精神错乱，但它也是创伤后应激障碍综合征的常见表现。尽管我们倾向于认为低血压是一种健康的理想状态，但对一些人来说，它可能伴随着抑郁和焦虑。

当米歇尔的医生告诉她多摄入盐分和多喝水时，她穿着体检用的白色长袍，愣愣地坐在检查台上，双腿下垂，长袍后面还是敞开的。她太害怕了，怕被医生诊断为精神病，不敢大声说话。她觉得自己看起来很奇怪，就像漫画里面那个穿着白色夹克、说话时挥舞手臂的教师一样。她心里嘀咕：医生会把她拖出去，带到某个上锁的病房吗？她感到很紧张，双手牢牢抓住用柔软的缓冲材料包裹住的检查台的边缘，故作镇定地自我安慰说："我正坐在这个房间里，医生在说话，我在听，没有什么奇怪的事情发生，我没有尖叫，我没有疯。"其实，对于最后这句，她自己都不是真的相信。

到了晚上，精神错乱却像一个小偷一样，偷偷地潜入她公寓或大脑的每一个黑暗角落。她经常熬夜到凌晨，开着所有的灯，电视也不关，直到她的眼皮打架，自然入眠。她觉得自己又老又累，无法想象还能活多久，可是她又不敢睡着，怕睡着了就再也醒不过来。她并不担心自己会在睡梦中死去，而是担心醒来时发现自己丧失了正常的智力和意识。

米歇尔14岁时，她的马球教练马克要求牵她的手。在教练的皮卡的驾驶室里，她坐在他旁边的座椅上，两人在碎石路上疾驰，皮卡后面还牵引着一个用于运马的拖车，砰砰地前进。教练说："只有像我们这样的人，才理解马的意义。我的妻子总是抱怨我在马棚里花费的时间太多，但养马球比赛用的马是需要时间的，培养马球运动员，尤其是那些令人讨厌的女马球运动员，更是需要时间。"皮卡和拖车颠簸不断，马克教练的嘴巴也滔滔不绝。米歇尔只是听着，什么话都不说。马克一本正经地补充说："你的父母肯定也不了解这一点，不然的话，他们就会多给你付一些钱，让你多练习骑马了。"这让米歇尔很吃惊，因为她之前认为父母反对她选择马球运动是出于经济上的考虑，但经教练这么一说，似乎是因为父母不了解这项运动，所以才不乐意让自己选择马球。不过，钱少并没多大关系，因为米歇尔和马克教练最近达成了一项协议：她可以在教练的马棚里随心所欲地选择自己喜欢的马，前提是她要帮他训练马匹、清理马棚和擦洗马具。米歇尔觉得自己能为马克教练养马，真是世界上最幸运、最特别的女孩了，但实际上是马克教练在培训她。

早在米歇尔开始记事的时候，她就渴望自己能和其他人一样。在她的家乡——弗吉尼亚州的乡下，有白人孩子，也有黑人孩子，但很少有其他肤色的孩子。一天，在公共汽车上，一位老妇人嘲笑了米歇尔的肤色，从那以后，米歇尔尽量靠近白人女孩，穿着同样的牛仔裤，做着同样的事情，和白人孩子做同样的体育运动。她请求父母让她去学骑马，因为在她看来，没有什么比骑马更像白人和弗吉尼亚人了。虽然米歇尔最初开始练习骑马是希望在女孩子群体里面更受欢迎，但最喜欢她的还是那些小马，因为她觉得这些小马每天都在等待着她，欢迎她，并给她提供精神奖励，她成为一名马球运动员似乎指日可待。

虽然米歇尔不知疲倦地干活和练习，马克教练的赞赏并不多，时有时无。他偶尔会提到给米歇尔争取大学奖学金，或者答应带她去外地看马球比赛，这种许诺可能会给她提供好几个星期的精神支撑，但当她犯错误时，比如，当她忘记给马棚关门时，她可能会被他长时间的严厉批评搞得精神崩溃。他经常抱怨道，他给了她那么多机会，她怎么能这样不知感恩呢？在这样的时刻，马克教练提醒米歇尔，没有他，她什么也不是，如果她不长点心，就会失去一切。

一天，在皮卡上，马克教练问了米歇尔一个简单的问题，这个问题让米歇尔陷入了痛苦的两难境地：他能让她梦想成真，她是想牵着他的手，还是对他说不？马克教练来自阿根廷，所有最好的马球运动员都来自阿根廷，他喜欢提醒她这一点。他说，没人会跟他顶嘴。关于这件事，米歇尔也没有和他顶嘴。作为对他这个问题的回应，她直视着前方，一言不发，既不说是，也不说否。他还是伸手去拉她的手，把它拉到两人之间的长椅上。他的手又粗又大，不适合她那又小又嫩的手。当马克教练用大拇指在她的手腕内侧滑动时，米歇尔觉得力量太大了，想扭动一下，把自己扭开。但她最终还是像一尊雕像一样一动不动地坐着，不知道自己能做什么。他们到马棚后停了下来，她就跳下车，松了一口气。但她没有意识到麻烦还没有结束。

当米歇尔15岁的时候，她觉得自己是马克教练的“外遇”。这并非因为她想成为一个这样的人，她甚至不明白这个词意味着什么，而是因为她不知道该怎么称呼他们之间发生的事情。马克教练的要求也在一点一点地提高，给我一个拥抱，让我吻你，让我躺在你身上，这是一个循序渐进的过程，就像驯服一匹小马一样，每一个新要求都比以前加深一点。米歇尔希望能让他明白“我爱你就像爱父亲一样，而不是恋人那种关系”。但马克教练有自己的一番推理。他提醒她说：“我为你做了很多，让我知道你很感激我。”

米歇尔一开始瞒着自己认识的每一个人，不跟他们讲自己遭遇了什么，甚至自我安慰说：“他来自南美洲，也许这在那边是正常的。”米歇尔从未想到马克教练对她进行性侵犯。她和马克教练从来没有发生过性关系，而且，不管他们之间发生了什么，米歇尔觉得自己更像是一个同谋，而不是受害者，只不过内心感到矛盾。她才15岁，不是5岁，从来没有被人抱过，也从来没有待过乱七八糟的马棚。但她编造借口要在马棚里待的时间久一些，而不是短一些。米歇尔并不知道，在她这个年龄，即便与成年人在达成共识的情况下，性行为在大多数州都是犯罪行为，包括她自己的州。

米歇尔得到了马球奖学金，作为回报，马克教练希望米歇尔在上大学前献出童贞。马克教练再次解释说，找一个年纪更大、经验更丰富、真正爱她的人，总比找一个经常醉酒的兄弟会男孩好。马克教练提出的这个理由看似令人信服，但米歇尔不愿意这么做。当她拒绝的次数多了，马克教练意识到她是认真的，说她是一个不懂感恩的人，并拒绝她再跟自己上马球课，不让她再骑自己的马。由于害怕影响到大学奖学金，米歇尔便求助于自己的父母，把一切都告诉了他们。他们不知道该如何解释这件事，便告诫她不要对任何人提起这件事，以免因诽谤而被起诉。

儿童性虐待是针对最脆弱的公民的性侵犯。向执法部门报告的性侵案件中，有 2/3 是针对 18 岁以下的未成年人。纵观人之一生，性侵犯受害者最集中的年龄就是马克教练第一次要求拉米歇尔手的年龄：14 岁。

由于信息筛查方法和报告意愿的差异，儿童性虐待的普遍程度难以确切评估，但严格的研究估计，大约 8% 的男孩和 25% 的女孩在 18 岁之前经历过某种形式的不当性行为。最常见的情况是，我们认为性虐待必然涉及身体接触，如接吻、触摸，但对于儿童而言，只要别人利用儿童获取性刺激，就可以视为性侵犯。这可能包括成人和儿童之间关于性话题的谈话、以观看儿童的裸体为乐、让儿童观看成人自慰，或与儿童一起观看或播放色情作品。这些活动可以面对面、通过电话或通过网络进行。

米歇尔从来没有想到过把马克教练的行为与性虐待联系在一起，因为她认为那是亲戚或公园里的陌生人可能做的事。事实上，大约 35% 的遭受性虐待的儿童是家族成员的受害者，尽管孩子们经常被教导要提防陌生人，但只有大约 5% 的受害者受到陌生人的侵害，这使得这一安全教育口号显得并不完整。大约 60% 遭受性虐待的未成年人的主要受害者是他们的社交网络中的人，比如熟人，比如马克教练。大多数罪犯都是孩子们认识和信任的人，比如老师、教练、保姆、邻居或牧师。罪犯绝大多数都是男性，但并不总是如此。

社群成员的性虐待听起来可能没有家族成员的性虐待那么可怕，

但请不要搞错，它的影响同样严重，对受害者的背叛同样真实，给人的感觉就像是一种“虚拟乱伦”，因为受害者可能像对待家族里的亲人那样对待社群成员，爱他们，信任他们，珍视与他们的友谊，在某些情况下，对社群成员的感情甚至超过了对家族亲人的感情。一位年轻的运动员说，她的教练曾对她进行性侵，她也参与过关于性虐待课题的研究。她说：“我认为这也是某种形式的乱伦，因为你要和这些人在一起度过很多时间，你对他们存在各种各样的需求，你们之间建立了友谊，他们能给你提供很多机遇……他们给了你很多别人不能给的东西。他们就像你的兄弟、叔叔、父亲一样……孩子们在他们面前感觉自己是安全的，愿意为他们做任何事。这就是我说它属于乱伦的原因。”

由于施暴者通常是一张熟悉的面孔，因此，儿童性虐待往往是一种逐渐形成的剥削过程，而不是猛然发生的单一的创伤性事件。为了准备和引诱未成年人，性侵犯者会先策划一个“诱骗”的过程，在这个过程中与被侵犯者建立亲密和信任的关系。一般来讲，侵犯者会给被侵犯者提供诱惑。这可能会像米歇尔的遭遇一样，先同侵犯者独处，然后受到款待，与侵犯者分享自己心中的秘密，共同度过一段美好时光，并得到父母或朋友不可能给予的关注、关爱和赞扬。侵犯者的一些话会让孩子感到自己受到了特殊优待，比如“你是我最喜欢的人”，或者“我从没对任何人讲过我们的事”，或者“你是唯一理解我的人”，等等。有时，侵犯者也会做出一些天上掉馅饼的承诺，青少年很容易轻信，比如，“我会让你成为一个明星”，或者“我们总有一天会在一起”，等等。

越轨行为往往是渐进式的，首先是看似无害的侵犯个人空间的行为，比如带有性暗示的评论或轻微的身体触摸。侵犯者会不断提出新要求，侵犯行为会越来越严重，他们不会采用武力，而是借助游戏和说服。在儿童或青少年眼中，即使成年人做出了不受欢迎的示爱行为，他们也可能会想个理由自我安慰一下，淡化这种行为的影响，以便继续维持成年人在自己生活中的好形象。比如，米歇尔不相信马克教练会侵犯自己，她佯装淡定地告诉自己说他来自另一个国家，也许，在他的家乡，事情应该是这样的。

米歇尔并没有按照马克教练的每一项要求去做，但对于大部分要求，她还是同意了，最终，她为所发生的一切责怪自己。米歇尔不知道的是，1/3 的儿童性虐待案件都涉及所谓的“顺从受害者”。他们是儿童或青少年，与性侵犯者有不正当的性关系。然而，与法定成人年龄以下的人发生性行为永远不可能是双方自愿的，因为青少年很容易被操纵，而且被教导要服从成年人和权威人物，没有能力在一定年龄之前同意性行为，即使未成年人相信自己可以，实际上也不具备这种能力。两个未成年人之间的性行为发生时，或者一个 16 岁的未成年人和一个已满 18 岁的成年人之间的性行为，都可能出问题。大多数专家认为，如果受害者没有年满 18 岁，而且肇事者与受害者之间的年龄差距超过 5 岁，或者肇事者处于一个权威的地位，最有可能发生不法行为。

米歇尔和教练的关系符合所有这些标准。所谓的风流韵事开始于米歇尔 14 岁的时候，当时她所在的州的法定成人年龄是 18 岁，她的教练比她大将近 40 岁，而且明显处于权威的地位。在最近几年，关于体育运动中发生性骚扰的报告越来越多，这些运动涉及游泳、骑自行车、足球体操等等。这不仅凸显体育运动中的性骚扰多么普遍，还表明这种性骚扰在很大程度上取决于教练的独特地位，因为教练直接接触年轻运动员的身体，直接了解他们的想法，也能影响到他们的未来。一名曾是足球运动员和性虐待受害者的男子在接受《纽约时报》采访时说，教练们几乎拥有“绝对的权力”。他说，教练是“梦想的守门人”。

对米歇尔来说，马克教练就是她梦想的守门人。“我想我要去上大学，然后我要去南美和最好的球队比赛。我在墙上贴了打比赛的海报。这就是我所想的。我觉得我和马克教练一起做的事是在帮助我的家人，毕竟我的父母负担不起我打马球或上大学的费用，但我也知道他们不会赞成正在发生的事情。我本不想这么做，但我知道如果我不这么做，我就会失去我曾经为之努力的一切。没有什么好办法。”想想这个年轻的运动员是如何描述她的教练在她面前拥有的权力的：“我完全依赖他，他是上帝，从我 15 岁到 19 岁，他基本上控制了我。”

那可能是米歇尔在说话。

教练马克可能没有夺走米歇尔的童贞，也没有夺走她对马球的喜爱，但他夺走的是她的正常感觉。她说：“他留给我最大的阴影是，他让我搞不清什么是真实的，什么是安全的。”有了奖学金之后，米歇尔逃到了大学，但在马球场上和场下，她还是忍不住回头看看马克教练是否在场。比赛时，她还是忍不住在停车场里搜寻他的卡车。在去上课的路上，她有时会想，他是否会打电话给她的学校，取消她的奖学金。

当朋友们聚在公寓里互相交流感情故事时，米歇尔避谈自己的性生活。“我能说什么呢？我仅有的经历就是想方设法躲避一个 50 岁的男人。”为了让别人不再向自己发问，她告诉几个亲密的朋友是在家乡跟一个男孩发生了一件不好的事情。她说："我觉得我需要告诉他们一些他们能理解的事情，一些能够代表真实情况的事情。"但这只会让她觉得自己像个骗子。"我总是觉得我已经在马克教练的问题上撒了谎，好像我小题大做了，好像我不应该如此心烦意乱，把事情搞得一团糟。现在就这样了，我也成了那些在性侵犯问题上撒谎的人之一。"米歇尔不知道的是，适应力强的青少年往往会编造一个"掩护故事"，或者更简单、更容易理解的创伤经历，去遮掩自己真实的经历。这种做法是很常见的。

因为自己的人际关系和性经历和其他人不一样，米歇尔便觉得自己和其他人不一样。甚至当她坐在同龄人旁边时，似乎感觉别人生活在一个星球上，而她生活在另一个星球上，有时候这种感觉尤其强烈。米歇尔不知道的一个事实是，无论是性虐待，还是其他任何形式的逆境，最常见的后果之一就是给受害者造成一种疏离感，或者说普遍觉得自己与他人隔绝开了。当不好的事情发生在自己身上之后，我们会主动远离那些没有遭遇过类似困难的人，因为我们总觉得自己处于一种非同寻常的环境中，感到孤立和孤独，无法将自己的经历与人们在日常生活中的经历联系起来，也无法与那些生活正常的人联系起来。因此，对于许多超常者来说，他们的生活可能终日忙忙碌碌，却困惑不已，不知道自己究竟想要做些什么，也不知道这个世界上究竟有什么是值得相信的。

不管遇到什么样的逆境，或者程度有多深，很多超常者都觉得自己与众不同。有时，这种感觉源自内心，比如觉得"我与众不同"，有时候，这种感觉则来自外部因素，比如觉得"我的生活与众不同"。娜迪娅在一次抢劫中失去了她的母亲和父亲，她每天对自己说："我的父母去世后的几年里，我渴望常态。我只是想让人们正常地看待我，以同样的方式对待我。我关心的是其他人和他们的反应。他们为我感到难过，但我不想让这件事改变我，让我变得不正常。我想过正常的生活。人们试图帮助我，告诉我将会有一个新的常态，但我不确定自从我失去我的父母后，生活是否算是正常。”

对于像米歇尔这样的人来说，他们的不幸是被隐藏起来的，他们可能会有一种感觉，那就是他们内心深处觉得自己有问题。一个残酷的事实是，超常者所看到的内容和他们内心的真实感受之间存在着巨大的反差，比如，他们看着别人的微笑和大笑，内心可能并不会感到愉悦，反而可能产生下面这些感觉：与众不同、发疯、受伤、孤单、忧虑、疲惫、无助、无望、警惕、质疑、害怕、内疚、孤僻、被评头论足、重创、寂寞、空虚、想自杀、完美主义、愤怒、变老、顾影自怜、封闭、失控、沮丧、被为难、被误解、惭愧、焦躁、无法集中精力、愚蠢。

米歇尔来我办公室的时候，她正在政府部门工作，为各种违法行为中的幸存受害者提供法律咨询服务。她说：“正义这东西，我从来没有得到过。15 年过去了，我仍在努力扭转不公。”每天，米歇尔都在扭转不公，尽管工作很辛苦，但当她谈到她的客户时，眼睛就会充满光亮，尤其是谈到那些勇敢地站起来反抗肇事者的青少年。她自豪地说：“我的一个客户今天穿着印有神奇女侠图案的 T 恤去警察局指认嫌犯了。”

在工作中，米歇尔是很多人心目中的英雄，但她内心深处经常用之前提到的那些负面字眼描述自己，尤其是“内疚”和“发疯”。她在早期的治疗中说：“如果人们真的了解我的生活，他们可能会希望我能找到上帝，或者找到一种药物或其他类似的东西。”对此，就像我以前问过许多超常者一样，我问米歇尔是否认为自己很有适应力，或者说是否很坚强。她肯定地说："适应力强的人不会沉湎于痛苦经历中无法自拔。"然后她补充了一些我以前听过很多次的话："坚强的人不需要治疗。"

心理学家伊迪丝·魏斯科普夫－乔尔森（Edith Weisskopf-Joelson）认为，对于任何一个感到痛苦的人来说，最大的悲剧或许"并非感觉不快乐，而是因为不快乐而感到羞耻"。对米歇尔来说，她与抑郁和焦虑做斗争的事实似乎在医学上证实了她一直以来的自我认知是正确的：她确实出了问题，她真的与其他人不一样。毋庸置疑的是，米歇尔的日子确实不好过，但有同样处境的人并非她一个。

超过一半的美国人在童年时期遭遇过一些严重的逆境，大约一半的美国人在他们的一生中会满足某种精神障碍的诊断标准。从定义上来看，似乎不能认为那些患有心理问题的人有复原力，但这种看法是不正确的。所谓复原力，就是"在遭遇逆境之后能够很好地适应"，并非要求受害者内心不能产生任何情绪波动。米歇尔在很多方面都适应得很好。她以优异的成绩从大学毕业，获得了刑事司法硕士学位。在工作中，她为很多人做了很多好事，周末在马球比赛中屡屡获奖。

从外表看，米歇尔是一个复原力很强的人，但在内心深处，却痛苦挣扎。这种情况并不鲜见。如同许多研究一样，美国心理学协会的研究也明确揭示出，在通往复原力的道路上，受害者可能会承受相当大的情感痛苦。在每一个关于逆境和复原力的故事中，痛苦和挣扎几乎总是不为人知的组成部分。这是情理之中的，不应该因此轻视那些受害者。当我问米歇尔，如果她帮助过的那些受害者也寻求心理治疗，她是否会瞧不起他们，她的回答是："不，当然不会。我帮助的那些人遭遇的创伤真的挺严重，跟他们相比，我的经历不值一提。"（事实上，她也经常建议那些受害者寻求心理治疗。）

对于不同形式的威胁，比如蛇、枪、醉酒的父母、熊、虐待者的卡车、暴力倾向的兄弟姐妹发出的声音以及母亲威胁的怒视，人类大脑的处理方式是不变的，并没有针对不同类型的压力源采取不同的应对方式。一旦某个外部因素被认定为潜在威胁，就会触发杏仁核，激发战逃反应。然而，无论出于何种原因，如果杏仁核过于频繁地激活，或者当它意识到保持高度警惕更安全时，我们就会过度暴露在自己的应激激素的毒害之下。正是由于这个原因，本来有助于我们在遭遇创伤后过上正常生活的适应力到最后反而导致我们罹患心理疾病。

正如美国儿科学会前会长罗伯特·布洛克（Robert Block）2011年在参议院儿童与家庭小组委员会所说的，童年逆境"可能是美国成年人健康状况不佳的主要原因"。我们在很大程度上是得益于关于"童年期不良经历"的研究才了解这一事实的。这一里程碑式的研究震惊了医学界，不仅因为研究揭示出童年期逆境多么普遍，还因为它揭示出这些逆境对人们的健康可能造成危害。不幸的是，不同的研究数据得出了一个高度一致的发现，即儿童期遭受的苦难与一生中出现的健康问题之间存在数量相关性，通常呈线性关系，这些健康问题包括容易疲劳、溃疡、关节炎、老年痴呆症以及一些容易导致死亡的疾病，比如心脏病、癌症、慢性肺病、肝病和自体免疫性疾病。我们童年经历的苦难越多，成年后面临的健康问题可能就越多。这是一个相对较新的发现。之所以花了这么多时间才弄明白童年逆境和成人健康之间的这种联系，一个原因是人们对于常见的困难往往秘而不宣，另一个原因是早期压力源及其对成人自身的影响之间存在"睡眠效应"，或者说

“滞后效应”。到目前为止，这种关系是无可争议的，回顾1900年以来的成人健康数据就可以看出这一点。

毫无疑问，童年逆境让我们感到不安。长期压力大的儿童表现出慢性炎症迹象，这是一种免疫反应，也是导致多种疾病的主要风险因素，甚至到了青春期也是如此。艰难时期甚至会影响我们的细胞。研究表明，在长期逆境中长大的成年人端粒较短，所谓端粒，就是线性染色体末端的保护性“帽子”，犹如一道防护屏障，保护着染色体。端粒会随着年龄的增长而缩短，但压力也会导致其缩短。问题是，当我们的端粒磨损时，我们也会衰老。我们的细胞衰老速度加快，我们也会加速衰老，导致我们的实际年龄（chronological age）和生理年龄（biological age）存在差距。或许正是由于这个原因，那些长期面临压力的人会说尽管自己表面看起来不错，但在内心觉得自己好像100岁了。童年逆境能把人的寿命缩短20年，这是真实的，很难想象一个人能活得既长久又充实。

童年逆境对我们身体的有害影响不仅限于心、肺等器官，受影响最大的可能是人体最复杂的器官——大脑。大脑的发育贯穿整个童年时期，一直持续到我们20多岁，这意味着童年长期承受压力会影响到大脑的发育，影响到我们对自己的认知。这影响了我们的“精神健康”。美国儿科学会前会长罗伯特·布洛克更愿意说这种情况会影响到我们的“大脑健康”。早期发育阶段的逆境和大脑健康之间的确有着明显的联系。据估计，1/3到1/2的精神疾病与童年逆境有关，其中最常见的就是抑郁症。当然，其他疾病也可能是童年压力导致的结果，如创伤后应激障碍、适应障碍、饮食失调和睡眠失调。事实上，人们已经开始用“创伤谱系障碍”这个术语描述这些相关的而且往往存在重叠的疾病。

在20世纪，研究人员试图寻找特定逆境和特定疾病之间的关系：失去父母会导致抑郁症吗？性虐待会导致创伤后应激障碍吗？现在，我们知道没有所谓的“儿童性虐待综合征”，因为孩子们在遭遇性虐待后，会出现各种各样的问题，这就像一个酒鬼的孩子或长期被忽视的孩子长大成人后会遭遇各种问题一样，都没有一个固定的模式可循。早期生活中的长期压力对心理健康的影响具有累积性和非特定性，所以重要的问题不是一个人经历的某个特定逆境，而是随着时间的推移所承受的压力。

像米歇尔这样的人是否会以这样或那样的方式挣扎，或挣扎一点点，或挣扎很多，或挣扎很长一段时间，或挣扎很短一段时间，都是先天因素和后天因素长期影响的结果。一个人的遗传基因，及其在童年期和成年期的承压情况和抚育情况，最终决定了其是否会与心理健康问题做斗争，并决定了这种斗争的方式以及持续时间。

与米歇尔的想法相反，那些坚强的、有复原力的人确实也会去接受心理治疗。事实上，寻求他人的支持是适应逆境过程的一部分，也是我们减轻压力过程的一部分。有时，超常者会向朋友、父母、老师或爱人寻求帮助。其他时候，尤其是当他们感到与周围的人隔绝时，治疗师或其他专业人士似乎是最安全的求助对象。米歇尔在接受心理治疗的过程中，逐渐得知自己与马克教练的婚外情其实属于性虐待，而不是真正意义上的婚外情。在治疗过程中，她也不再因为抑郁和焦虑而感到羞愧，而是把它们当作大脑健康问题来对待。

不过，我还是想给米歇尔提供更多的服务。创伤治疗专家布鲁斯·佩里（Bruce Perry）说："关于如何最有效地帮助遭遇创伤的儿童，可以准确地总结为下面这一句话：最有效的方法是提高儿童生活中人际关系的质量和数量。"成年人也是如此。米歇尔有几匹马，有一个她觉得真正了解她、关心她的男性朋友。她对他说："谢谢你，你是第一个说我很坚强、很有复原力的人。"但为了让米歇尔真正相信这一点，我觉得她需要从第二个人、第三个人，甚至更多的人那里听到这些话。我不想看到马克教练不仅剥夺她正常的情感，还剥夺了她的人际关系。我要帮她建立更加广泛的人际关系。

然而，在米歇尔看来，坏人无处不在。她往往觉得自己每天在生活和工作中见到的人都是坏人。即便存在好人，她也不确定他们会不会接纳她，她觉得自己不是一个正常的人。她扪心自问道："既然他们能找到一个正常人，为什么还要选我呢？"她觉得这个世界上充满了简单而快乐的人，这些人从未经历过她那种逆境，这些人才是人们想要的那种人。

一位对米歇尔的过去一无所知的男性朋友告诉她，他正在和一位遭受过性虐待的年轻女子约会，但不会和她结婚，因为"跟她结婚是最糟糕的，她问题太多，没法养孩子"。米歇尔觉得，自己对于性虐待受害者的看法得到了这种说法的证实。这种说法对她无异于一个毁灭性的打击。她对于自身的一切怀疑似乎都在无意间被别人一句无心的话证明了。

但米歇尔的朋友所说的内容其实是无知的，不真实的。性虐待由于涉及亲密的身体接触，最容易令人憎恶，往往被许多人视为最具破坏性的逆境，但最新的研究告诉我们，创伤没有等级之分。无论是性侵犯，还是身体虐待，无论是家庭破裂，还是任何其他逆境，当一件不好的事情发生时，它对我们的影响程度取决于许多不同的变量：在它发生时我们的年龄，它持续多久，它在多大程度上改变了我们的生活，我们如何应对，别人得知这件事情之后的反应，我们得到了多少支持，我们是否同时面临着其他压力，我们是否在其他方面取得了成功，以及我们是否能利用遗传优势去应付局面。由此可见，一味地去把不同逆境做对比，是没有什么意义的，不会得出客观的结论。

在过去多年里，我倾听过无数个超常者诉说心声。如同一些研究一样，我也不禁得出了这样一个结论：对于童年不幸，最危险的判断或许莫过于认为一个人一旦遭遇这种不幸，就成了一个不正常的人。詹姆斯·罗兹在他关于性虐待的回忆录中就是这么写的，他说，遭受性虐待之后，“还想做回一个独立的、高效的、正常的社会成员？不大可能了”。然而，事实并非如此。正是因为这种错误的观念，像米歇尔这样的人才自己否定了自己拥有友谊和爱的权利，否定了自己充分融入这个世界的权利，而这些事情恰恰最有助于受害者忘却创伤。他们可能以这样或那样的方式远离人们，因为他们在别人的陪伴下会感到不自在。他们可能让那些对他们不好的人进入自己的生活，不是因为某种“强迫性的重复”（repetition compulsion），而是因为他们觉得不熟悉更多的人，或者觉得自己不值得拥有更多人的关怀。他们可能如释重负地倒在所谓正常人的怀抱里，但后来才发现，那些拥有普通的、可预期的人生阅历者跟自己一样，也有心理问题。就是由于这些情况，不快乐的童年期在很多情况下会导致不快乐的成年期，然后可能给别人的童年造成不快乐。

也许这就是为什么有时我感到自己有一种近乎不顾一切的紧迫感，

迫切想要说服像米歇尔这样的客户摒弃错误的观念，并相信自己并非不正常，而是超常。超常者是一些最勇敢、最富有同情心的人，是我认识的最好的人，不是因为他们遇到了困难，而是因为他们自身的特质。我想和他们握手或拥抱，让他们立刻明白一个事实，即“你很好，你是正常的，你之前的想法是不正常的”。西格蒙德·弗洛伊德本人曾说过，正常是一种“理想的虚构”，每个正常人只是近似正常罢了。或者，如果你愿意的话，可以从漫画作家艾伦·摩尔（Alan Moore）那里了解这么一句话：“希望看到一个概念被埋葬：普通人。这是个荒谬的概念。所谓普通人根本不存在。”

如果仅仅通过引用几句这样的言论，或者通过在适当时机发表一些精心构思的个人解读，就能让米歇尔从“我受过创伤，所以不正常，跟别人不一样”的错误想法中解放出来，然后不久便拥有了亲密的、关心自己的朋友或爱人，那简直是太好了。但问题是，这种错误的想法不仅仅是米歇尔这样的人所持有，而且也是最难打消的信念之一。像米歇尔这样的超常者不会轻易打消自己的疑虑，因为他们的疑虑是为了保护自身的安全。此外，人们认为，因为我是一名心理治疗师，本身就是要了解不同的受到伤害的人，告诉他们一切都会好起来的。他们会认为我这样讲，只是工作性质决定的，而不是真实情况。当然，他们也可以想象，我被这么多有问题的人包围着，已经变得不正常了，所以我无法了解他们的不正常。一天，米歇尔对我说：“也许我真的疯了，只是你不知道而已。”

米歇尔没有疯。我确确实实知道这一点。我知道，这个世界和这个国家的大多数青少年在早年至少遭遇过一次逆境，而且许多人也克服了它们，只不过在克服的过程中经历过痛苦的挣扎，也得到过其他人的支持。我知道，能够获取关怀的人际关系、好朋友、有爱心的伴侣往往是最终拯救他们的力量。我知道这一点，因为我已经看到这种情况发生了一次又一次，在后面的章节中，我们会读到那些因此得到拯救的人的案例。

然而，许多人，比如米歇尔，无法想象自己能够拥有所有这些。因此，我将以许多超常者的感受来结束这一章：他们觉得自己的疏离感可能不会得到完美的解决，他们可能永远不会如此幸运。不过，他们一部分人希望自己的感觉是错误的，希望有朝一日自己能够得到别人的接纳和关爱，不仅仅是那些不了解自己历史的人，更重要的是，他们希望别人在了解自己历史之后还能接纳自己。

在参加我们城市的一个户外节日活动时，我和米歇尔的一个共同的熟人介绍我俩认识。当然，我们之前就认识了，但我们要保密，不能对外讲，所以我们礼貌性地握手和微笑，以此问候对方。然后，我把米歇尔介绍给我的家人，当时家人正和我一起站在那里。米歇尔看上去真的很惊讶，对我说："你是个真实的人！"后来，米歇尔来到我的办公室泪流满面地对我说："好像直到我和你握过手，我才真正意识到你跟我说的话都是真的……我还记得当时的感觉，你是一个真实的人……你对我说的每句话，听起来感觉都不一样了……你不只是因为自己是一位心理医生而说那些话……你就是这么想的人。我不敢相信你会对我这么友好。我不敢相信你会把我介绍给你的孩子们。"

在那一刻，我发现，虽然之前我花了很多时间去帮助米歇尔治愈心理创伤，但效果或许还不如那一天和她真诚地握握手，并将其介绍给我的家人。精神分析学家卡伦·霍尼（Karen Horney）说："生活本身仍然是一个非常有效的治疗师。"

第 11 章

反英雄

怪物弗兰肯斯坦是由不好的零件拼凑而成的，
但他努力做好事。

——约翰尼·卡什（Johnny Cash）

1962 年，漫威漫画公司编辑兼首席艺术家斯坦·李创作了第一部《蜘蛛侠》，颠覆了超级英雄的世界，并彻底改变了漫画行业。与以往任何超级英雄不同的是，蜘蛛侠并不是一个完全成熟的男人，他用结实的身体和充满勇气的心解决了世界上的问题。他是个十几岁的少年，名叫彼得·帕克（Peter Parker），和他的叔叔婶母住在一起。他自己也遇到了麻烦事，比如他手头紧，在学校里受人欺负，他和女朋友之间也出现了问题。他拥有的非凡能力，比如超大的力气、爬墙的能力和如同蜘蛛般感知危险的能力，并不是源自某种伟大的召唤或事业，而是一个反常事件造成的不受欢迎的结果。这个事件就是：他被一只被放射性感染蜘蛛咬伤了。

超人就像一位从天堂派来的希腊神灵，只是假装自己是凡人克拉克·肯特，但蜘蛛侠这个超级英雄形象却更接地气。尽管他的漫画系列叫作《超凡蜘蛛侠》，但给人的感觉却一点都不超凡，不会给人造成一种多么惊奇的感觉。简单地讲，就像漫威作家莱恩·韦恩所说的那样：“克拉克·肯特是伪装的，彼得·帕克却是真实的。”

虽然一些人认为蜘蛛侠是第一个反英雄主义的超级英雄，但有些人则将这一荣誉给了蝙蝠侠，因为他的沉思和复仇是他存在的首要理由。在以往的任务塑造中，英雄们身着披风，好像十字军的战士一样，如果说反英雄主义的主角不能具备英雄人物的高尚品质，那么真正打破英雄形象的就非蜘蛛侠莫属了。与其说蜘蛛侠是一个有目的的或充满热情的英雄，不如说他是一个偶然的、不情愿的英雄，不仅如此，他还是一个有缺点和矛盾的人。蜘蛛侠被无知所困扰，动机是愧疚而不是勇敢，他怀疑自己背地里是个坏人，或者至少背地里不是超级英雄。他性情不稳定，缺乏决断力。像这种形象的英雄人物，读者第一次看到。

几十年来，超级英雄的内心生活在很大程度上被排除在剧情之外。随着蜘蛛侠的出现，这种局面突然发生了改变。在《蜘蛛侠》中，斯坦·李大量运用了思想泡泡（thought bubble），向读者展示了蜘蛛侠的思想并不总是与其行为相匹配。在公共场合，旁观者看到了蜘蛛侠明亮的服装和他惊人的成就，但在私下里，没有人会猜到蜘蛛侠被他的双重身份困扰，渴望成为一个正常的青少年。关于漫画的这种转变，艺术家拉莫娜·弗拉顿（Ramona Fradon）说：“或许是时候转变一下了。你不可能让这些角色一直跑来跑去而不思考自己在空闲时间做什么。”

尽管《蜘蛛侠》的创作几乎是一时兴起，并打算只拍一次，但到20世纪末，他已经超越了超人，成为美国最受欢迎的漫画英雄。超人可能是世界上第一个超级英雄形象，但蜘蛛侠成为更接近现实的英雄主义新模板。当被问及最喜欢的超级英雄时，美国总统巴拉克·奥巴马说：“我一直很喜欢蜘蛛侠和蝙蝠侠那种类型，像超人那种拥有超能力的英雄人物总是让我觉得他们并没有付出多少努力去获得超级英雄的地位。这对他们而言显得太简单了，而蜘蛛侠和蝙蝠侠则会经历一些内心的波动，也会经历一点打击。”世界各地的读者都比较认同那些在与外部问题斗争的同时，也在与自己内心做斗争的超级英雄。由此涌现出了大量的超级英雄角色：绿巨人、复仇者联盟、超胆侠，以及21世纪印加王国的大多数超级英雄。这些超级英雄向我们展示了超级英雄不仅仅是善恶之争那么简单。也许这些现代的、能引起共鸣的超级英雄生活在善与恶之间。就像蜘蛛侠和许多超常者一样，他们太好了，不可能成为坏人，但也太坏了，不可能觉得自己是英雄。

对于自己的童年，薇拉（Vera）最早的记忆是内心的一个真实想法。当她5岁的时候，她的幼儿园老师称赞她看起来非常快乐，长相非常甜美，而当时她内心想说却没敢说出来的一句话是“你根本不懂我”。薇拉的老师根本不知道的是，事情并不像看上去的那样。在学校里面，薇拉是一个健谈的孩子，有着浅褐色的皮肤，笑起来大大咧咧的，但在晚上独处时，她没有了微笑。她和她的哥哥、母亲共同住在一个公寓里。但她的母亲吸毒成瘾。这个女人远远没有履行一个母亲应有的职责。

大约有200万儿童与吸毒的父亲或母亲生活在一起。这使他们遭受虐待的风险大大增加。母亲吸毒是儿童遭受虐待的五大主要预测依据之一，儿童权益保护机构收到的报告中有1/3到2/3涉及在家中使用毒品。因为吸毒成瘾的父母可能更专注于毒品，而不是他们的孩子，所以在父母吸毒的家庭中，忽视孩子是最常见的问题。虽然对儿童来说，被忽视的危害不亚于身体虐待或性虐待，却很少受到专业人士的关注。

毒品滥用和虐待儿童之间的关系往往很简单，简单地讲，原因就在于这位曾经吸毒的妇女所说的一句话：“吸毒成瘾的人不是坏人，也不是不关心孩子的人。只是上瘾了，上瘾的力量比任何东西都强大，比父母对孩子的爱都强大，甚至超越了这种爱。”

当父母忙于寻找或吸食毒品时，或因吸毒而丧失行为能力时，他们照顾孩子的能力就会受到削弱。钱可能花在毒品上，而不是食物或衣服上，父母可能被送进监狱或戒毒中心。在毒品使用率高的家庭中，父母对孩子的看管往往较少，对于孩子的事情，父母的参与度和兴趣较低。对这些子女来说，最基本的需要，如营养、卫生、监督和关注，往往得不到满足，孩子们必须自己想办法满足自己的各种需求。

对薇拉来说，养活自己很容易。她不吃早餐。午餐时，她在背包里塞了一个水果卷。晚饭时，薇拉通常会在炉子上煮通心粉和奶酪，是那种放上鲜橙粉的奶酪，自己煮开水。这些事情远远不是她这个年龄的孩子应该做的。薇拉回忆说，如果我觉得自己很懒，我就会做麦片粥。她完全没有意识到，一个孩子在独自一人的时候选择做麦片粥，并不代表她很懒。

薇拉在佛罗里达州中部长大，那里离两侧的海岸都有一个小时的路程，所以风景并不漂亮。那里天气炎热，尘土飞扬。她住的街区由一些不起眼的街道组成，街道上点缀着公寓楼、街角的商店和色彩柔和的灰泥平房。附近一家橙汁厂的空气中弥漫着烧焦的橙子味。成年后的她说：“这就是我记忆里的家乡。家外面是橙子燃烧，家里面是香烟和毒品燃烧。无论哪里，总有某种东西燃烧的味道。”

薇拉的姑妈在一所天主教学校工作，这所学校允许薇拉近乎免费地就读。她很幸运能够去那里，人们一直这样告诉她，但学校和家庭之间的对比令她感到痛苦。在女子足球比赛前，同学的母亲都会急匆匆地赶到赛场，把女儿们的头发梳成马尾辫，每当这时，薇拉就带着羡慕和困惑的心情看着。她为能自己做头发而感到自豪，但她也想知道如果有人为她做头发会是什么感觉。当一个女孩告诉她的妈妈说她饿了，这个女人马上出去了，回来的时候，手里拿着一个来自阿比快餐店（Arby’s）的三明治，薇拉简直不敢相信她所看到的。那天晚上晚些时候，薇拉问她妈妈什么时候能去阿比快餐店给她买一个三明治。“我们买不起快餐。”她吼道。

薇拉每天都蹦蹦跳跳地去上学，就像一个英勇的孩子，勇敢地克服了家里的一切困难，但她并不觉得自己是英雄。在学校，她的生活看起来很好，但在家里，情况很糟。外表看，她很高兴，但内心却感觉很糟。也许这就是为什么她总是觉得自己是个骗子，即使她什么也没说，依然有这种感觉。

薇拉的校服是一件深蓝色的罩衫，所以没人知道它很少洗，但事实证明，校服下面穿什么才是更困难的事。她穿着表姐的旧内衣，用别针别在松紧带早已松脱的地方。走在一群人的前面时，她总是祈求上帝不要让别针掉到她的脚踝上。有时候，当她翻看扔在地板上的衣服时，脏内衣里有虫子在爬，这种不干净的景象和记忆会终生留在她的脑海里。薇拉十几岁的时候只有一件胸罩，每次洗完之后，还没完全干燥的时候，她就不得不穿上了，这时，胸罩的颜色就会变深，所以上体育课之前，她要尽快去更衣室脱掉胸罩，就好像她急着摆脱什么糟糕的东西一样。薇拉的体育老师看到了之后，用低沉的声音说：“回去告诉你妈妈给你洗洗衣服。”她的话回荡在一排排金属储物柜之间。

这时，薇拉觉得自己好像一直在欺骗别人 。

尽管如此，薇拉每天还是穿上校服去上学。在学校，她使人们感到惊奇。尽管她有缺点，但她的成绩和她年级的其他学生一样好，甚至比他们好得多，也比她自己的哥哥好得多。她哥哥在另一所学校上学，但时而辍学，而且在少年拘留所进进出出，而薇拉则乖乖地坐在教室里。她从不惹麻烦，似乎也从来没有烦恼过，而且在各个方面都超出了人们的预期，没有人知道她是怎么做到的。她自己也不知道。

由于一些不完全清楚的原因，平均来说，在成长过程中受到压力时，女孩比男孩更坚强。关于这一点，有人专门在薇拉的家乡佛罗里达州开展过一项研究。这个州可谓是一个种族构成非常多样、社会经济状况高度复杂的地方。这项研究堪称持续最久和范围最大的研究之一，研究人员的样本数据涵盖出生证明、家庭特征、幼儿园教育情况、学业成绩、学校出勤率、学校纪律、毕业率和犯罪记录，研究对象是从 1992 年至 2002 年出生的 100 多万名学生，研究人员发现，在家庭环境不利的情况下，女孩不仅在学校的表现比男孩好，而且在家里面，姐妹们的表现也比她们的兄弟们好，尽管她们是在同一个家庭长大的。

这种性别差异早在幼儿园就出现了，一直持续到小学和初中，并在高中阶段形成了非常明显的反差。有些人认为，单亲家庭对女孩的负面影响之所以较小，原因或许是不在家的一方往往是父亲，女孩往往随母亲一起生活。另一些人则指出，女孩的脾气不那么暴躁，她们可能会将自己的问题深埋内心，而不是付诸行动，而这些品质正是学校所支持和赞赏的。在媒体上，男性的超级英雄可能更多一些，但在现实生活中，无论出于什么原因，坚强的女孩似乎更多，在某种程度上，她们不太受周围环境和教育方式的影响。薇拉想，她或许只是比哥哥更善于隐藏真实的自己。

放学后，薇拉有时会在附近酒吧后面的小巷子里找到她的母亲，在那里，休息的工人们和酗酒的常客们坐在废旧破烂的椅子上抽烟喝酒。当她试图劝说母亲一起回家时，母亲却像打蚊子一样赶她走。

“你为什么不让她和她姑妈一起住呢？”一位目光懒散、声音粗哑的妇女问道。这个女人的声音导致薇拉分不清她究竟是想让母亲把她轰走，还是想把她从困境中搭救出来。

“因为我不喜欢那个婊子。”薇拉的母亲含糊不清地说。这里的“婊子”指的不是很准确，但很可能是指姑妈。

薇拉拖着沉重的脚步走出小巷，朝家走去。那些女人在她身后咯咯地笑着。

有一次，薇拉因为母亲不回家而非常生气，她告诉母亲说她要离开家，她在路边的棕榈树丛后面蹲了很长时间。当她看到妈妈向她走来时，她兴高采烈地走了出来，结果却发现母亲根本不是在找她，而是要去买香烟。

在上高中的时候，一旦完成了家庭作业，薇拉就会在晚上跟住在同一条路上的一个年龄较大的男孩约会，两个十几岁的孩子一起抽她妈妈的烟，喝她妈妈的啤酒，在她家的沙发上偷尝禁果。薇拉无法解释她为什么要这样做，也无法解释她为什么曾经用一把锯齿状的小刀在手腕上划伤，然后贴着一个大大的创可贴去上学，但她记得她希望有人——不，不是别人，而是老师——能对她说点什么关心的话。

但没有任何人会关心她。

薇拉酗酒、抽烟以及鬼鬼祟祟的行为似乎并不那么英勇，但这并不完全令人惊讶。超常者可能看起来像超人，但其实并非如此，而且在成为超常者的过程中，做出一些违规或违法行为并不罕见。尽管许多适应力强的青少年和成年人必须学会掩饰和撒谎，却并未心怀恶意。他们往往只是伤害或危及自己，不会伤害别人。也许他们开始和一群问题少年的人混到一起，也许会选择吸食毒品放纵自己，也许会放弃大好的机会，也许会性生活混乱。满怀希望的支持者在谈到这些孩子被浪费的潜力和没有兑现的承诺时，可能会摇头叹息。至少在一段相当长的时间内，适应力强的孩子似乎选择了自暴自弃，但对于超常者而言，这种情况很常见，事情可能并不像看上去的那样。这或许是他们自我调整的一个过程。

1967 年，就在蜘蛛侠登上漫画书几年后，精神分析学家唐纳德·温尼科特发表了一篇题为《犯罪是希望的象征》（Delinquency as a Sign of Hope）的论文。这篇论文的主旨是，有时，不良行为，甚至非法行为，恰恰是健康的生命迹象。他说："这是一个类似于 SOS（国际通用的紧急求救信号）的求救信号，它暗含着一个愿望，即如果发出足够大的噪音，并疯狂地挥动手臂，那么旁观者可能会看到他的挣扎，并前来救援。"也许有人会在某个地方把他从糟糕的处境中拯救出来，使他摆脱痛苦的适应过程。至少在某些时候，他们做出一些出格的行为，至少表明他们对生活还抱有希望，期待未来有所不同。

在薇拉的记忆中，她早在幼儿园时期就对自己的真实生活保持沉默。随着年龄的增长，她开始接触到更多的人，比如朋友、老师和教练，寄希望于可能有人会介入自己的生活，帮助自己。也许这就是为什么在高中时期，薇拉很短的一段时间内愿意向外界表露自己的烦恼。她故意让自己的成绩下滑，或故意日复一日地把头放在桌子上，希望有人注意到自己，但这种希望经常落空。比如，有一次，警察半夜把她带回家，当他们按门铃时，结果发现家里一个人也没有。然而，有时这种求救信号是有效的，超常儿童或青少年能够获得真正的、全方位的帮助。为了达到这种目标，他们不是通过展现迷人或随和的一面，而是通过展现令人担忧的一面和展现自己的困难。就像薇拉的处境一样，这些不讨人喜欢的呼救声往往得不到回应，这些超常的孩子学会了放弃其他人。她意识到没有人来帮助自己，所以她只能退而求其次，自己想办法拯救自己。

在大学里，薇拉成了种族多样性的典型代表。不仅如此，她也是克服逆境的典型代表。她获得了奖学金，出现在了学校对外发布的招生宣传海报里，还参加了专门为大学生举办的学术研讨会。当她被评为优秀学生后，她被邀请到校长家参加一个招待会。别人经常会对她说“你真是太神奇了”。但每当她听到这种声音，都会想起自己当年在幼儿园被人夸奖时的内心真实想法：“你根本不懂我。”

当薇拉不在照片上或教室前排微笑时，到底发生了什么呢？没有人知道，也许根本没有人想知道。奖学金和经济援助使她有可能上大学，但几乎无助于她赶上同龄人的生活标准。当同学们出去聚餐或去酒吧的时候，薇拉不想参加，求他们放过自己，因为她要研究一下哪里提供免费的小吃。有一次，她尾随其后，在自动取款机前停了下来，在那里她输入了100美元的存款，把一个空信封塞进了自动取款机，然后立刻取出 20 美元。她只是在偷自己的东西，因为这个错误必须得到补偿，但当她回到朋友们身边时，她仍然觉得自己像个罪犯。薇拉的卫生间需要卫生纸时，她就从学校大楼的卫生间里偷来卷纸，塞进自己的背包里。薇拉甚至想过在酒吧里跳脱衣舞，或者卖掉自己的卵子来赚取额外的收入，但从未付诸实践。

薇拉一直感觉自己的生活犹如一个谎言，拥有的越多，越感觉像偷窃。如果说诚实地获得某个东西是指从父母那里继承而来，那么薇拉觉得她的生活是不诚实的，就像她偷走了一个不属于她自己的生活。并不是说她的成功是不真实的，她知道她自己已经付出了艰苦的努力，但她也知道这一切都没有以人们希望的方式发生。

在她周围的校园里，薇拉觉得同学们的穿戴看起来干干净净，就像电影布景上的人物，就像那些衣服从来没有脏过一样，觉得别人从来没有偷过卫生纸或想过以某种方式卖掉自己。薇拉心想他们一定过着空虚无聊的生活，怀疑自己过着一种黑暗丑陋的生活。她的学习成绩几乎超过了她认识的所有人，但她始终无法摆脱这样一种感觉：她永远不会像她周围的人一样优秀。

薇拉从一个正在给学校宿舍楼翻新楼顶的年轻建筑工人那里弄来一支香烟。她喜欢他眯起眼睛的样子。不久，她和他就经常一起抽烟休息，再后来，经常到高速公路附近的汽车旅馆里做爱。晚上，薇拉和同学们一起学习，学习结束后，就离开宿舍，钻进一辆等候她的汽车里面。她和他在一起的时间没什么特别的，但感觉一切都很真实：和一个真实的人相处在一起，这个人在真实的生活中遇到了真实的问题。就在太阳升起之前，她从宿舍楼的前门走了进来，向坐在前台的保安出示了她的学生证。保安是唯一知道她秘密的人，什么样的秘密都有。

睡了一两个小时后，薇拉快速跑向一个大教室上课，坐在第一排，拿出笔记本和笔准备做记录。不久之前的做爱给她造成了下体疼痛，她坐在大教室的座位上的时候，感觉座位的木头紧紧地压迫着自己的肉，就像一根指甲扎进另一根指甲的甲床上那种隐痛。这个身体上的疼痛提醒她注意到坐在她旁边的学生和对她微笑的教授并不真正知道她是谁。她的掩饰给她一种优越感，让她显得高冷难相处，她也觉得自己是个卑鄙的人。

有一个双亲周，薇拉所在学校的那个校长知道薇拉的父亲或母亲都不会过来，所以请薇拉照顾一下年幼的儿子。“我不敢相信校长竟然真的知道你是谁。”她的室友羡慕地说。但其实，包括校长在内，薇拉很确定没有任何人真的知道她是谁。双亲周活动结束时，校长感谢了她的帮助，但忘了给她付钱。薇拉当场就在她的脑海里把那个女人给谋杀了。薇拉心想：“没人会怀疑我是一个小偷、一个妓女、一个杀人犯，但我就是这样。”

薇拉想知道，除了上述这些不好的身份之外，她是否也会成为一个瘾君子。毕业后，她在纽约找到了一份工作，白天努力工作，晚上变得兴奋起来。多年来，她一直在与自己的生活方式做斗争，现在她太累了。每一天的每一分钟，她都试图超越自己的期待。她期待着每天晚上回家后关上房门的那一刻，她感觉自己将世界拒之门外了。她抽了很长时间的烟，抽大麻，喝了几瓶止咳糖浆，然后陷入了由毒品引起的睡眠中。她不知道母亲遗传的基因是否会让她最终产生毒瘾。

事实上，如同其他许多疾病一样，毒瘾也有遗传基因。由于她的母亲是一个吸毒者，薇拉面临着类似的问题。可以肯定的是，早期的逆境和成年后的药物滥用之间的关系已经有明确的记录，但这种关系错综复杂，不只是涉及基因遗传，还受到其他多重因素的影响。不管父母本身是否吸毒成瘾，一个人在童年时期所面临的逆境越多，那么进入青少年时期之后就越有可能从事涉及毒品、酒精和香烟的危险行为。即使只经历某个单一的、长期的压力源，一个人成年后使用和滥用毒品的风险也会增加 2 到 4 倍，而那些经历过多次逆境的人，其使用和滥用毒品的风险是同龄人的 10 倍。

早期压力和后来使用毒品之间的线性关系可以追溯到 1900 年，从这一年开始往后的四代人身上，研究人员都发现了这种线性关系。在其他灵长类动物身上也可以看到这种关系的存在。比如，较之于在抚养过程中没有暴露于痛苦中的恒河猴，那些曾经暴露于痛苦中的恒河猴（比如与母亲分离或与其他猴子隔离）一旦有机会接触到酒，往往喝得更多，甚至喝醉。综上所述，研究人员估计，大约 1/2 到 2/3 的毒品滥用问题背后都有各种童年逆境的影子。

在理解早期痛苦和后期滥用毒品之间的关系时，还必须考虑到自我治疗这个因素，而不是简单地从遗传角度去考虑。纵观历史，吸食毒品的起点往往是自己利用药物减轻痛苦，其中包括减轻痛苦情绪。情绪是我们的大脑应对周围环境过程中发出的一种信号。抑郁、焦虑、睡眠问题和创伤后应激障碍综合征往往在童年逆境之后接踵而至，这表明我们的情绪出了问题，需要加以缓解。

如果早期的逆境导致长期的压力，那么长期使用药物可能是自我调适的一种特殊手段，只不过这是一种低级的和适得其反的手段。从部分食物到香烟，从酒精到止咳糖浆，从大麻到海洛因，都被证明是神经调节剂，能够改变我们的大脑和情绪。詹姆斯·罗兹在他的回忆录中写道："该死的香烟，这些神奇的圆柱体具有最非凡的药效，为我提供了我觉得自己缺少的一切。"有些药物能让杏仁核安静下来，进而让我们恢复平静，而另一些药物则能促进神经递质（如多巴胺或血清素）的分泌，进而缓解我们的绝望情绪。但是，人们几乎不需要成为一名科学家，就能意识到药物和酒精可以起到镇痛的作用。无数个乡村音乐歌手几十年来一直吟唱的情歌里面就有关于酒精作用的歌词。比如，德怀特·约卡姆在《不会痛》（*It Won't Hurt*）这首歌曲中唱道："如果这瓶酒喝到明天，我知道悲伤会不见。"

因此，像薇拉这种吸食毒品的人通常并不是为了寻求一种他们喜欢的情感状态，而是为了逃避一种他们不喜欢的感觉。罗伯特·皮斯（Robert Peace）也是如此。这个年轻人和薇拉没有什么不同。《罗伯特·皮斯短暂而悲惨的一生》这本书讲述了他从纽瓦克的贫民窟到跻身常春藤盟校再到死于家乡街头暴力的故事。和薇拉一样，皮斯也觉得自己和大学同学们有一种疏离感。他在一次罕见的抱怨中说："我就是讨厌这些该死的浑蛋！"他不怎么参加同学的户外活动，在学校食堂的兼职结束之后，就缩回宿舍里，他觉得"好像什么都不重要，甚至时间也不重要，而我只要几个小时做我自己就行了"。

像薇拉和罗伯特·皮斯这样的超常者经常离群索居，自己的问题只能独自面对，所以他们竭力做到自力更生。作为自我调整的大师，他们可能会试图通过使用药物或毒品来调整自己的情绪。他们觉得不能依靠别人，所以有些人可能会用药物或毒品来支撑自己。当他们觉得没有人可以依靠时，他们可能会依赖食物、香烟、酒精或其他毒品。为了自我安慰、自我管理和自我调节，他们会自我用药。据说，"现在的每个问题，都曾是他们解决问题的手段"。

薇拉在一家公司找了一份新工作，要求她必须接受药检，所以她停止了吸毒，就像她高中时把头从桌子上抬起重新投入学习一样。但她这么做之后，没有毒品的刺激，她有一种被困住的感觉，不得不痛苦地适应生活环境。就在这个时候，她开始有自杀的念头，据估计，2/3 的自杀企图可以归因于童年逆境。就在萌生这种念头的同时，她自我保护的倾向也开始条件反射式地发挥作用。此外，她担心自杀会令周围的人感到震惊，害怕周围的人了解到自己的真实模样。她觉得自己是一个看起来很好，实际上很坏的女孩，一个别人根本不懂的女孩。

薇拉还觉得结束自己的生命不会对世界产生太大的影响。这种念头可能是不正确的。她感到烦恼。自杀太激进了，相反，她可以杀死自己一直伪装出来的那个自己。褪下伪装之后，她可能不再那么迷人了，她可能从胜利走向失败，可能搬到很远的地方，尽情地吸食海洛因。她知道这种可能性是一直存在的，这种选择或许能帮到她。

无论从字面上讲，还是从象征意义上讲，薇拉都从她早年在佛罗里达州中部内陆低洼地区的生活中走出来了，而且走得很远。在她工作的那幢高层建筑的外面，到处都是楼房、桥梁和水，看不见一棵棕榈树。她有大学学位，有一份白领工作，现在唯一能依靠的就是偶尔喝杯酒。薇拉很成功，她经常被要求与她们公司赞助的男孩和女孩俱乐部分享她的故事（通常经过了大量的自我编辑）。然而，每次她走进公共厕所，看到那里有一卷卫生纸等着拿，她就会想起自己做过的所有坏事。她曾经偷过厕所的纸。她曾经在旅馆房间里与男人发生不正当的性关系。她曾经借助吸毒来麻痹自己。她曾经天天穿着脏衣服。她曾经对帮助过自己的人感到不满，甚至愤怒。

“9 · 11”事件发生两周后，薇拉需要坐飞机。在去机场的路上，她忽然让出租车司机把车停在一家商店旁边，在那里她买了一幅带有玻璃相框的画。她之所以买这幅画，并非因为她需要欣赏它，而是她要把这幅画带上飞机，这样，如果飞机被劫持，她就可以打破玻璃，拥有了一种武器。她坐在自己的座位上，双手交叉，双脚触碰着放在前方座椅下面的这幅画。这时，她忽然想起了一个事实，那就是她可能是飞机上唯一一个私自携带武器的乘客。其他乘客或者坐着闭目养神，或者喝着塑料杯里的苏打水，但她做不到。尽管她的意图是好的，甚至还有点英雄主义色彩，但她觉得自己被自己固有的观念束缚住了，时刻准备着为了生存下去而采取任何措施。她回忆说：“我不可能允许自己毫无防备地陷入困局，我不可能什么武器都没带就上飞机。”

如果说一个英雄因勇敢的性格、伟大的成就或良好的品质而受人钦佩，那么薇拉觉得自己不够格。虽然她曾经克服过重重困难，经常被称为勇敢之人，但她不觉得自己特别勇敢。她大声问道：“一艘船正在下沉，你跳下去，奋力游过波涛汹涌、鲨鱼出没的水域，算勇敢吗？除了这样做，难道还有其他选择吗？”

1997年，丹尼尔 · 查勒纳（Daniel Challener）写了一本书，名为《童年期复原力的故事》（*Stories of Resilience in Childhood*），描述了玛雅 · 安热卢、马克辛 · 洪 · 金斯顿（Maxine Hong Kingston）、理查德 · 罗德里格斯（Richard Rodrigues）、约翰 · 埃德加 · 怀德曼（John Edgar Wideman）和托拜厄斯 · 沃尔夫克服童年逆境的故事。有趣的是，这本书最初的书名是《绝望儿童自传》（*The Autobiographies of Desperate Children*）。最终，查勒纳认为，对这些人而言，适应力是比绝望更好的描述字眼。感到绝望和获得复原力并非截然不同，而是息息相关。在薇拉看来，勇敢和绝望是两码事，这使她对自己是否勇敢产生了最深刻的质疑。

她觉得自己拥有的一切，都是用迫不得已的手段获取的，算不上勇敢。

乡村音乐偶像约翰尼·卡什在其大部分生命中的感觉可能就是绝望，尤其是在他 14 岁的哥哥杰克死于一场木工事故之后。杰克是家里的“金童”，从小计划着成为一位牧师。他一直在外面打工，给家里挣钱。哥哥 14 岁时，卡什刚刚 12 岁，却想着每天出去钓鱼。终其一生，卡什都因为自己苟活于世而感到内疚和绝望，这既是因为他崇拜他深爱的哥哥，也是因为他怀疑自己不是个好人。卡什并不是唯一这么认为的人。他的父亲在喝了一夜酒后说：“不是你，而是杰克，真糟糕。”

杰克死后不久，卡什看了电影《弗兰肯斯坦》，这部电影将成为他一生的最爱，因为它把这个怪物刻画成一个坏蛋，而它同时又想做个好人。他把自己的余生看作光明与黑暗之间的斗争，是哥哥的好影响与自己的坏习惯之间的斗争。卡什给观众的印象就是“黑衣人”，因为他偏爱黑色衣服。他终其一生都郁郁寡欢，这可能与他对衣服颜色、福音音乐和药物的嗜好有关。有时，卡什会通过服用药物的方式保持精力，以期整晚开车或熬夜看演出，有时他服用药物则是为了消除糟糕的感觉，让自己感觉好一点。卡什说，不管是出于什么目的，服药已经到了“几乎没有人性的地步”。他不顾死活，爬进了田纳西州一个迷宫般的洞穴，这是他以前去过的地方，知道那里环境险恶。当他的手电筒无法发出亮光时，他可能会在黑暗中死去。相反，上帝救了他，使他免于自杀。当从洞穴里出来的时候，他邂逅了琼·卡特，得到了水和食物，她的爱也救了他。尽管这个故事的可信程度一直有争议，但他依然选择在他的自传中讲述出来。

伊拉克战争老兵杰西卡·林奇说得对，“真相总是比炒作更有英雄气概”。关于适应力强的儿童和成人，真相是他们并不完美，既不是圣人，也不是天使。我们对英雄们期望过高，希望他们的故事总是鼓舞人心，永远不会让人困惑或失望。超常者或许有一些非凡的能力，但他们都是人，他们也会遇到自己的问题，比如滥用酒精或毒品，而且在一段时间内也面临很高的风险。也许超常者最不寻常的地方不在于他们从来没有自己的困难，而在于他们成功地克服了这些困难。

如同蜘蛛侠和约翰尼·卡什一样，薇拉从来没有真正对自己的成就感到惊奇过。她和所有人一样困惑，不明白自己究竟是如何成功地成为家里唯一一个清醒的成功者的。在那个不能称为家的家庭中，她扮演着最重要的角色，但据她所知，在朋友和同事中，她却是背景最糟糕的一个。薇拉曾经梦想着拥有干净的衣服和美味的食物，现在她做到了，而且可以听着她最喜欢的歌曲《奇异恩典》的任何版本，梦想着自己能够得到某种救赎，最终也能感到内心的干净和美好。薇拉现在面临的挑战是如何说服自己原谅自己曾经做过的不光彩之事，同自己不堪回首的过去达成和解。尽管她是一个很有人性和适应力的人，她对自己的生存本能感到矛盾，因为这种本能可能与英雄主义理想背道而驰。薇拉不知道的是，作为一个幸存者，她难免会对自己赖以幸存的方式感到内疚。

大屠杀幸存者维克多·弗兰克尔就是以这种心态去理解那些幸存下来的超常者的，而且他在自己的书中也愿意直言不讳地讲出这一点。他用最谦卑的文字描述了大屠杀的幸存者："一般来说，只有经过多年辗转迁徙，为挣扎生存已毫无顾忌，并且能够不择手段，或偷或抢，甚至出卖朋友以自保的俘虏，才有可能活下来。我们这些仗着许多运气或奇迹——随你怎么称呼——而活过来的人，都知道我们那些优秀的品性再也回不来了。"

第 12 章

重启

我本是无名之辈。

——安迪 · 沃霍尔（Andy Warhol）

在漫画行业，“重启”是指作家们重新创作一个角色，或者从零开始，或者几乎从零开始。重写故事的起源，超级英雄就有了新的动力。修改时间线，人物就可以进入新的时代。打破故事的连续性，披风十字军可以自由地跳到不同的故事线。从商业角度来看，重启允许创造者创造新的材料，从而吸引新一代粉丝。从叙事的角度来看，重启使超级英雄可能拥有全新的生活。

神奇女侠这个超级英雄形象可能是漫画行业最早的、最知名的重启对象。这种修正主义历史在超级英雄电影中很常见。这个人物形象诞生于 20 世纪 40 年代，创作者是哈佛大学心理学家威廉·莫尔顿·马斯顿（William Moulton Marston）。马斯顿还是人类历史上最早的测谎仪的发明人。在马斯顿笔下，最早的神奇女侠是天堂岛（Paradise Island）亚马孙部族的一位公主。她是这个部族的超级英雄，超能力来自一个神奇的贴身武器，一个由黄金为原材料制作而成的“真言套索”，一旦套住别人，就能迫使其讲出真相。1968 年，希望增强这个女性超级英雄对于女权主义观众的吸引力，新创作者决定重启神奇女侠的形象。在这个新版本里，神奇女侠不再是一位善于骁勇善战的公主，而是来到了人类社会，化名戴安娜·普林斯，变成了一个穿着裤子，利用空手道打击犯罪、行侠仗义的现代女性。

尽管这个新形象催生了一些新的剧情，但也激怒了老粉丝，包括格洛丽亚·斯泰纳姆（Gloria Steinem），她更加喜欢一个具有超能力的女人。1973年，神奇女侠形象再次重启，这部新电视剧的名称是《神奇女侠新冒险》，恢复了之前的超能力和服装，以及她的亚马孙血统，只是在不拯救他人的时候，她把自己伪装成日常生活中的普通女人普林斯。最近的一次是在2017年，神奇女侠的形象再次被重启，这次是作为好莱坞大片中挥舞宝剑的女英雄。

超常者也经常重启自己的人生。适应力强的孩子曾经遭受过逆境，改变了他们的人生，而对于生存和胜利的渴求塑造了他们的人生。每天，他们穿上衣服，戴上面具，用他们所拥有的一切力量来对抗世界上的危险。但就像漫画书里的超级英雄一样，许多超常者发现自己年复一年地与同样的危险做斗争。时间久了，他们也累了，许多人开始扪心自问："这种情况会改变吗？"因此，对于超常者来说，重启是一个机会，可以控制逆境的影响，重新扬帆出发，这样就可以像神奇女侠一样，拥有全新的生活。

安东（Anton）把一切都安排好了。就在前一天晚上，他把能找到的所有关于分别的歌曲都放进了一个播放列表，进入高速公路后，他把音量开得很大，歌声从车窗飘了出去，融化在窗外呼啸的风中。他喜欢这种音乐的节奏和动感。听着这种告别过去的歌曲，安东不知道什么原因，忽然找回了自己的重要性，或者好像他身上将要发生什么重要的事情一样。无论什么原因，安东确实感到自己不再像过去那么无足轻重了。他要逃离过去，到远方开启新的生活。

在出城的路上，安东路过一家书店，他曾经常去那里阅读各种各样的旅游指南。正是在那里，他选择把大西北当作逃离的目的地。他也说不出为什么要选择大西北，或许是因为这听起来和他现在所在的地方正好相反。用他自己的话说，他现在生活的地方是“该死的东南方”。他开车经过一个购物中心。他曾经在返校途中和母亲一起前去购物，在美食广场来回逛了逛，然后去了4家百货公司，结果每一家都拒绝母亲使用信用卡。他见过拒绝接受他们支票的便利店，见过他父亲曾经当过技工的加油站，甚至在他父亲从收银台偷钱被抓后，安东也在那里当过技工。在几乎所有的店面里，安东都注意到一台自动售货机在出售报纸，报纸上列出了逮捕公告，有时上面还包括他父亲的名字。

安东要去一个他从未去过的地方，一个他从未见过的地方，这才是最重要的。19岁时，安东一直觉得自己像个囚犯。每天早上，他都去做一份没有前途的工作，他知道自己很幸运，在这份工作中，他无法摆脱一种感觉，那就是人们认为他也在偷窃。下午，他回到家，来到一座破旧不堪的房子前。电话铃一响，他的心怦怦直跳。晚上，安东在阁楼上看书，一直看到深夜。到了冬天，当灯熄灭的时候，老鼠有时会从屋顶的椽子上掉到他的床上。他永远不会忘记那些老鼠扑通一声落在他脚边的声音和感觉。

然而，今天，安东要逃离了。他觉得好像从监狱里逃了出来一样，把罪恶的过去抛到了脑后，而实际上，被关在监狱里的是他的父亲。

理查德·福特的《加拿大》（*Canada*）的主人公德尔（Del）说：

“尽管很多抢银行的人都有孩子，但世人通常认为他们不会有。”德尔的父亲和安东的父亲一样，也是小偷。许多抢劫银行的人确实有孩子，许多暴力犯罪分子、毒品犯罪者、性犯罪者以及其他违法犯罪的成年人虽然走上了错误道路，但他们也有孩子。事实上，在美国被监禁的200多万男女囚犯中，超过50%都有孩子。根据皮尤慈善信托基金会的一份报告，近300万名18岁以下儿童的父母都处于被监禁的状态，比例高达1/28，而就在30年前，这一比例为1/125。2/3被监禁的成年人都像安东的父亲一样因非暴力犯罪服刑，比如涉及毒品的犯罪和侵犯财产的犯罪。

当父母违反法律时，他们的儿子和女儿往往沦为意外的受害者，而这一现象却几乎很少引起关注。在家里面，他们能够获取的金钱、食物、看护、监管和安全更少，而当他们十几岁时，辍学和违法的可能性就比较大了。他们精神和身体承受的压力都很大。他们会问自己很多问题，比如：我什么时候能再见到爸爸（或妈妈）？我安全吗？别人会怎么看我？我爸爸（或妈妈）会发生什么事？关于我的爸爸（或妈妈），我应该怎么跟别人讲？接下来会发生什么？钱够买食物吗？谁会来我家？谁会打来电话？

父母被监禁对很多家庭产生了影响，2013年，面向儿童的电视节目《芝麻街》（*Sesame Street*）在其节目中提到了这个话题。通过一个视频片段，成年人和儿童从各自角度出发，解释了什么是监禁，以及当父母被监禁时，孩子可能感受到的悲伤、孤独和尴尬。从某种程度上来看，《芝麻街》揭示了这样一个事实：母亲或父亲入狱对孩子的影响，不亚于父母遗弃子女或父母去世对孩子的影响。然而，由于父母入狱的问题往往被污名化，所以，社会上对这些由司法因素导致的“孤儿”或“留守儿童”的服务和支持就更少了。

大规模监禁被称为近几十年来美国发生的标志性社会变化之一，所以我们才刚刚开始理解这对被监禁者的子女意味着什么，包括那些像安东一样即将成年的人。最近的研究表明，即使在父母释放之后，甚至在这些孩子长大成人后，孩子们也要为父母在监狱里度过的时光付出高昂的代价。20 多岁时，父母被监禁的成年子女更容易抑郁、滥用药物和酒精，而且也更容易犯罪，他们接受高等教育的可能性比同龄人低 33%，挣的钱也比同龄人少。

但这一切都不会发生在安东身上。他有一个计划。这个计划的起点就是离开这个似乎每条街道都有一个糟糕的记忆的小城市。《加拿大》里的德尔曾说："除了父母之外，我没有做过任何让人感到羞耻的事。"安东也没有，但不管怎样，他想离开。他打算重启自己的生活。

重启生活在任何时候都有可能发生，但在向成年人过渡的过程中，生活中突然出现了大量所谓的第二次机会。这是一个充满无限可能和变化的发展阶段，是从未成年人变为成年人、从学生变为工人、从子女成为伴侣和父母的重大调整时期。许多超常者在童年期或十几岁的时候就开始思考如何能不再按部就班地过日子，他们开始环视周围的环境，幻想自己有机会行动起来，看一看外面的世界。等到这些适应力强的青少年终于成年之后，他们第一次发现自己不必继续煎熬，人生原来也是可以改变的。

与此同时，成年期也可能是一个令人越来越脆弱的时期，尤其是对那些独自生活的成年人来说。很少得到父母指导或支持的子女进入 18 岁之后可能连他们以前享有的福利也没有了，比如公立学校、照顾他们的教师或教练、便宜的午餐、各种课后项目、寄养或其他社会福利。在现代社会，成年期存在很大的不确定性因素，即使在最好的情况下，一个刚成年的人都未必能够克服这些因素，更不用说那些父母无力或不愿帮忙找出路的年轻人了。持续累积的不利因素和压力可能逐渐开始让他们付出代价：成年期是与压力相关的心理健康问题（如抑郁和焦虑）开始出现的时候，也是许多人开始使用药物来应对的时候。

因此，对许多人来说，刚刚步入成年期的时候堪称一个转折点，生活可以变得更糟，也可以变得更好，一个或一系列良好的举动可以促使超常者的生活发生转向。通常，这是唯一能做的事情。很多研究都追踪了儿童在早期生活中面临的各种各样的逆境，比如大萧条、街头暴力、性虐待、寄养、有未成年妈妈、父母患有精神病、父母酗酒、早期犯罪等，结果发现一部分孩子重蹈父母的覆辙，或者在童年逆境引发的曲折道路上苦苦挣扎，但也有一部分孩子成功实现了命运的重启，这在很大程度上可以归功于他们看到并抓住了生命中的第二次机会。

他们到底是怎么做到的？

没有固定的路径可循。

几十年前，尤其是对女性而言，婚姻似乎是摆脱不幸童年的唯一出路。当时，玛丽莲·梦露在谈到16岁找到一个丈夫时说："跟吉姆结婚让我逃离了童年。不然我还会被送到另一个寄养家庭。"成为妻子或丈夫当然是摆脱家庭和童年的一种方式，但当然，如果过于年轻就开始生育孩子，或者过于迅速地同陌生人建立性伴侣关系，也会给年轻人带来很大风险。摆脱一个困难的家庭环境之后又陷入了新困境的情况并不少见。

今天，年轻的女性和男性要想重启生活，面临着更多的选择，其中许多我们在之前的章节已经提到过。比如，像艾米丽、玛莎或米歇尔这样的人利用自己的天赋，比如游泳、表演或打马球，让自己进入一个更好或更安全的地方。通常，这个更好或更安全的地方是大学校园。薇拉逃离了吸毒成瘾和忽视子女的母亲，进入了大学。玛莎进入了梦想中的大学，坐在大学的公共图书馆里，看着地球仪不停地旋转，仿佛脱离了现实世界，一个朋友赠送给她一个带有那所大学标志的钥匙链，她随身携带，从中获得了精神支撑。高等教育确实可以成为通往美好生活的钥匙，成为获得学位或证书的途径，为年轻人打开一扇新的大门。除此之外，大学对年轻人的重要性还体现在其他很多方面。比如，进入大学后，那些饱受逆境折磨的年轻人终于获得了热腾腾的饭菜、干净的床和免费的医疗护理，这可能是他们人生第一次享受这些便利。再比如，进入大学后，那些饱受逆境折磨的年轻人可以结交新朋友和新导师，接触到新思想，从而进入一个全新的世界。

有些人发现全新的世界的方式并不是通过跻身大学校园，而是通过加入宗教组织、和平部队（Peace Corps）或其他旨在完成某项使命的组织。有些人，比如在学校里受欺负的那个名叫保罗的男孩，则通过参军的方式发现了自己的新角色，开创了新生活。最近的研究发现，那些经历过逆境的人比同龄人更有可能参军。还有一些人，比如安东，选择了逃离，从原有的家庭和城市中解放了出来。他们摊开一张地图，自行驾车，或者乘坐公共汽车或飞机，然后就离开了。

安东从东面出发，一路向西的途中，在一段时间内，他尽量少在途中停留。每一个州看起来都和以前的差不多，所以大多数情况下，他看着里程表的数字越来越大，感觉就像自己不断取得进步一样。抵达圣路易斯市的时候，他才首次驶离了高速公路。该市号称“美国西部的门户”。当他穿越该市地标建筑——大拱门时，感觉非常有仪式感，觉得自己终于来到了西部，但他很快发现，这个号称“西部门户”的城市好像名不副实，因为风景似乎并没有多少变化，从而感到失望。然而，他继续往前行驶没多久，发现风景确实发生了变化，映入眼帘的风景是他之前从未见过的。一整天的时间，他都沿着一条笔直的公路行驶在平坦开阔的堪萨斯大草原上面，有时候，甚至一边盯着路，一边阅读支在方向盘上的《麦田里的守望者》（*Catcher in the Rye*）这本书。太阳落山时，他看到整个草原被笼罩在了火红的晚霞之中，这个画面令他永远难以忘怀。这是他第一次真正领略到大自然之美。

这种美景，还会有更多。

西北部的天空更宽广，更开阔，安东觉得终于可以轻松地呼吸了，就像那里的空气更多一样。到了黄石国家公园时，他停了下来。公园里有山脉、野牛、间歇泉和麋鹿，他觉得这里一定是地球上最神奇的地方。晚上，他把车停在空荡荡的度假小屋前门的车道上，就在车里睡觉过夜。白天，他就在公园外面那热气氤氲的天然温泉里泡上几个小时。他抬头望着岩石嶙峋的山坡，望着一片片松树，它们大小相近，显得整齐有序。从远处看，它们就像建筑师在建筑模型中使用的小树，安东觉得自己仿佛置身于一个完美的世界。他在那里甚至还亲眼看到了双彩虹的景象。

如果这一切听起来太美好，请考虑一下安东在去大西北的路上吃的苦头。大多数晚上，他都是把车停在卡车停车场里面，在车里睡觉过夜，在停车场里，他还能享受着街灯和洗澡的便利。还有一些晚上，他把车停到远离道路的地方，躺在后座上睡着了，手里还抓着一个撬胎用的铁棒，用于防身。为了逃离过去，安东可以说愿意做任何事情来保护自己。

如果说精神创伤的本质是“过去总是存在”，即昨天发生的事情永远在侵入今天的思想，那么减少童年逆境影响的一种方法就是尽可能地将过去和现在分开。为了做到这一点，有些人可能会下定决心去做，但这可能很困难，尤其是当过去的影响非常强大，或熟悉的环境近在眼前的时候。很多人像安东一样，采取了极端做法，将过去和现在分割开来：他们把过去抛到脑后，尽可能地拉开过去和现在之间的距离。

请不要忘记，超常者适应家庭环境的一种方式是远离生活中的坏事。他们可能躲在房间里，或者在学校待到很晚，或者和朋友待在一起，或者追逐自己的爱好，或者全身心地投入工作。成年之后，他们就会面临更多机遇，能够将自己与周围的压力源分开，当这种机遇出现时，超常者就会本能地选择搬离自己居住的房子或城镇。这听起来像是逃避现实，但它有更多的意义。

我们知道，在大脑中，杏仁核有一项任务，那就是识别周围环境中的危险。如果一个威胁被识别出来，海马体和前额叶皮层就会协同工作来评估杏仁核发出的“报警”。海马体通过将这个因素置于特定情境中加以评估，而前额叶皮层负责评估这个因素的真实危险性是否像看上去那么糟糕。然而，当大脑受到长期压力时，杏仁核可能会变得过于擅长自己的工作，海马体和前额叶皮层可能会出现超载、受损的问题，无法很好地分辨外部的危险因素。当这种情况发生时，每一声巨响都一定是枪的声音，每一张愤怒的脸都一定是在生我的气，每一次电话响起都一定是有人催债。从进化的角度来看，以保守心态对待危险因素是比较安全的，也是有道理的，这比疏忽大意却事后后悔更安全，但对于很多人而言，安全的边界究竟在哪里，则不是很清楚。

安东明确地说："我的安全边界就是密西西比河。"对他来说，安全感存在于国家的另一边。他明确知道什么才是安全的，这有助于减少频繁刺激杏仁核的危险线索，这是在帮杏仁核的忙，使其免于被频繁刺激。对于这个事实，他可能完全不知情。假如他对安全边界没有明确的认知，那么电话铃声、拒不接受他家支票的街角商店，甚至他制订逃离计划的书店都会频繁刺激杏仁核。现在，安东的日子里尽是新风景和新地方，这非常适合他。

安东通过改变环境帮助他的大脑忘记过去。大脑在特定的环境中记忆最好，因为我们的感觉会触发记忆。如果我们想要维持对于某件事的记忆，那么越熟悉的情景、气味、声音、味道和触摸就越好。这就是为什么当我们成年后去爷爷奶奶家做客时，当我们吃奶奶烤的点心时，当我们闻到爷爷抽的雪茄时，我们便会想起小时候在爷爷奶奶家的情景。警察把目击者带回犯罪现场，就是为了便于他们在熟悉的场景中回忆过去。

事实上，无数的研究表明，如果我们重新回到之前了解某个信息的地方，我们就能更好地回忆起这个信息。20 世纪 70 年代在英国进行的一项经典实验就很好地说明了这一点。在这个实验中，一组深海潜水员在两种不同的环境中学习了两组单词。他们在陆地上学会了一组单词，在水下戴着水肺学习了另一组单词。之后，当潜水员在学习单词的环境中接受测试时，他们能更好地回忆单词。在陆地上学的单词，在陆地上记得最牢，在水下学的单词，在水下记得最牢。

当然，记忆并不完全依赖于我们所处的位置，改变位置或搬到一个新的地方并不是一个神奇的橡皮擦。不然，每一个从战场上归来的士兵，只要一坐在客厅里，就会恢复到原来的精神状态。无论我们去哪里，我们都能记住一些常用的信息，比如之前记住的地址或乘法表。但是环境确实很重要，我们在新环境下，能够刺激杏仁核的线索就少一些，思绪回到过去的可能性就低一些。俗话说得好：眼不见，心不烦。

但请记住神经学家约瑟夫·勒杜（Joseph LeDoux）的一个观点："情感记忆可能是永远的。它们是如此强大，我们永远不会真正忘记它们；我们只是用新的学习和新的情感记忆把它们挤出去。"在安东刚到大西北的头几个月，甚至几年里，他都在用新的人和新的地方排挤过去的记忆。身处一个新的、不同的地方虽然是一件好事，但可能让大脑觉得这是一个紧急事件，需要迅速加以应对，因为有新的街道要逛，有新的商店要找，有新的面孔要记住。大脑忙于了解新环境，几乎没有时间回顾旧环境。

新的地方和新的经历可以在一定程度上阻止我们回味过去，阻止我们去回想往日的地方和经历。要把注意力从一件事上转移开，你通常需要把它放在另一件事上。的确，心理创伤领域的研究表明，为了抑制不想要的想法，从事一些需要脑力劳动的活动是有帮助的，无论是破解纵横字谜、打网球、做饭还是做项目。太被动或太熟悉的活动只会让你的思绪回到过去。作家保拉·麦克莱恩说："记忆之路会出其不意地袭击你。"安东宁愿再也不要走回那条老路。

当然，重启生活的真正意义远远不止改变生活环境那么简单。对于大多数超级英雄和超常者来说，他们的目的是改变自己的身份。这是一个重新开始人生的机会，不是到新地方之后还要保持原来的身份，而是塑造一个全新的身份。为此，许多超常者在他们的新环境中醒来之后，就对自己进行各种实验。他们一次又一次地改造自己，试图成为这样或那样的人。有些人在象征性的姿态中找到了力量，比如通过改变生活方式或外表来重塑自己的生活，或者摆脱过去那些拖累他们的物品和财产。另一些人则通过改变名字来改变自己。

很多决心改变自我的人都改过名字，包括一些希望名字更有吸引力的名人，比如鲍勃·迪伦、白思豪、乔恩·斯图尔特和巴拉克·奥巴马。改名通常代表与过去的决裂和一种重生。

精神病学家埃里克·埃里克森（Erik Erikson）推广了“身份认同危机”的概念，即在青春期和成年初期寻找自我的过程。他把自己的名字从埃里克·洪伯格（Erik Homburger）改为埃里克·埃里克森，意为“埃里克是埃里克自己的儿子”。玛丽莲·梦露在谈到她从诺尔玛·琼·莫滕森改名时说：“我必须获得重生，这一次比以前好多了。”

波普艺术领域的英雄人物安迪·沃霍尔也改过名字。沃霍尔原名安德鲁·沃霍拉（Andrew Warhola），是东欧移民的儿子。从很小的时候起，他就拥有一种绘画天赋，这可能是他从母亲玖贝尔那里继承来的一种爱好。母亲是个有艺术修养的女人，常常用厨房里的破罐子做锡花。沃霍尔的母亲也是一位足智多谋的女性，她有时会为家里的亨氏番茄酱混合水、盐和胡椒，调制一种贫穷群体中间常见的番茄汤。然而，这种番茄汤是她儿子最喜欢的食物。他早期的生活故事大概就是这个样子。

还是个小男孩的时候，沃霍尔体弱多病，但他也是一个认真和坚定的学生。一位朋友说，他通过自己的艺术和才能走出自己的背景，这一点非常重要。它解释了他。根据传记作家维克多·博克里斯（Victor Bokris）的说法，沃霍尔的绘画是强迫性的，持续不断的，令人非常惊讶，他的才华为他赢得了卡内基博物馆艺术课的奖学金，在那里，他看见了富有的孩子和他们的家庭。“他从来没有忘记他所看到的景象。”一个朋友说。当他不画画的时候，沃霍尔喜欢把他从漫画书和杂志上剪下来的英雄和名人的照片拼贴起来。他梦想有一天能跻身好莱坞或纽约，过上他在报纸和杂志上看到的那种生活。

21岁时，沃霍尔来到了纽约。就是在那里，他重启了自己的人生。他说，艺术世界是一个复杂而迷人的场景，在这里，因为他不幸的童年经历和浓重的口音，沃霍尔感觉自己像一个局外人，就像来自另一个星球。为了融入这个领域，他模仿那些他看到的人的行为，尤其是电影明星和富人。他零零碎碎地告诉别人他的背景，但其中只有部分是真实的。在沃霍尔的葬礼上，艺术评论家约翰·理查森说：“永远不要只看安迪的表面价值。”这句话很适合用来形容一位在身份、名气和商业方面声名鹊起的艺术家。

沃霍尔曾说过：“未来，每个人都能当15分钟的名人。”他自己活成了一个文化偶像，而且名气持续的时间远远超过了15分钟。他的代表作包括借助丝网印刷的方式给其他众多文化偶像制作人物形象，从超人到玛丽莲·梦露，他都制作过。这些作品体现了他对于个人身份的认知：我们究竟是谁，至少在一定程度上是一个神话，是可以复制和塑造的东西。当然，他的代表作还包括32幅坎贝尔汤罐的画作，这是沃霍尔热爱舒适的象征，这些汤罐在商店里都可以买得到。在他的生活和工作中，沃霍尔宣扬了这样一个理念：身份是一种不断被创造和再创造的东西，从内到外，从外到内。

科幻小说《时空骑士》中的主人公萨尔说："有时候我希望我能重启一下，清空我的头脑，重新启动。"安东从东南部到西北部安顿下来之后，一直忙碌于西部的新生活，但这并没有完全清空他的头脑，而是让他满脑子都是新事物。安东被这种新地方带来的匿名感与可能性深深地吸引住了，曾有一段时间，他一次又一次地搬家，在这里住上几周，在那里住上几个月。他觉得自己从过去的一切中解脱出来之后又充满了力量，发现自己具备打造全新身份的潜力。有些事情听起来容易，做起来难，但搬到一个新地方，忘记过去，则是做起来比听起来容易。对安东来说，这比他做过的任何事情都要简单。安东从来没有活在当下。在童年时代，他就一直梦想着在别的地方开创未来。频繁变换地点确实让他感觉每天都像获得重生一样。

安东在遥远的西北部沿海地区选择了一个小镇作为定居之地。他每周有 4 天当机修工，其余的 3 天都沉浸在那种醒来后决定要做谁、该怎么打发时间的感觉之中。他在离海滩两条街远的一栋老房子里租了一个房间。他住的地方和大海之间有一块被隔离的空地，所以他可以坐在一个长长的、木制的、摇摇欲坠的旧阳台上，透过杂草向外眺望，看着雾气滚滚而来。他新生活的第一个生日，安东躺在阳台上，一整天都在看书。两个新朋友把车开到车道上，从下面大喊："跟我们一起出来！"但安东却待在家里看书。他从来没有过一个生日，不会因为没钱买某个东西而烦恼或失望。他享受着自由，自由就是最大的礼物。

安东穿过密西西比河到西部定居的多年之后，一位名叫杰西·杜加尔德（Jaycee Dugard）的 11 岁的女孩在前往校车候车点的途中惨遭绑架，然后被囚禁在一个残破不堪的房子的后院里，遭受了长达 18 年的性虐待。被解救后，她写了两本回忆录，其中第二本名为《自由：我生命中迟来的第一次》(*Freedom: My Book of Firsts*)。在这本书中，她讲述了自己第一次坐飞机，第一个朋友，第一次去购物中心，第一次学习开车，甚至第一次被警察拦下。这是一本可爱的书，讲述了一个成年人第一次了解这个世界的感觉，讲述了当平凡的事情变得不平凡时，生活是什么样的。在亚马逊网站上，一位读者这样评价这本书："它读起来又快又简单，也许还有点枯燥。但是，如果有人有权和她的动物、朋友和家人一起过着无聊的生活，那一定是这个女人。"

我并不想拿安东的早年生活和杰西的早年生活做比较，但或许杰西并不介意我说她给这本回忆录选择的标题和副标题很好地捕捉到了一个人在经历创伤之后的生活状态。一个人在经历创伤之后，如果想方设法摆脱痛苦，重新开始新的人生，就会像杰西的标题所说的一样，在新生活里发现很多新的第一次。超常者终于从原来的问题中解脱了出来，享受着许多新经历带来的新体验。和许多年轻人一样，安东在西部的新生活中充满了很多第一次，比如第一份工作、第一只宠物、第一套公寓、第一个女友，但与其他同龄人不同的是，对他来说，那些看似平凡、普通的第一次，恰恰是他印象最深的和记忆最清楚的。

安东自己也可以写一本书，讲述自己第一次摊开报纸而不用去寻找父亲的名字，讲述自己第一次不必带着焦虑的心情去购物时的奇妙感受。他以前肯定去过商场，但只有现在，他才能在商店里买东西时不必担心自己的信用卡遭到拒绝。如同杰西一样，当他在例行的交通检查中被警察拦下时，他也会误以为自己做错了什么事而惊慌失措（安东有时还是觉得自己可能会被抓到偷东西）。当警察允许他继续开车离开时，他感到既宽慰又难以置信。

安东的第一个女友是一个年轻的女人，在饭店做服务员，当时，她也在试图重启自己的人生。她搬进了安东的家，同居了几年。在那里，他们尽最大努力地迎接新生活。安东以前从未有过性生活，这让一切看起来都焕然一新，甚至包括他和女友睡觉的地板上的旧床垫，以及他们存放衣服的回收箱。他们的生活并不奢华，但至少没有人上门催债，也没有老鼠扑通一声掉到安东的床上。安东不太懂烹饪，女友也不太懂，但二人每周都会去一次杂货店购物，因为他们觉得别人也是这么做的。他们都没有像沃霍尔的番茄汤那样令人欣慰的童年最爱，但他们会买几样自己知道怎么做的菜，看到有经验的购物者买什么，他们也会放进购物车。

站在结账的队伍里，他们几乎不能相信他们拥有彼此，能有个人陪同自己一起前去杂货店购物，这是多么好的运气啊。他们觉得自己的好运已经来临了。某个周日，当两人走出商店时，安东推着手推车，仰面朝天地走着，他的女朋友几乎在他身边蹦蹦跳跳。一位面带微笑的中年杂货店售货员在他们身后喊道："祝你们好运，孩子们！"

他们感觉这是一个好兆头。

安东的女朋友的确是一个好兆头，至少在他的生活中是这样的。当她看着安东的时候，她既没有看到一个技工，也没有看到一个罪犯的儿子，而是在安东身上看到了他从未在自己身上看到的东西。从他读书的样子看，她鼓励他去学校学习，以后当个教师。“我们一起去。”她说。有一段时间，他们的确这么做了。安东白天在汽车修理店工作，晚上和她一起去上课，但他女友就没法像之前那样晚上做服务员挣小费了。不久，她打了退堂鼓，只剩下安东自己去上课了。再往后没多久，她就搬出了安东的家，同她工作的那家餐馆的经理住在了一起。安东心碎了，哭了，哭得比以往任何时候都厉害。他曾经失去过很多东西，但从未失去过任何美好的东西。

安东拿到教师资格证之后，决定再度重启人生，迁徙到了南方的加利福尼亚州。多年后，一个阳光明媚的日子，一切显得平淡无奇，如果没发生什么特别的事，恐怕他以后根本不会刻意记住那一天。当时，他坐在厨房的桌子旁，对着窗外用笔记本电脑工作，忽然电话铃响了。他接了电话，和电话另一端的那个人打招呼，结果换来的是对方粗哑而愤怒的声音。这时，他才记起了这个声音：一个催债人。他的父亲拖欠了一笔贷款，还把安东的名字和社会保险号写在了申请表上。就在片刻之前，安东还自认为终于过上了安全的生活，能泰然自若地坐在那里。但就在这一刹那间，他又被推回了童年，心开始狂跳。

事实证明，即使跨越了密西西比河，依然不够远。

第 13 章

氪石

我决定离开，做一个人，而不是被当作慈善机构或麻烦户，

我知道我看起来不错，我应该能伪装。

——内拉·拉森（Nella Larsen），《伪装白人》（*Passing*）

1989年，剧作家戴维·马梅特出版了一本名为《一些怪人》(*Some Freaks*)的文集。这本文集的最后是一篇长达5页的文章，名为《氪石》。在此文中，马梅特做出了一个超级论断：超级英雄都是骗人的。马梅特认为钢铁侠“远不是无懈可击的”。此外，马梅特还指出“超人在众生中是最脆弱的，因为他的童年被毁了”。

无论是否读过漫画书，人们都知道“超人”的起源。就在他的家乡氪星爆炸之前，他被火箭送到了地球。他是一个来自外星的孤儿，拥有超强的能力，但无法摆脱一个弱点：很可能一种来自氪星叫作氪石的矿石就能削弱他的力量。“什么叫氪石呢？”马梅特问道，“氪石是他童年时代家园的全部遗迹。正是被摧毁的童年家园的残余物，以及对这些残余物的恐惧，统治着超人的生活。”正因为如此，马梅特总结道：“他没有希望，只能不断躲藏，祈祷他的敌人不会知道他的真实身份，没有那么多的善人可以保护他。”在马梅特的字里行间，超人注定就是要生活在没有亲密关系的奉承中。

超人的速度比飞驰的子弹还快，但他永远也无法甩掉他的过去。

借助“氪石”这个比喻，马梅特描述的是一种隐藏于内心而无人知晓的恐惧，他认为，这种恐惧不仅存在于超人的心中，也存在于许多超常者的心中。由于他们的成功在很大程度上依赖于他们迅速摆脱不堪回首的童年，从情感上或身体上摆脱早期生活的逆境，超常者往往生活在邂逅过去的恐惧之中。电话、创伤、偶遇、家庭聚会或其他可能提醒他们回忆往事的因素都属于他们的“氪石”。很多成年人都不愿意回忆原来的家庭环境，这是很常见的，因为他们在儿童期曾经遭遇过不幸，一旦某个因素让他们回想起了那个无助的时刻，他们就会感到厌烦。即便对超常者而言，过去可能触发不好的回忆，甚至在最坏的情况下，可能彻底摧毁内心世界。

所以，像超人一样，一些超常者生活在一个脆弱的世界里。他们可能会觉得自己像外星人或孤儿。在一个他们所熟悉的世界里，他们像局外人一样度过他们的日子，也许他们永远不会真正属于这里。他们走在朋友和同事们之间，甚至他们的爱人可能也并不真正了解他们，或者可能永远无法理解他们。他们担心自己亲手打造的美好的生活不会长久。他们每天都在担心今天是否会重复昨天的悲剧，过去会不会卷土重来，毁掉一切。

加尔文（Calvin）觉得自己可能是法学院里唯一一个能顺利通过侵权诉讼法考试，却无法在地球仪上指出每一块大陆的人。这是因为，在进入大学校园之前，他从未正式上过学。有时候，他会告诉人们他是在家接受的教育。但这并非真的，因为这句话意味着他至少接受过一些教育。事实上，他所谓的“教育”，并不是真正的教育。

他的父亲是一个控制欲强、多疑的人，认为流行文化会毁了他的孩子，并且说在自己任教的社区大学里面每天都能看到这种情况，便不允许加尔文及其姐妹上学。他们在加利福尼亚州中部过着与世隔绝的乡村生活。家门上挂着锁和铃铛，这样就能轻松地监控孩子们的动静。他们经常被留在家里，陪伴他们的只有母亲，而对于母亲而言，英语只能算作第三语言。孩子们都不知道她对丈夫定下的规矩有什么看法，因为她沉默寡言，根本不把自己的想法说出来。

加尔文是无数个在逆境中长大的人之一。这种人太多了，根本没法统计。把孩子留在家里，使其与世隔绝，属于一种精神虐待，而且不送孩子上学是一种疏忽孩子成长的表现，为什么他的父亲会施加这样的限制？他的父亲到底怎么了？没人会知道。因此，加尔文没有办法通过任何分类知识或统计数据来理解自己的生活。尽管如此，随着时间的推移，加尔文还是通过自己读书学到了很多，在旅行中看到了很多，知道自己的家庭不同于其他家庭。用他自己的话说，他知道自己的生活“不正常”。

加尔文最迫切的愿望就是像其他孩子一样去上学，每年8月他都会祈求父亲，但每年父亲都是拿出同样的说辞反驳他：“你不能从半路开始上学，你没有学籍，所以你是不存在的。”尽管这样，加尔文能识字读书，十多岁的时候还帮助父亲给他的学生的论文打分。他对一些科目很了解，比如政治、美国历史，至于地理和代数等科目，他就不懂了。

随着加尔文年龄越来越大，为了更好地看护他，父亲开始带着他去上班。和父亲一起走在喧闹的大厅里，加尔文盯着学生们，看着他们无意识地大声聊天，穿行在熙熙攘攘、无忧无虑的人群中。看着他们，加尔文感觉自己像个置身局外的外国人，渴望能够融入他们。他幻想着在某刻，他也许就会和他所见到的学生们站在同一条跑道上，而这是他父亲最害怕的事情。当时正好一个写着“首个免费课程”的横幅出现在大学门外，加尔文说服他的父亲让他报名。可能因为这个课程是免费的，也可能因为父亲在学校工作，他并没有参加考试，也没有遇到一个关于之前受教育情况的问题。加尔文通过体制上的漏洞跻身大学校园，不久，在父亲的监护下，他还学习了更多课程。当时，加尔文正在研究黑奴解放运动，并且在研究申请哪一所公立大学的四年制教育，他父亲对此并不知情。

加利福尼亚州的公立大学教育体系享有盛誉，加尔文决定去那里。用他父亲的话说，他的前些年没有学籍，所以教育体系不存在他这个人，正是由于这个原因，加尔文才迫切想要获得一个能够得到人们认可的公立大学学校的学位。他想在教育领域获得一个“血统”，他想给自己博得一个名号。那时，他已经超过 18 岁了，达到了法定成人年龄，但还在 24 岁以下，所以，除非他已经结婚或参军，不然要获得助学金，必须拿到别人的担保函，证明自己能够拥有独立的财务。加尔文便想到求助于一个社区大学教授。他敲响了教授的门。经过多年的保密之后，他准备把一切实情一股脑地讲给他听。

“我能把门关上吗？”他站在教授的办公室门口问道。一想到此行的目的，他的声音和双手就不禁颤抖起来，心里感觉惶恐不安。一进门，加尔文就把父亲反对流行文化的奇怪态度倾诉了出来，然后表达了需要有人为他做担保的迫切愿望。教授欣然同意帮这个忙，于是加尔文便决定不再“招供”自己连幼儿园都没进过的事实。离四年制大学只有一步之遥的时候，并非把自己的历史和盘托出的时机。

加尔文终于逃离了家庭，进入了加利福尼亚州一所他梦寐以求的著名大学。在那里，他以一种假想的身份生活，我的意思是，他把自己隐藏在别人对他的假想的形象之下。他和其他学生在一所房子里租了一个房间，他很快就收拾好了自己的东西，把自己的东西放到一边，因为他的东西很少。然后，他在房间的墙上贴了几张海报，那些海报就像虚假广告一样，营造一种自己一直过着这种生活的假象。加尔文希望能让别人看到自己在做一些正常的事情，他故意坐在书房的地板上，一遍又一遍地翻阅一本杂志，他的室友来了又走了。他看上去那么放松和平静，没有人会想到，除了家乡的兄弟姐妹之外，他以前从来没有过任何朋友。

在大学里，加尔文终于实现了夙愿，融入了校园里川流不息的学生里，找到了一群志同道合的人，共同组成了学习小组和社区服务协会。关于自己的过去，加尔文没有撒什么谎，只不过避而不谈自己的父亲以及之前曾在哪些学校就读。没有人会想到加尔文从来没有参加过学术能力评估测试，也没有坐过校车或者学过乘法表，没有人会猜到因为加尔文背叛了他的父亲，他的父亲告诉他永远不要再回家了。

“当人们谈论电视节目或生日派对等这些我小时候从未见过的东西时，我学会了躲避和转移话题。很多其他的东西也没见过。人们想当然地认为如果你出现在了他们生活的地方，那就代表你曾经拥有过与他们同样的生活，”加尔文诚实地耸了耸肩说，“每个人都认为我是正常的。”

加尔文所做的事情就是所谓的“伪装”（passing）。他允许别人误解自己，他不想让别人了解自己本来的模样，而是希望别人误以为自己曾经过着另一种生活。“伪装”是passing这个词语的特殊含义，最早出现在19世纪末20世纪初，指的是种族方面的伪装，最常见的是肤色较浅的黑人伪装成白人。虽然每天都会发生，但人们觉得这种行为都是隐藏得比较深，而且处于保密状态。因此，对于这种现象，很多电影或小说探讨过这个问题。比如，詹姆斯·韦尔登·约翰逊的《一个前黑人的自传》(*The Autobiography of an Ex-Colored Man*)或内拉·拉森的《伪装白人》讲述了肤色较浅的黑白混血儿的故事。这些黑人搬到大城市，伪装白人，就会结交白人朋友，与白人配偶结婚，祈祷孩子是白的，以免他们的种族痕迹被暴露出来。他们沉浸在白人文化中，远离了之前赖以成长的黑人社区和习俗，没有回头路。约翰逊和拉森这两人的著作里的主人公都是这种情况。历史学家埃里森·霍布斯称种族方面的伪装是“自我选择的流放”，心甘情愿把自己和亲人、朋友、故土分离，当然，这些人也知道最终再也回不去原来的家了。

20世纪60年代，社会学家欧文·戈夫曼（Erving Goffman）扩大了passing一词的应用范围，将其定义为一个人对某种危险身份的管理，通常是为了避免别人发现自己的不同之处。慢性病患者可能伪装成健康的人，以免在工作中受到特殊的限制。刑事犯罪者可能伪装成一个没有案底的人，在一个新地方开启新生活。精神病患者可能伪装成健康的人，以避免被歧视。同性恋的男男女女者伪装成异性恋者，以免遭受偏见和暴力。

戈夫曼意识到，对于那些有着不同身份或危险身份的人来说，除了伪装，没有更好的选择。如果他们暴露自己的真实情况，就会面对随之而来的公共后果和社会问题。反之，如果他们保守秘密，严密地守护着自己和个人信息，戈夫曼写道：“由于被视为正常的人会带来很大好处，因此，几乎所有人在一些场合下都会做此选择。”

大概就在戈夫曼撰写关于如何应对不同身份和危险身份的时候，

很多大屠杀幸存者也在苦苦思索如何应对自己不同的和危险的经历。现在可能很难想象这一点，但在二战结束后的几十年，纳粹种族灭绝的惨绝人寰没有被广泛理解，甚至还没有被贴上“大屠杀”的标签。希特勒战败后抵达美国的难民和幸存者大约有15万人，年龄大多数在15岁到35岁之间，他们不知道如何谈论他们所承受的痛苦以及如何让他们身边的人理解自己。为了逃避痛苦的记忆，为了避免给他人带来不舒服的反应，犹太人和幸存者在报告中只是轻描淡写，好像没有受到多大影响。“他们只知道我来自法国。”一位妇女说。她很少谈到战争对自己的影响，甚至在她要嫁的男人面前也只字不提。

另一名年轻女子在奥斯威辛集中营时手臂上被文上了一个编号，但告诉自己遇到的年轻人说那是电话号码。“没人谈论”是大家的共识，因为所发生的一切都太可怕、太悲伤、太复杂了。即使有人想发声，也常常被鼓励保持安静。奥斯威辛集中营的幸存者露丝·克卢格写过一本回忆录，名为《还活着》(*Still Alive*)，回忆了自己在大屠杀时代的少女生活。一位姑妈曾告诉她，要把过去发生的一切全部抹去，“就像抹去黑板上的粉笔痕迹”。当然，这一点不是那么简单就做到的。正如波兰女作家伊娃·霍夫曼（Eva Hoffman）所说的那样：“幸存者保持沉默。他们伪装成正常人。”这类伪装的原因有很多，也表现为很多方式。

一些超常者，比如加尔文，会伪装成正常人。酗酒者的儿子和女儿在邻居家玩耍，表现得好像他们的父母都很好。兄弟姐妹患有精神疾病的孩子在学校里面伪装得好像家里一切都好。受虐待的孩子会把自己的衣服换掉，这样就没有人会看到他们的瘀伤，而被忽视的孩子也会这样做，这样就没有人会看到他们肮脏的内衣。生活贫困、没钱吃午饭的青少年坐在咖啡馆里伪装说他们不饿。无论如何，超常者总是能够以这种或那种方式骗过那些毫无防备的人，而且这比人们想象的要容易得多。加尔文注意到，那些没有遭遇过同样悲惨经历的幸运者们就是这样，觉得他们认识的每个人都和他们一样没有过悲惨遭遇。

美国曾经臭名昭著的“不问不讲政策”规定如果同性恋未公开性取向，就可以参军，但如果现役军人公开同性恋性取向，就会被开除军籍，从而明确要求同性恋军人把自己伪装起来。精神分析学家金柏琳·利里（Kimberlyn Leary）说，与这个政策类似的是，任何类型的伪装都要求两个条件，“一个是主人公不讲，另一个是听众不问”。通常来讲，听众也不会问这些隐私。最可能的原因是许多人没有意识到同自己交流的人与自己存在多么大的差异，也没意识到对方曾经经历过多么不可思议的危险。正常人根本不会想到那么多。事实的确如此。历史学家阿利森·霍布斯（Allyson Hobbs）写道，在黑奴解放运动结束后的那些年里，许多肤色较浅的黑人能够和白人生活在一起，就是因为“从来没有人问过他们是不是黑人，而且这种问题是不可想象的”。

同样的道理，在大学校园里，加尔文从一个班到另一个班，从获得奖学金再到进入法学院，对那些了解他的人来说，肯定想不到加尔文的成长经历居然那么奇怪，所以，他们根本想不到去问关于加尔文成长经历的问题。当然，他永远不会被问及他是否上过三年级，或者是否了解他所处的大陆。这样的问题就像加尔文的成长经历一样古怪。事实上，加尔文并没有被直接问到过这样的问题，而且就算被问到这类问题，他也可以提前准备好说辞。他最怕的不是这类问题，而是他看不到即将到来的事情。他每天都生活在恐惧之中，感觉自己的过去就像一颗来自氪星的流星一样，哪怕一小部分都会撞破他现在的生活。他担心总有一天有人会以某种方式识破他的秘密。

《纽约时报》专栏作家戴维·卡尔（David Carr）在关于毒瘾、康复和救赎的回忆录《枪之夜》（*Night of the Gun*）中以这样的方式结束了他的故事："现在的生活，我不配拥有，但我们行走在这个世界上，觉得自己都是骗子。诀窍在于要心存感激，并希望这场闹剧不会很快结束。"这就是加尔文的感受。也许没有其他学生比他更感激能够坐在演讲厅里，穿着法学院的T恤，就像一张非常显眼的身份证，证明他是属于法学院的。他的便装好像表明他在日常生活中感到轻松，其实并非如此。

正如内拉·拉森在她的小说中所描述的那样，由于一直在伪装，加尔文面临着一些常人不知道或想象不到的危险，因为这些常人没有这样的秘密，不需要保持时刻保持警觉，也不会面临同样的威胁。对于那些不断伪装的超常者来说，过去的事也许已经过去，但往往不会忘记。事实上，保守秘密需要大量的脑力劳动。每时每刻都必须抑制自己的想法和感受，或者至少对其进行适当的"编辑"，使之符合他人的期望。愉快的生活故事必须是想象出来的，然后呈现给别人，并且在给别人描述的时候，要保持连续性，不能出现前后不一的情况。伪装者必须避免提到自己的过去，淡化过去的影响，必须回避或巧妙转移可能与过去有关的话题，哪怕对于某个主题只了解一些大概的内容，也要假装了解足够的信息，然后信心满满地讲出来，让别人觉得你真的了解。讲的每一个字，采取的每一个行动，都必须深思熟虑，以免与之前的说法存在出入。加尔文现在关注的焦点已经发生了转变，之前，他想方设法避免提到自己的过去，掩饰自己的过去，而如今，他要想方设法掌握足够多的新知识，满足新身份的要求，以免自己的过去削弱了现在的新身份。这意味着不仅他的过去与他周围的人不同，他的现在也一样。

戈夫曼在《污名》(*Stigma*)一书中写道，任何伪装者都“必须留意社会形势，探查一切可能性，从而很可能无法像他们身边的人那样生活在一个简单的世界里”。超常者为了掩饰过去，伪装出新的形象，必须巧妙地处理自己的人际关系，必须权衡细微而重要的决定可能产生的后果。正如戈夫曼所说，超常者必须判断清楚“展现或不展现；告诉或不告诉；公开或不公开；说谎或不说谎。在每一种情况下，向谁说，如何说，何时说，何地说”。这听起来很累人吗？确实如此。保守秘密会长期使我们的身体和思想处于紧张状态，引发沉重的思想负担，甚至是损害身体健康。加尔文有时担心不堪回首的过去会把自己完全摧毁，实际上并不大可能，毕竟生活很少是黑白分明的，但他的过去就像一颗来自氪星的石头一样，一旦感觉过去的威胁逐渐靠近，自己的力量就会遭到削弱。

没有人知道加尔文在秘密状态下做的事情。为了与他的母亲和姐妹们通电话，他一直等到他的室友们全都出去，这样就没有人会听到他父亲是否挂断了电话，没有人会看到加尔文是否生气或者开始哭泣。他一次又一次地检查他的银行账户和他的平均学分绩点，害怕其中一个或两个都低于及格水平。他一次又一次地前往学校的金融资助办公室，以延长和增加他的贷款和助学金。学校给的资助远远不够用，这一点恐怕只有那些身处其境的学生才能明白。他竭力避开那些来自家乡的学生，害怕他们问一些跟家乡有关的问题，比如“你在哪里上的高中”。这些问题虽然无伤大雅，但加尔文却觉得很危险，可能导致自己过去没有接受过教育的历史暴露出来。所以，他既讨厌这些来自家乡的学生，又觉得他们很无辜，从而心感内疚。当同学们回家度假时，加尔文也假装回家，其实却开车去了沙漠，在那里独自宿营，陪伴他的只有晚上对着辽阔的夜空凄厉嚎叫的土狼。加尔文回忆说："每天的生活都是那么费力，我有时候不想再伪装了，我想休息一下。"

因为超常者必须保守秘密，所以，他们的生活建立在一个又一个谎言之上，仿佛过着两种，甚至三种生活。他们的生活充满了割裂，比如：曾经是谁以及现在是谁；曾经生活在哪里以及今天生活在哪里；在工作中什么样以及在家里什么样；他们同朋友在一起什么样以及同家人在一起什么样；他们嘴上说的什么以及他们内心真实感受是什么。许多超常者由于面临如此多的反差，以至于他们觉得自己的生活中可能没有什么是真实的。对于自己的成功，以及对于自己想要逃避的问题，他们不禁扪心自问："这一切，都是我编造的吗？"他们可能会觉得自己像个骗子，不仅要假装自己曾经拥有过正常和美好的生活，还要努力为自己打造一个真正正常和美好的生活。

伪装起来，或许就不会招致负面的看法，但这会让我们暗自怀疑自己做错了什么。在精神分析学家卡尔·荣格（Carl Jung）看来，"每一个秘密都会令人产生罪恶感或内疚感"。事实上，我们也倾向于把隐藏秘密解读为某种形式的内心罪恶感。在一项关于我们如何看待自己秘密的实证研究中，参与者被告知了关于自己在某个任务中表现的信息，但信息模棱两可。研究结果发现，如果要求参与者隐瞒信息，那么他们对自己的表现感觉比较糟糕，甚至对自己本身都感觉比较糟糕，而如果允许参与者将这个信息告诉别人，那么他们对自己的表现就会感觉比较好。也就是说，当我们不确定如何看待生活中发生的事情时，保守秘密的行为就被认为是坏事，甚至我们自己也是坏人。

加尔文毕业后，在申请律师资格证的时候，不确定他到底需要披露关于自己的什么信息。他没有犯罪记录，也没有未经治疗的精神疾病或滥用药物问题，但有学术不端、虚假陈述和欺诈陈述的问题，这些问题也是不受欢迎的。他觉得自己几乎每天每时每刻都在歪曲自己。

法律学位可能看起来像一张脆弱的羊皮纸，但对加尔文来说，它就像一件巨大的盔甲。这是一面闪亮的盾牌，它转移了人们对他过去的质疑，在他奔向未来，变换城市，获得一份梦寐以求的检察官工作时，给他提供了保护。他说：“谈话只能谈到这里，不能再谈之前的事情。”

加尔文赢得了一场旨在获得真实生活的战斗，至少在纸面上是这样。他的简历令人印象深刻，他的假身份也是如此。人们比以往任何时候都热衷于猜测加尔文是谁。他们理所当然地认为他聪明、勤奋，这的确是真的，但人们也根据他的成功理所当然地认为他曾经拥有一个富有魅力的生活历程，真实情况并非如此。对加尔文来说，外界的高看是一个新的束缚，尽管他一直想被别人当作正常人，但他也很讨厌被误以为隶属于“特权阶层”。加尔文一直在努力奋斗，但奇怪的是，他觉得自己无处可去。“就像有一个盒子是给那些幸运和成功的人，也有一个盒子是给那些不幸和不成功的人的，但是没有一个盒子是给我的。我哪儿都不合适。”

在法学院的时候，加尔文有一次把自己的一些背景透露给了一个朋友，这个朋友以非常笨拙的方式表达了惊讶，惊叹地说：“哇，我不知道，我之前没有辨别出来。”这个朋友仿佛觉得提前应该有什么迹象来揭示这种背景。然后，这个朋友开始探寻加尔文的父亲这样做的原因。他问：“他信教吗？”加尔文说：“不信。”然后，这个朋友开始问了一种更加明确的逆境："他对你进行性侵犯了吗？"加尔文说："没有。"接着，这个朋友想找一个简洁的原因来解释加尔文如何变得这么优秀："你有什么伟大的导师之类的吗？"加尔文说："没有。"他不想成为一个谜题或稀罕物，也不想因为需要帮助人们理解像他这种人的成长经历而疲惫不堪，所以，他很少把自己的生活告诉别人。

加尔文已经取得了很大的进步，但他无法摆脱早期生活的阴影。无论当前的成就如何，他都无法改变自己的过去。正因为如此，他在大多数时候都觉得自己是一个不受欢迎的局外人。尽管这听起来像是一种完全存在于加尔文内心的不安全感，但只要是把自己伪装起来的超常者都非常清楚这一点。作为一个一直假装正常的人，加尔文特别留意人们对那些生活方式似乎不同寻常和可预期的人说的不友好的话。作为检察官，他和同事经常与罪犯打交道。他听到了同事们评价罪犯和他们那"乱糟糟的家庭"。对于时刻都在伪装的人而言，听到这样的评论是最痛苦的事情之一，也是令他们感觉自己与别人最疏远的时刻之一。戈夫曼在《污名》一书中写道："他并非必须面对针对自己的偏见，而是面对那些对他人抱有偏见的人在不知不觉中对他自己被揭露出来的真实一面的偏见。"用加尔文的话来说或许更通俗易懂一些，即"别人当面侮辱了你，却毫不知情"。

精神分析学家荣格写道："我觉得自己是孤独的，我现在仍然觉得是这样，原因是我知道很多事，并且还暗示一些事，而这些事却是其他人显然一无所知或在很大程度上并不想知道的。"由此，荣格道出了伪装者背负的最沉重的负担：孤立。毫无疑问，远离困难重重或危险遍布的过去会带来很多好处，最显著的是有利于创造一个新生活。正如他曾经梦想的那样，加尔文已经融入了他的同龄人，过上了所谓的正常生活。他跨越了过去的阴影，而且表现得很好。但真正理解伪装者，不仅要理解伪装带来的疲惫和被戳穿时的恐惧，还要理解伪装带来的那份孤独。内拉·拉森写道，这些伪装者“找不到一个可以靠近的灵魂，也找不到一个真正可以聊天的人”。

加尔文有时觉得自己是世界上最孤独的人。他知道这听起来像是顾影自怜，或者是在沉湎于自己的想法而难以自拔。虽然实际上并非如此，他依然是这么认为的。他有一种奇怪的感觉：过了这么长时间，他好像从来没有过一个真正的朋友。当然，说没有朋友也不是很准确，加尔文的确也有一些朋友，比如男性朋友和同事。“但他们不知道我的秘密，”加尔文说，“所以他们从不知道他们其实从未真正了解我。”秘密把他和周围的人隔离开了，所以，不管他和谁在一起，他都觉得被陌生人包围着。当其他人看着加尔文时，他们看到的是一个能力很强、和蔼可亲、备受尊敬的专业人士，但就像戴维·马梅特（David Mamet）笔下的超人一样，加尔文觉得自己注定只是被一些没有亲密关系的人过度吹捧而已。

每天结束的时候，加尔文都会回到自己的公寓。在那里，他可以关上通往世界其他地方的那扇门。具有讽刺意味的是，他反而感觉没有自己想象的那样孤独了。查尔斯·布罗在自己的回忆录中提及他在遭受性虐待之后玩耍过的一座废弃房子，称它为他的“孤独堡垒”，就像超人的隐居地……“在那所房子里，我不再逃离孤独，而是拥抱孤独。孤独成为我最真诚、最亲爱的朋友，一个会伴随我一生的朋友。”巴拉克·奥巴马在回忆录中也说“孤独是我所知道的最安全的地方”。

加尔文保守内心的秘密，并与别人保持距离，是为了保护自己的安全，也为了不失去朋友和工作，但孤独和孤立会通过多种方式把我们置于危险之中。一项纵向研究跟踪调查了 1 000 多名从出生到成年早期的儿童，发现 20 多岁时如果将自己同社会隔离开来，就会影响身体健康状况。孤独在任何年龄都可能是一种慢性的、不断累积的压力源，会提高血压，提高应激激素水平，增加患抑郁症的风险，滋生自杀的念头，并削弱人体免疫系统。覆盖数十万参与者的数十项研究表明，孤独是导致健康不佳，甚至死亡的一个主要风险因素。长期的孤独对健康的危害程度不亚于抽烟，并超过了诸多众所周知的危险因素，比如缺乏运动和肥胖。特蕾莎修女说："最可怕的病是你对任何人都不重要。"

然而，正如加尔文所描述的那样，同孤独做斗争比同他人生活或聚会要复杂得多。孤独感是一种自己主观感知到的与他人的社交隔绝，或者觉得他人不可相处，而不是指客观上的与社会隔离。很多超常者，即使是在家人和朋友的陪伴下，有时也会感到与他人隔绝。即便他们和家人面对面地坐在一个餐桌周围，他们依然可能觉得家人不爱或不支持自己，反而成了感到最孤立的时刻。他们和一群朋友聚在一起时，也可能感觉最孤单，因为正是在那种场合，他们才忽然意识到可能没人知道自己真实的一面，才忽然意识到自己真的是只能信赖自己。

奥普拉·温弗瑞谈到她早年的生活时说："我在自己成长的每个阶段能感受到的，几乎都是孤独，不是独自一人，因为我周围总有人，但我知道我灵魂的存活完全依赖于自己，我必须保护自己。"温弗瑞度过了一个不堪回首的青春期，曾经遭受过性侵，随后又发生了滥交，但她通过保守秘密和伪装的方式保护了自己。十几岁时，她生过一个孩子，但那个孩子几周后就在医院夭折了。她回忆说："我回到学校，谁也没告诉。我害怕的是只要有人发现，他们就会把我开除，所以我把这个秘密一直埋在了心底。我总是担心有人发现当时在我身上发生了什么，他们就会将我从他们的生命中开除。”

加尔文保守着一个与奥普拉迥异的秘密，但他同样曾经担心这个秘密会导致他被学校开除，或者遭到其他人的排斥。现在，他已经拥有了两个学位，这是真正的成就，是他真实的身份象征，没有人能夺走，但加尔文觉得他可以冒更火的风险，向别人展现自己真实的一面。他再次尝试告诉别人他的过去。他说：“首先是我的朋友们，其中相当一部分人是同性恋。早在我对自己的成长方式持有开放态度之前，就对自己的同性恋倾向采取了开放态度。这似乎比较容易，好像人们都可以理解同性恋。并不是说成为同性恋很容易，但敢于承认才是重点。我们都感觉自己与别人格格不入，都有担惊受怕的感觉。我会观察别人对我讲出来我是同性恋的反应，根据情况，我会进一步向一些人透露我的其他秘密，比如我爸爸怎么样，以及我为何没上过学。他们中间许多人的家庭都有严重问题，或诸如此类的问题。肯定是这样的。我不知道为什么我觉得只有我一个人遭遇过家庭问题。我想或许这是因为我觉得没有人经历过像我这样的故事吧，这倒可能是真的。但现在，当我在公共场合的餐厅里环顾四周时，无论在哪里，我都能想象有多少人带着秘密坐在那里。我想那一定是很多。”

确实，肯定有人能理解加尔文，但这么久了，加尔文还没有认识到谁能理解自己，因为那些人也在伪装。

第 14 章

秘密团体

就像偷偷摸摸的窃贼希望被抓一样，我们会在断锁上留下指纹，在布满窃听器的房间里留下声音，在潮湿的水泥地上留下脚印。

——罗斯·麦克唐纳

雷切尔（Rachel）是一位艺术家，喜欢赶时髦，经常穿戴一些令人惊讶或不协调的服饰，所以，她戴在小拇指上的那个类似于蝙蝠侠的戒指并不显得突兀。旁边的手指上戴着一枚闪闪发光的小订婚戒指。雷切尔过来接受心理治疗的原因是她不相信未婚夫对她的爱。她难以相信未婚夫不愿意和别人在一起，觉得未婚夫如果和别人在一起，会过得更好。在拐弯抹角地谈论了一段时间之后，雷切尔开始聊起那个类似于蝙蝠侠的戒指。她说："蝙蝠侠是我最喜欢的超级英雄，我想这是因为他像个侦探，他有他的真言套索，能解开谜团，抓住坏人，然后报警，不会导致别人死亡。我想这就是我这么喜欢它的原因。因为我不想伤害任何人。我只想要真相和正义，你知道吗？我记得这是我最早的目标之一。"

多年前，雷切尔从她父母的起居室沙发底下向外窥视。沙发很大，她很小，她可以躺在它下面，她的脸颊靠在她伸出的手臂上。那是晚上，父母坐在起居室的两边，靠在躺椅上喝酒看电视，一直看到深夜。雷切尔也经常沿着楼梯爬下来，爬进起居室，她躺在他们中间的沙发看电视，没有引起任何人的注意。电视里面播放的节目太过成熟，以至她还不能完全理解，但其中许多令人困惑的东西一直萦绕在她的脑海中，比如一个名为《周六夜现场》的综艺类节目讲关于亚伯拉罕·林肯的情景，比如电影中蚂蚁吃人的可怕时刻，再比如她认出了一个以前的童星，但那时已经长大了，露出了自己赤裸的胸部。雷切尔的生活就是这样。作为家里8个孩子中最小的一个，她经常接触到一些她还弄不懂的东西。

在雷切尔偷偷摸摸地看到的电视节目中，有一部电影是她看得最多的，名为《神探可伦坡》(*Columbo*)。这是一部侦探剧，虽然雷切尔看不懂，但觉得这个侦探很聪明，能给她带来精神安慰。在她看到的那一集里，一个被关在壁橱大小的步入式保险柜里的男人被谋杀了。他知道自己会因缺氧而死，所以他事先准备了一张纸条，上面写着凶手的身份。但由于他不确定谁会找到他的尸体（以及那张纸条），他就把那张小纸条藏在了天花板上的灯具里。然后，在保险柜墙壁上排列的黑色金属储物盒的两侧画着一个指向天花板的长箭头。最后，他把盒子弄得乱七八糟，把箭头弄得模糊不清。

童年时代的雷切尔在沙发底下偷偷看到那一集电影之后的20年里，从来没有忘记那个被关在保险柜里的男人。事实上，她经常回想起那一集的情节。对她来说，那一集就是一个谜。后来，谷歌这个搜索引擎出现了，使她更容易弄清这些事情的真相，她搜索到了这个电视剧，重新看了一遍，她一直惦记的那一集的名字原来是《试着抓住我》(*Try and Catch Me*)。当然，可伦坡确实抓住了凶手。首先，他注意到受害者指甲下的黑色油漆，然后他发现保险柜里的一些金属盒子上似乎有随机的划痕。充满好奇和困惑的可伦坡无法完全忘记这种奇怪的情况。最后，他重新排列了金属盒子，重新确定了箭头的位置，并发现了纸条，抓住了凶手。

侦探推理小说家菲丽斯·多萝西·詹姆斯（Phyllis Dorothy James）说："侦探小说要讲的不是关于谋杀，而是秩序的恢复。"恢复秩序正是雷切尔所希望的。“当我成年后看到那一集的《神探可伦坡》时，我意识到这些年来我一直有这种感觉，”她回忆道，“就像有人杀了我，或者至少发生了什么不好的事情，但我不知道是谁干的，因此我不能把这件事告诉任何人。所以我觉得我身上总是有这些线索，就像受害者指甲下面的黑色颜料一样。我一直在等待有人注意到它们，并把它们与真正发生的事情联系起来。但大多数人没有注意到这些线索。即使他们注意到了，你永远不知道他们是真的想探究真相，还是只想掩盖真相。”

那么关于雷切尔的线索是什么？她“指甲下面的黑漆”是什么？成年以后的她，线索是她手指上的蝙蝠侠戒指，但对于儿童期的她，线索是晚上蹑手蹑脚地走下楼梯，在起居室的家具下睡着了。对于十几岁的她，线索是她开始穿一身黑色的衣服，在学校里闲逛。她还在日记里写了首悲伤的诗，那本日记曾经有一个黄色的布封面，上面印着小小的红花，但她用一支永久性的记号笔把它完全涂黑了。那首诗的标题是什么呢？标题就是《黑色》。

回头来看，这些都是雷切尔所谓的“线索”，她认为，应该有优秀的心理学家扮演像可伦坡这样的好侦探的角色，去发现她的线索。如果有这么一个人，也许他已经被雷切尔的行为弄得心烦意乱了，就像探究被锁在保险柜里的那个男人在生命的最后一刻打乱的金属盒子一样，直到彻底明白她的行为所表达的意思后才能休息一下。当被问及如果让她给神探可伦坡写一个纸条，她会在上面写什么，雷切尔一开始反对这样做。但思考了一会儿，她说会这样写：“父母不在时，我哥哥让我玩裸体游戏。”

兄弟姐妹性侵犯是家庭中最普遍的性虐待形式，也是最容易被忽视的形式。然而通常是发生在哥哥和妹妹之间，就像雷切尔一样，当然，任何兄弟姐妹之间的关系都是可能的：姐姐侵犯妹妹；哥哥侵犯弟弟；姐姐侵犯弟弟。有时，侵犯者和受害者之间有明显的年龄和能力差异，有时这两个兄弟姐妹的年龄非常接近。在性侵犯他人的青少年中，大约有一半是侵犯兄弟姐妹。

尽管很难将其与正常的探索或单纯的性游戏区分开来，或者将其简单地归结为“给我看你的，我也会给你看我的”——兄弟姐妹间的性侵犯是两个兄弟姐妹之间的性行为，超出了与年龄相称的好奇心，而且往往不是暂时的。人们通常认为兄弟姐妹之间的性侵犯没有那么多禁忌，没有成人和儿童之间的性行为严重，其实，二者后果同样严重。事实上，由于兄弟姐妹之间是有规律的、不受监督的接触，他们之间的性行为比成人和儿童之间的性行为往往更具身体侵犯性，更有可能涉及身体接触，而且频率更高，这种情况可能会持续多年，就像雷切尔的情况一样，直到兄弟姐妹中有一个长大成人离开家。

兄弟姐妹间的性侵犯越频繁、越具侵略性，就越有可能产生持久的影响，但对一个人的生活产生影响并不是单凭肉体虐待就能预测的。如果哥哥或姐姐以挑逗、凝视和接触色情资料的形式对妹妹或弟弟给予过度的性关注，那么对发育中的儿童的伤害可能与性交一样大。然而，也许最重要的是如何看待或解释发生了什么。在一项针对童年时遭受过兄弟姐妹性侵犯的女性的研究中，预测成年后抑郁和焦虑的并不是虐待本身，而是人们对发生过的性经历的看法。具体地说，如果一个人认为让他人靠近是危险的，或者因为受到性虐待而无法正常生活，那就可能导致成年后发生更糟的后果。

许多受害者根本不知道该怎么想，部分原因是他们只能独自面对所发生的事情，并得出自己的结论。兄弟姐妹性侵犯是所有性犯罪中最不为人知的一种，出于多种原因，受害者在多年以后才会向他人讲述自己儿时受到的虐待。年幼的孩子可能不知道自己和兄弟姐妹之间发生了什么，或者他们可能被明确告知什么都不要说。他们可能对自己受到的性关注感到不舒服，但他们可能仍然喜欢这种特殊的关注，这让他们感到困惑。他们可能只是在长大后和侵犯行为过了一段时间后才知道这种行为是错误的，让他们觉得自己是同谋。兄弟姐妹间的性侵犯也可能发生在那些存在其他问题的家庭中，比如婚姻关系紧张或家庭暴力，因此男孩和女孩可能会担心给他们的家庭带来更大的压力。

遗憾的是，对于那些告诉别人遭受家庭性虐待的人来说，他们得到的回应可能和虐待本身一样有害。雷切尔的哥哥成年后没能靠自己独立谋生，于是决定回家。在他离开的这些年里，他和雷切尔的关系已经开始随着他们年龄的增长而发生典型的转变。假期里，他们避免眼神的交流，从哥哥避开她的样子，雷切尔感觉到他对自己所做的事感到羞愧和后悔。同样地，在假期里，哥哥送给她的礼物似乎既能安抚人心，又能操纵人心，就像过去他们经常玩裸体游戏时常常给她的那些礼物一样，仿佛他想要弥补他过去和现在都知道做得不对的地方。或许正是因为这些礼物，雷切尔还是害怕哥哥会回到他们曾经去过的楼上走廊。为了保护自己，雷切尔不情愿地告诉了母亲真相。雷切尔的哥哥被送去看心理医生，她被送去寄宿学校。

据估计，在那些儿童期遭受性侵犯的受害者里面，30% 至 80% 的人直到多年后才向他人讲述自己的经历，而大多数情况下，直到成年后才会告诉别人。像雷切尔一样，被性侵的儿童可能会显露出一些迹象，希望一些有爱心或有能力的人能看到这些迹象，并弄清真相。或者，当他们觉得足够安全或者足够危险的时候，才有可能会极其不情愿地委婉道出。无论如何，这方面的信息很少被直接地、及时地披露出来，这不仅适用于儿童性侵的幸存者，也适用于那些经历过童年不幸的人。智力超常儿童保守秘密以保护自己的安全——分享一个人真正知道的或感受可能是危险的，但不谈论困难也可能是危险的。

社会心理学家詹姆斯·彭尼贝克（James Pennebaker）毕生致力于研究揭秘与健康之间的关系。在一项具有启发性的早期研究中，他调查了 200 名成年人，了解他们在童年和成年时期所面临的困难，包括离婚、近亲死亡、性侵犯、身体攻击和其他创伤，并注重研究参与者披露这些困难事件的深入程度。毫不奇怪的是，一些事件被分享出来的概率的确大于其他事件。成年期发生的困难以及那些难以隐藏的、几乎不带耻辱色彩的困难（如父母的去世）更容易被家人或朋友谈论。此外，那些愿意将逆境分享出去的参与者通常在生活和工作中都表现得相对较好，但那些把逆境隐藏在心里的人比其他参与者更有可能遭遇或轻或重的健康问题（比如溃疡、流感、头痛、癌症和高血压）。最值得注意的一项发现是，要预测逆境是否会引发健康问题，主要不是看是否经历了逆境，而是看是否把逆境隐藏起来。也就是说，如果一个人在经历过家人死亡之后，选择把这件事隐藏在内心，那么这个逆境就与被隐藏起来的性虐待一样有害。彭尼贝克根据他在这一领域的工作总结道："不与他人讨论或吐露经历的行为可能比经历过事件本身更具破坏性。保守秘密似乎对健康有害。"

这些资料可能会让许许多多隐藏秘密的超常者感到担忧，但彭尼贝克的其他研究表明，揭秘永远不会太迟，即使在那些黑暗的日子已经过去多年，谈论我们最黑暗的日子也能让我们感到宽慰。在与美国达拉斯大屠杀研究纪念中心合作开展的一项研究中，彭尼贝克采访了平均年龄 65 岁的大屠杀幸存者。在第二次世界大战结束之后的 40 年里，只有约 1/3 的幸存者与他人详细讨论过他们的经历，另外 2/3 的人则保持沉默。对于任何地方的超常者来说，他们保持沉默的原因听起来都很耳熟，比如他们试图着眼未来，忘记过去，比如他们觉得没有人会理解他们独特的经历，比如他们不想让家人和朋友难过，等等。尽管如此，参与者还是被邀请在长达一到两个小时的采访中讨论他们在集中营、劳改营和贫民区的悲惨岁月，结果发现那些能够比较自在地讲述自身经历的人，一年后的健康状况有所改善。在与耶鲁大学福图诺夫大屠杀视频证据档案馆合作开展的一项类似研究中，彭尼贝克发现那些有意愿、有能力谈论大屠杀的幸存者（这样做其实很困难）的身心健康状况也有所改善。

当然，讲出病痛具有治愈效果的想法虽然已经存在多年，但这一观点最早并不是彭尼贝克提出的。它是基督教忏悔的基础，是心理治疗的基础。19 世纪末，弗洛伊德和他的同事、维也纳内科医生约瑟夫·布鲁尔（Josef Breuer）提出了"谈话疗法"。两人共同提出，许多情感和身体症状是由未表达的记忆引起的，通常是令人不安的事件。他们建议，如果这些记忆能够被谈论出来，那么郁结在心里的情绪就会被释放出来，达到精神宣泄的效果，病症就会减轻或消失。一个多世纪后，数十种经过实践检验的心理疗法出现了，但几乎所有的疗法都要求患者在一定程度上讲述他们的痛苦。这使得一些心理治疗研究人员得出结论，认为不同的心理治疗本质上并没有多少差异，从精神分析心理疗法到行为和认知疗法，几乎所有的形式都以这样或那样的方式践行了“谈话疗法”。

或许正是由于这个原因，忏悔对心灵有益，至少对健康有益。对近150项研究进行的大数据分析得出的结论认为，虽然许多问题似乎已经尘埃落定，但自己披露出来仍然是有益的，只是确切原因尚不为人知。弗洛伊德早期的一个假定是说话可以释放遭到压抑的记忆和情绪，让人得到精神宣泄，但研究表明，原因不止这些。最受支持的理论之一是，说出秘密最有用的地方不是释放压力，而是在于用语言把我们的经历表达出来之后，有助于我们理解自己的想法和感受。记住，尤其是对孩子们来说，秘密往往是我们与自己对话的产物。如果我们在内心里告诉自己“不知道怎么去说”或者“我不知道该怎么办”或者“我不知道把它放在哪里”，那么我们就会把不幸经历隐藏起来，而不是倾诉出去。

那么，将一种感觉或经历“用语言表达出来”到底意味着什么呢？语言可以用来贴标签和分类别，帮助我们整理头脑中散乱的内容。所以当我们谈论自己的经历时，不管我们是否有意这么做，客观效果都是在整理思绪，把它们放在合适的位置。我们可以说“我有话要说，我知道该怎么做，我知道怎么应对这种想法”。正是这样的做法，令人困惑不安的经历变得更有条理和易于理解，也显得不那么可怕和令人沮丧了。就像詹姆斯谈论侦探小说一样，用语言表达情感有助于恢复秩序。

脑成像研究表明，使用语言的行为将大脑的活动从杏仁核转移到前额叶皮层，从主管情感的枢纽转移到执行功能的枢纽。在一项研究中，研究人员向参与者展示了一些人脸的照片，这些照片上的人都有愤怒或恐惧的表情，而正是这些表情刺激了杏仁核。一组参与者被要求将愤怒的面孔与愤怒的面孔或者恐惧的面孔与恐惧的面孔匹配起来，而另一组参与者则被要求选择愤怒或恐惧等词语，给他们看到的面孔贴上标签。在用文字标记人脸的参与者中，前额叶皮层的活跃度上升，而杏仁核的活跃度下降，而那些仅仅匹配面孔的参与者则没有发生这种变化。在类似的研究中，研究人员向参与者展示了一些会引起大脑负面情绪反应的图片，比如鲨鱼、蛇、蜘蛛、枪支、飞机失事、车祸或爆炸的图片。一些参与者被要求简单地将这些图片进行匹配，同样是狗对狗或者蛇对蛇。而另一些参与者则被要求将每张图片归类为自然危险或人为危险。结果发现，匹配过程会在杏仁核中引起强烈反应，而标记过程在杏仁核中引起的活动较少，在前额叶皮层引起的活动较多。

这些研究表明，语言迫使大脑活动从杏仁核转移到前额叶皮层，因此当我们使用语言时，理性开始取代情感。“一个没有名字的概念就像一只流浪狗或一只野猫。要驯服它，你必须给它起个名字。”大屠杀幸存者露丝·克卢格在她的回忆录《还活着》中如是写道。或者，就像平时常说的那样，“给它起个名字来驯服它”。雷切尔惊讶地发现，她哥哥所谓的裸体游戏或者说兄弟姐妹性虐待，可能会有一个不同的名字，而更令她惊讶的是，这种现象竟然如此普遍。仔细研究了那些曾经是犯罪者和受害者的兄弟姐妹，她发现他们的经历和她自己有相似，也有不同。最终，她决定使用自己选择的词语，并以自己的方式理解这段经历。

“我决定用一个词来形容我哥哥的所作所为，”雷切尔说，“虐待这个词对我个人来说并不适用，因为这听起来像犯罪，我不认为他试图成为一名罪犯，或者也许我只是不喜欢‘我是一个受害者’的想法。我在小的时候确实这么想过，那就是我喜欢蝙蝠侠和可伦坡的原因。我要的是真理和正义。但现在我认为这发生的一切都是一个错误。我哥哥错误地认为他所做的事情不会对我产生负面影响。尽管我是无辜的，但我却错误地无动于衷，任由事件发展。所以，我们都犯了错误。我能看出来，我不再感到困惑了。我的生活是有意义的。”

雷切尔继续向我倾诉，这一次倾诉的内容是什么原因促使她决定接受第一次治疗。“我曾经无法理解在我经历了所有这些糟糕的事情之后，我的丈夫还会不会爱我，我感到疯狂。但现在我发现自己的生活中有一部分是悲伤的，但是并不是特别坏。我能想象得到我和哥哥犯的错误是如何搞砸了我们俩之间的关系，但我不再觉得那么不可思议了。我能理解为什么我有时会感到沮丧和愤怒，但我也不会觉得不可思议了。我感觉比以往任何时候都更正常，因为我已经谈论过我的秘密，我终于能够理解它们了。正如法国作家安妮·埃诺（Annie Ernaux）在她的《耻辱》（*La Honte*）一书中所说的那样：“叙述，各种叙述，或许会让任何行为回归正常，包括最戏剧化的行为。”

把我们的经历用语言表达出来，这是一件特别的事情，至少是特别有用的事情。“用你自己的话说出来！”我们告诉那些正在崩溃的孩子，我们这样告诉他们是因为，通过直觉或经验，我们明白单词和句子有潜力创造秩序，促进联系。通过和别人谈论我们最糟糕的日子，我们可能会发现我们的经历并不像我们想的那么糟，也许我们也不像我们想的那么糟。我们的经历可以被理解，我们也可以被理解。

在一项关于秘密和团体之间关系的研究中，哈佛大学的86名学生在11天里记录了他们白天黑夜的感受以及他们在做什么。那些保守秘密的学生总体上对自己的感觉都不太好，比那些不保守秘密的同学更焦虑和沮丧。如果想让这些保守秘密的学生情绪高涨一点，那就是无论学习、吃饭，还是只是闲逛，都和那些与他们一样也有秘密的学生在一起。然而，不幸的是，保守秘密的学生更有可能独处。

这就出现问题了，因为尽管我们认为真正有适应力的人不需要外人帮忙，但社会的支持是至关重要的，在生活最困难的时候尤其如此，这甚至是那些快乐的人和不快乐的人之间的关键区别。在一项针对7 000多名经历过早期逆境的成年人的研究中，那些得到了社会支持的人不太可能与焦虑或抑郁做斗争。包括数百项研究和数千名参与者在内的多项大数据分析显示，无论对于儿童还是对于成人，要预测他们遭遇逆境后会经历多大的痛苦，主要不是看逆境的严重程度，而是看遭遇逆境之后的孤独感。那么，在经历了早期的逆境之后，依然能在成年后感觉良好的两个最有力的预测因素，一个是能够主动把秘密分享给别人，另一个就是在我们的生活中有支持我们的人，通常这两件事是息息相关的。相互沟通有利于促进团体的形成。分享我们的秘密是关系变得更亲密、更真实的一种方式，我们最有可能向那些让我们觉得可以依靠的人吐露心声。

关于揭露秘密的研究表明，那些敞开心扉的人想要和需要的是一个谨慎的人，一个值得信赖的人，一个不去随意做出判断或做出无知回应的人。如果这个倾听者能够为倾诉者提供深入的见解，那就更好了。出于这个原因，一些像雷切尔这样的超常者会把自己的秘密告诉

“专业密友”，比如治疗师或神职人员。另一些人则在支持团体中找到归属感，比如匿名会议或为那些分享特定经历或秘密的人设立的治疗小组，这让每个小组成员都能看到自己不是唯一的。然而，更常见的情况是，我们的第一个知己，也是我们最重要的变革推动者，往往是关心我们的朋友或支持我们的伴侣，也就是理解我们的非心理研究领域的人。

除了专业人士之外，还有很多人能够理解雷切尔这样的超常者。她是更大群体的一分子。这个群体之大，可能超出了她的想象。大约20%的儿童曾经遭受过某种形式的性侵犯，而且是大多数成年人在青少年时期都经历过逆境，只是很多人也保守着秘密。雷切尔是这些人里面的一员。雷切尔的秘密让她感到孤立，事实上，她每天都面对面、肩并肩地与许多人一起生活，这些人即使没有与她分享遭受兄弟姐妹性侵犯的具体经历，也可以倾听她在生活中的其他秘密。在这些人里面找到合适的人去倾诉，会产生非常重要的意义，这种意义怎么估计都不过分。

考虑到这一点，这似乎是通往健康与幸福的方式，对超常者来说，就是尽可能多地同愿意倾听的人交谈。当然，事情并非这么简单。尽管对自己保守秘密有危险，但超常者始终认为把秘密说出来也有风险。那些透露秘密的人可能会受到指责、羞辱、拒绝或反驳，或者他们可能会被劝阻不要那么坦诚。分享我们的秘密是让我们感到自己与别人建立了更密切、更安全的联系，还是让我们感觉更孤立和更危险，取决于倾听者做出什么样的反应。这就是彭尼贝克所说的开放的“残酷悖论”。

事实上，尽管彭尼贝克的许多研究都是在实验室里进行的，参与者对着录音机说话，或者与研究人员交谈，研究人员已经接受过培训，知道如何做出符合受试者心理需求的反应，但在真实世界中进行的研究则会显示更为复杂的结果。这里就有一些这样的。与那些觉得自己的倾诉受到倾听者好评的退伍军人相比，那些在倾诉自己的战争经历之后从家人和医疗专业人士收到负面反馈的退伍军人更容易患上抑郁症和创伤后应激障碍综合征。对艾滋病毒阳性的男女来说，那些愿意透露自身状况的人往往拥有更好的健康状况和更高的幸福感，但前提是得到病友组成的团体的支持。那些即将流产的妇女如果事先得到了知情者的全力支持，那么在堕胎后患抑郁症的概率要低于那些无法从知情者那里得到一致支持或那些根本不向任何人吐露心声的妇女。患有不孕症的女性也是如此。同性恋者若能够公开谈论自己的性取向，则表现得更幸福，但前提是他们感到自己得到了倾听者的理解。对于在索马里的维和人员来说，他们承受的压力水平与他们是否见过战斗无关，而与他们如何处理自己所见的情况有关。同样，对于性侵犯的幸存者和暴力犯罪的受害者，其他人的负面反应比攻击本身更能预测受害者患上创伤后应激障碍综合征的概率。虽然有些人在网上发布自己的秘密之后收到了网友的积极回应，从而释放了自己的情绪，但还有人在网上发布了自己的秘密之后却收到了网友的负面评论，甚至言语攻击，从而感觉受到了心理伤害，不再披露自己的秘密。最先披露的信息特别重要，因为这些信息往往决定披露者是否继续披露以及何时再次披露。正如约翰·斯坦贝克（John Steinbeck）所说的那样："讲秘密或讲故事的人，必须想到谁在听，谁会读，因为一个故事有多少读者，就会被理解成多少版本。"

雷切尔解释道："我处在一个无能为力的境地，不敢把'我的故事’告诉别人，因为我觉得我的故事永远不可能完全是我自己的，感觉自己就像我哥哥故事中的一个角色，因为他的故事总是先于我的，这对我产生了很大的影响。这太不公平了，因为我觉得如果我告诉别人我哥哥做了什么，那么我就让他的故事成了我的故事，就以一种我不情愿的方式把过去带入现在。我觉得我在为我没有做的事情而受到惩罚。但是如果我不把所有的事情都说出来，告诉别人我哥哥的事，那么我就会觉得我没有说实话，就好像我是骗子一样。如果我真的很勇敢，我就会告诉每个人一切。”

我们生活在哲学家克洛伊·泰勒（Chloe Taylor）所说的“忏悔文化”中。“每天我们都被那些选择与世界分享秘密的人所包围，各种回忆录、专栏、博客、脱口秀和真人秀就是例证。对一些人来说，大声自豪地讲述自己的故事是一种释放和力量，许多超常者通过阅读前人的自传找到了慰藉和力量。公开谈论那些以往只会被悄悄谈论的问题，可以改变人们的意识，减少耻辱感。这些来自真人的证言，确实能催生真正的改变。在我们周围，我们可以看到那些已经找回生命意义和获得心灵救赎的人，他们借助自己的语言和自己的声音，讲出了那些最黑暗、最屈辱的经历，达到了超脱的境界。然而，那些做出不同选择、决定不把自己的秘密公之于众的人却较少为人关注。”

虽然保持沉默有危险，但这并不意味着实现勇敢或诚实生活的唯一方式就是像雷切尔所说的“把每件事都告诉每个人”。一开始，雷切尔曾说过她想要生活中有“真相和正义”，但不知怎的，她觉得永远和哥哥犯的错误联系在一起既不公平也不真实。但似乎有些人要求这么做。当雷切尔等了好几年才告诉她的朋友她过去遭受的性虐待时，她的朋友想知道为什么雷切尔没有早点告诉她，为什么她不能诚实地面对自己是谁。

法国哲学家让–保罗·萨特（Jean-Paul Sartre）在一篇著作中写到一个所谓的“真诚捍卫者”（champion of sincerity），这个人坚持认为他的同性恋男友不愿意公开性取向的行为是不真诚的。雷切尔的朋友也有类似的感觉，因为雷切尔之前没有坦白“她是谁”，所以她朋友感到了沮丧和背叛。但她朋友的这种态度本身就有问题，不是吗？

正如萨特所言，也许是“真诚捍卫者”错了，因为他试图迫使他的朋友将自己归入某个类别，甚至是一种形象刻板的类别。正如萨特笔下那位“真诚捍卫者”一样，雷切尔的朋友也认为雷切尔的沉默令人怀疑。但对于过去的经历，最重要的不是解释清楚“雷切尔是谁”，而是她渴望一种可能摆脱过往的生活和自我。

正如泰勒和她之前的其他哲学家萨特、米歇尔·福柯（Michel Foucault）和朱迪丝·巴特勒（Judith Butler）提醒我们的那样，沉默是复杂的。沉默虽然没有声音，却也是一种自由：通过保持沉默，他们不必敞开心扉，从而避免了更多的痛苦，避免因一两次经历给自己贴标签，尤其是那些不是自己主动选择的经历。文字帮助我们把自己的经历分门别类，以便获得更好的理解。同样，我们为了更好地理解这个世界，也需要把周围的人分门别类，比如男性、女性、黑人、白人、同性恋者、异性恋者、受虐者、未受虐者等。没有被别人定义，没有被别人分门别类，或者没有被每个人完全理解，都会带来某种程度的自由。“匿名者坚称，你不认识我，能奈我何？”女权主义学者莉·吉尔摩在《自传的局限》（*The Limits of Autobiography*）一书中写道。

许多孩子保守秘密，至少在一定程度上是因为他们本能地拒绝让别人知道发生在他们身上的坏事。还记得乔奇拉小镇校车上的那些男孩吗？雷切尔不想把所有事情都告诉每个人，这就是她避免和某个特定的故事捆绑在一起。和许多超常者一样，她不愿让别人知道她做了什么坏事，也不愿让别人知道她做了什么超出自己控制的事。雷切尔不能选择她的哥哥，但她可以选择是否披露出去他对她做了什么，并选择以什么方式披露，在什么时候披露以及披露到何种程度。雷切尔知道，她不能假装自己的生活中从未发生过性虐待，但至少有时她想要和一个不知情的陌生人享受一段对话、一顿饭或一段感情。可能这听起来很矛盾或者不勇敢，但也许雷切尔只是想保留融入正常人的权利。正如《本质》（*Essence*）杂志的联合创始人爱德华·刘易斯（Edward Lewis）所说，这些正常人能够“根据我们最好的经历，而不是最糟糕的经历来定义我们”。

一个名叫戴维·黄（这应该是个笔名）的作者在他的一本书中写了一个人物，关于保守秘密，这个人物说了下面的话：“地球上有两种人：蝙蝠侠和钢铁侠。蝙蝠侠有秘密身份，对吧？所以布鲁斯·韦恩每天每时每刻都得四处走动，他知道如果有人发现了他的秘密，他的家人和朋友将会面临死亡，他爱的每一个人都会被超级恶棍折磨致死。他每天都要承受这个秘密的重压，不像托尼·斯塔克，他对自己很坦诚。他告诉全世界他是钢铁侠，他不在乎。他没有那个阴影笼罩着他，他不需要花费精力在自己周围筑起谎言之墙。你只能在这两种人物形象之间选择一种，要么你是那种不得不隐藏真实自我的人，否则一旦你暴露你的那些关于恋物癖、毒瘾或犯罪的秘密，就会毁了自己，不然，你可以选择做另外一种人。”

一个人必须是蝙蝠侠或钢铁侠的想法很有趣，但也是一个错误的选择，因为世界上不只有这两种人，也不只有两种超级英雄。戴维·黄笔下的人物所说的话代表着保守秘密的两个极端：一端是那些保守秘密的人，就好像他们的生活依赖于这些秘密一样；另一端是像雷切尔说的那样，“把一切都告诉每个人”。当然，在这两者之间有很大的空间。就像正义联盟、X战警或复仇者联盟一样，当单独的一个超级英雄无法抵挡住敌人时，超级英雄就会与少数可信赖的人分享他们的秘密，并团结在一起。

当儿时的雷切尔第一次在家里的沙发底下看到可伦坡的时候，就意识到不能告诉任何人关于“裸体游戏”的事。对于许多有话要说但又不确定该对谁说的超常者来说，情况也是如此。他们想得到别人的理解，但是他们凭直觉认为不适合敞开心扉，或者之前敞开心扉后反而受到了更多伤害，决定不再透露自己的秘密。作为一种保护，超常者可能会留下一些线索，比如指甲下的黑色油漆，让一些有爱心或有能力的人去寻找真相。也许他们会对生活中的不幸透露只字片语，就像面包屑一样，让知情的朋友或专业人士来追寻。为了维护自己的安全，暂时保守秘密，不被外人理解，或许是最好的选择。或者，在人际关系的初期，他们可能会透露一些小问题或不那么危险的秘密，作为一个试探性的举动，仔细看看自己将收到什么样的回应。他们密切关注朋友和熟人的言行。雷切尔不信任那些讲不敏感的性笑话的人，不信任那些说闲话的人，不信任那些对有家庭问题的人说闲话或做出判断的人，她也在寻找那些可能会留下蛛丝马迹的人。有时候，在创建团体时，“需要通过一个人去了解另一个人”。

就这样，随着时间的推移，雷切尔通过适当透露个人秘密的方式结识了一小群值得信赖的知心朋友，建立了自己的小团体。这些人知道她的秘密，并与自己的亲人住在一起，感到有一种亲切感。她加入了一个支持家庭暴力幸存者的组织。她向一位父亲患有精神分裂症的朋友敞开了心扉。她联系了另一位曾在寄养中心待过一段时间的人。她的堂兄开始和她谈论一个共同的吸毒者亲戚。她是一个俱乐部的成员，时常能够获得极大的精神慰藉。

社会学家卡伊·埃里克森（Kai Erikson）在关于创伤和团体的著作中提醒我们，逆境既可能破坏我们最有意义的联系，还可能催生这种关系。创伤可以通过培养相互认同感来打造一个团体。在这种团体中，成员之间存在着极其深刻的联系和相互理解。在这种友谊中，人们之所以能够走到一起，不是因为拥有共同的爱好或兴趣，而是因为拥有共同的经历，往往是刻骨铭心的痛苦经历。一种特殊的纽带使得成员之间的关系非常密切，每个人都能从集体智慧中受益，他们团结一致，防御外部风险，每个成员都会觉得自己变得比之前更强大了。

诸如雷切尔之类的超常者在很多年里都觉得自己非常孤单，找不到一个可以相信的人倾诉心声，觉得自己无法融入他们眼中所谓的正常人，但与经历相似的人组建了团体之后，三五成群地聚在一起，就变得不那么孤独了，他们相互理解，不再是局外人，而是变成了局内人。他们在自己创造的团体里面终于觉得自己可以畅所欲言了。之前，他们经历了性虐待或其他逆境之后，产生了疏离感，认为自己的痛苦经历是不正常的，认为自己也变成了一个不正常的人。这种错误的结论会产生严重的危害。但加入志同道合者组成的团体之后，这些超常者就会怀疑这个错误结论，认为悲惨经历不过是平常之事，也不再把自己视为一个不正常的人。雷切尔就是如此，但这主要不是因为她找到了男朋友或者寻求心理医生的帮助，而是因为她找到了拥有类似经历的朋友。

雷切尔反思道：“在很长一段时间里，我很难理解我的未婚夫为什么想和我在一起。我不相信，我觉得自己因为我哥哥的错误而受到了伤害。在我成长的过程中，我哥哥会先跟我说一些话，然后发生一些性接触。所以，当我的伴侣说他爱我或者我是个好人的时候，我真的无法接受。后来，我看着我的朋友们，心想如果他们用我这种心态去看待自己，就会剥夺自己成为正常人和过正常生活的资格，我永远不会赞同。所以这迫使我重新思考为什么我之前会那样想。现在，当我看着朋友们的时候，我相信自己是正常的，因为我觉得他们就是正常的，我相信自己不是一个坏人，因为我觉得他们不是坏人。我之前总觉得自己与众不同，总觉得自己一个局外人，一心只想做个正常人，但现在我意识到我那些经历是正常的，或者说我所指的‘正常’在范围上比其他人更广泛，或许根本不存在所谓的‘正常’。也许大多数人，或者说很多人，都有自己的秘密。这不会毁掉我。我还有时间去过正常的生活。”

第 15 章

蜘蛛侠的披风

这个世界之所以危险，并非肇因于险恶的人，

而是肇因于纵容恶行的人们。

——阿尔伯特 · 爱因斯坦

“能力越大，责任越大。”这句话是漫画史上最具标志性的宣言。尽管有许多人表达过类似的观点，比如温斯顿·丘吉尔曾说过：“权力越大的地方，需要承担的责任也越大”；富兰克林·罗斯福在他去世前夕写道：“权力越大，责任越大”；但是许多人认为这句话是蜘蛛侠领悟到的道德启示。十几岁的彼得·帕克因被蜘蛛咬伤而拥有了超能力，起初他一直回避自己拥有超能力这一事实，并且对利用超能力做善事不感兴趣。对此，他的解释是“我有我自己的问题”，事实确实如此，他正遭遇着欺凌、金钱、感情以及家庭纠纷等问题。然而，蜘蛛侠没有阻止一个逃跑的小偷，因为他觉得这不是他的责任。不久之后，这个小偷杀死了他的养父，也就是他深爱的本叔叔（Uncle Ben）。在这个漫画故事的结尾，悲痛欲绝、深感懊悔的蜘蛛侠独自沿着道路行走，画面配有独白：“这个清瘦孤单的身影慢慢地消失在浓浓的黑夜中，他终于意识到在这个世界上，能力越大，责任越大。”也正是在这一刻，彼得·帕克欣然接受了自己的超能力，也乐意成为超级英雄，一个有义务做好事的超级英雄。

许多超常者的人生也发生过类似的转变，只是他们的转变或许没有蜘蛛侠那么戏剧化。他们可能没有被蜘蛛咬伤，但是一些其他的事件可能会带给他们能力和力量。待他们成年时，他们会觉得有必要去利用这些能力和力量。当然，就像年轻的蜘蛛侠一样，他们也有自己的问题，但另外一点也比较像年轻的蜘蛛侠，即他们能够强烈地感受到世界上的不公，因此他们成为家庭和工作中的帮手或者问题解决者，他们经常为那些不能为自己挺身而出的人挺身而出。不管怎样，他们穿上披风，冲了进去，挽救了局面。他们认为袖手旁观，什么都不做是不对的；而且，帮助别人是他们所擅长的。很可能他们一生都在帮助他人。

戴维的母亲在嫁给他父亲的前一天晚上大哭一场。父亲在戴维出生后不久就去世了。戴维的母亲经常对他说："你是我的婚姻得到的最美好的结果，你是我的生命之光。"此外，妈妈每天晚上都会用行动证实她对戴维说的话。每当晚上，戴维的妈妈都会抱着他上床，给他盖好被子，亲吻他，并和他一起唱着"属于他们的歌"——《你是我的阳光》(*You Are My Sunshine*)。对于戴维来说，就寝的那段时光既温暖又快乐，他认为母亲拥有世界上最美丽的声音。当他妈妈坐在他小小的单人床床边时，他会对妈妈鼓励道："妈妈，你应该成为一名歌手。"但是当他的母亲说她的声音不够好，无法成为歌手时，戴维会替妈妈感到难过，也感到害怕。他不喜欢产生他的妈妈不够好的想法。

随着戴维慢慢长大，他越来越仔细地倾听这首歌曲的歌词，他开始感到担心和愧疚了。这首歌的部分歌词如下："你是我的阳光，我唯一的阳光。当天空灰暗时，是你使我快乐。亲爱的，你永远不会知道我有多爱你。请不要带走我的阳光。"让他感到最沉重的是第二段歌词："亲爱的，那天晚上我睡着时，梦见我把你抱在怀里。但是当我醒来的时候，亲爱的，我弄错了，这只是梦，所以我低下头哭了。"戴维觉得他是母亲生命中唯一美好的事情，如果他不在了，她会比平时哭得更厉害。

每年都有近 20% 的成年人患上抑郁症。抑郁症是美国最普遍的精神疾病。因为它是如此常见，甚至是家喻户晓，许多人都没有意识到它的无形负担。有些疾病，比如心脏病或癌症，其最大的危害是缩短我们的寿命，缩短我们可以活着的时间。然而，有些疾病，缩短的不是我们的寿命，而是我们的“健康寿命”，是我们可以健健康康活着的时间。抑郁症就是其中之一。根据对全球疾病负担的研究，抑郁症由于如此普遍，而且往往是反复的、长期性的，已经在全球范围内成为导致人们无法健康生活的第二大诱因。

抑郁症既会影响男性，也会影响女性，且在妊娠期和产后的妇女中尤为常见。当然，这意味着抑郁症不仅改变了父母的生活，也改变了其孩子的生活，这一事实最初在某种程度上是被偶然发现的。在关于父母精神疾病对儿童影响的早期研究中，研究人员将父母患有精神分裂症的儿童的健康状况与父母患有抑郁症的儿童的健康状况进行了比较。父母患有抑郁症的孩子被作为对照组或控制组。在这两组中，精神分裂症患者的孩子预计会有更严重的症状，因为精神分裂症一直到现在都是一种症状更为严重的精神疾病，这一点不可否认。但是令人惊讶的是，研究人员发现，这两组孩子受父母心理健康问题的影响程度是相同的。

养育子女是精神疾病患者面临的最大挑战之一，这其中包括患有抑郁症的父母。对于许多父母来说，连续多年，甚至是几十年地为孩子付出，给予孩子温暖和支持尚且不易，而对患有抑郁症的父母来说，能够做到这样则是难上加难。我们可能认为抑郁症是一种病人无法控制眼泪和悲伤的症状，但无法体验积极的情绪，无法感受生活中的美好，也是抑郁症的一个特征，而且更难隐藏。戴维有时确实看到他母亲在哭，但她通常沉默寡言，容易发怒，最明显的特征是她很少在日常生活中找到快乐，甚至在戴维童年中比较重要的时刻也无法开心起来。

戴维觉得不管他能给妈妈带来多大的快乐，他都应该负责让妈妈开心起来。为了让妈妈开心，他会在家里讲笑话，在学校里取得好成绩，尽管这样给妈妈带来的笑容不会持续很久。戴维很注重照顾母亲的感受，比如不时地称赞她的厨艺，感谢妈妈带他去了某个有趣地方（母亲自己可能并不喜欢这个地方）。当母亲觉得什么做得不好时，只会自己生闷气。戴维怀疑，如果没有他，他的母亲可能停止做任何事情。从他出生的那天起，他就一直在拯救他母亲的生命。随着年龄的增长，他的这一怀疑变得越来越像事实。

许多父母患抑郁症的孩子成年以后确实过得很好，但这并不意味着他们在生活中没有挣扎过。在迄今为止持续时间最长的此类研究中，研究人员对父母患有抑郁症的孩子进行了超过 20 年的跟踪调查，调查对象的平均年龄为 35 岁。研究发现，与抑郁的父母一起长大的孩子在童年时期比同龄人更容易焦虑，因为他们会为父母担忧，为自己担忧。随着这些孩子长大成人，他们患抑郁症的概率是同龄人的 3 倍，酒精或毒品上瘾的概率是同龄人的 2 倍。到了 35 岁左右，他们出现身体健康问题的概率是同龄人的 2 倍，特别是患有心脏病的概率是同龄人的 5 倍。在成长过程中，其中 60% 的孩子没有得到治疗以及支持。

很多个放学后的下午，戴维坐在医生办公室的候诊室里，等着妈妈从紧闭的门后出来，候诊室零星地摆放着一些家具。戴维不知道他的妈妈在看什么医生，但这些医生似乎不是儿童医生，因为他们都没有玩具，甚至没有《儿童聚焦》杂志。戴维翻了翻《纽约客》杂志，找些漫画来看。但是有些漫画他能理解，有些他只能假装理解。不管怎样，当他母亲从医生办公室的后厅出来时，他就会对着漫画咯咯地笑，他的母亲红着脸，眼睛肿得大大的。有时妈妈手里会拿着一张白色的小纸片，这意味着他们要去药店买一小瓶棕色的药丸。医生们从来没有告诉过戴维他妈妈得了什么病，也没有人问过他是否也想去看医生。

戴维的母亲被心理学家称为家庭中的“确诊患者”，这意味着她是那个有问题的人。相反，戴维是“家庭英雄”，或者说是拯救生活的孩子。家庭英雄的概念最初是由莎伦·维格切得–克鲁斯（Sharon Wegscheider-Cruse）提出的，她认为在父母任何一方酗酒的家庭中，孩子可能会扮演“家庭英雄”的角色。维格切得–克鲁斯写道：“在家庭内部，家庭英雄会提供很多帮助，在家庭外部，家庭英雄往往是成功人士。家庭英雄为家庭带来了希望和自豪，即使是最绝望的家庭也会不时地感受到这些希望和自豪。在其他所有资源都枯竭时，家庭英雄为家庭带来活下去的价值。”不仅仅酗酒者的家庭会出现家庭英雄，几乎所有存在父母或兄弟姐妹需要救助的家庭都会有家庭英雄。这本书中就描述了一些，比如艾米丽，她会通过弹钢琴来安抚酗酒成性的父亲，她正朝着成功的方向发展；比如伊丽莎白，她的哥哥是特殊儿童，她和妹妹则扮演着哥哥的超级英雄；比如薇拉，她的良好品行使她有机会去学校上学，在学校她可以远离吸毒的家人；再比如米歇尔，她通过打马球帮助父母分担大学学费。几乎每一个超常者都是这样或那样的家庭英雄。但就他们个人而言，他们似乎总是在拯救别人。

家庭英雄深爱着他们的父母，并完全依赖着他们，所以家庭英雄会努力工作，尽自己的努力让家人过上更好的生活。许多家庭英雄成了优等生或者班长，他们的成就为父母和自己带来荣誉和自豪。有些人成为明星运动员或选美皇后，她们的奖杯、绶带和桂冠抵消了父母自身的失败。另一些人则成为建树颇丰的音乐家或艺术家，他们的才华向他们的父母，向全世界表明他们的家庭一定很美好。那些能够培养出这种适应力强、令人羡慕的英雄人物的家庭里面，似乎存在着某种非常正确的东西。

在家里，家庭英雄扮演的角色可能更像父母，而不是孩子。他们会确保他们的父母按时下班，或者会主动做饭，打扫卫生。他们会照顾兄弟姐妹，照顾宠物，他们是家庭的规划师，会记得与医生的预约，记得收垃圾的日期，会给罹患疾病的父母提供指导和建议。家庭英雄通过表现优秀让他们的父母觉得生活舒服了一些，也让他们自己的生活舒适了一些。就像戴维坐在医生办公室里的候诊室，对着复杂难懂的漫画哈哈大笑一样，最成功的家庭英雄似乎不会受到家庭的影响，他们甚至会表现得更加优秀，这是由于他们在家里面临的挑战，或许这也是因为在某种程度上他们生而如此。但正因为如此，我们很难意识到有时这些孩子也需要救助。

或许由于这个原因，当戴维的母亲深夜带他在高速公路上长途驾驶时（她经常这么做），他总是幻想着同一件事情：他正在被救护车送往医院。他静静躺在旅行车的后座上，一动不动，身体塞在睡袋里，头靠在枕头上。当车开过的时候，他看到树顶的影子从外面疾驰而过。他产生了失重的感觉，并慢慢放松，他想象着自己被人迅速带走，被人呵护。有时候他妈妈会持续开两个小时的车，只要汽车继续奔驰，戴维就会假装自己正被紧急送往急救室。这听起来不像是一件可以持续很久的事情，实际上戴维也无法做什么，但是他尽可能地伸开双臂。他想象着有人和他一起坐在后面——不是什么特别的人，是一个陌生人，安慰他说他会没事的，他会及时赶到医院。不过，戴维终于听到了转弯指示灯的声音，感觉到汽车又像往常一样转了个弯，左拐，右拐，然后又回到家。戴维没有看过任何医生。没有人带他去寻求帮助。

戴维成为一名社会工作者，这并不奇怪。在一项对1 500多名社会工作者的研究中，研究人员布鲁斯·拉基（Bruce Lackie）发现，他们之中有超过2/3的人在家中扮演着家庭英雄的角色。许多家庭英雄习惯了在困境中把他人照顾得很好，也习惯了因此而受到重视。因此，成年之后，他们会选择能够延伸这种角色的职业，比如医学、护理学、心理学、教师、心理学、社会服务、牧师等相关工作。这种发展轨迹是如此普遍，以至于这本书有一章专门讨论这个主题，恰如其分地用了这样一个标题："当家庭英雄成为职业。"

同样，一组规模虽小但结论一致的研究分析了家族史对教育和职业选择的影响。结果发现从事服务型职业的人往往来自有困难的家庭。其中一项研究表明，在专业为社会工作的学生中，80%的人表示自己的父母酗酒，而在商科专业学生中，这一比例为59%；另一项类似的调查发现，虽然只有约25%的商科学生表示自己的家庭成员存在酗酒行为，但是在社会工作专业，这个比例大约是50%。其他研究表明，具有社会工作、指导以及咨询专业背景的学生中家里出现早期压力源的人数要远多于具有非服务型专业的学生，比如商科和文学专业。这里说的早期压力源种类广泛，包含药物滥用、身体虐待、性虐待、情感虐待、身体疾病、心理疾病、暴力等等。这很有可能不仅仅是一种相关关系，因为许多从事服务型职业的人都表示过自己早年遭遇的逆境确实影响了他们的职业选择。

戴维成了一名社会工作者。虽然他的一生都是在帮助那些苦苦挣扎的成年人，但是他的目的不在于此，他做社会工作是为了帮助那些成年人的孩子，那些经常被父母或周围的医疗专业人士以这样或那样的方式忽视的孩子。一项罕见的、动态的定性研究发现父母患有精神疾病的成年人仍然没有忘记自己小时候的感受和需求。虽然有些人回忆说，当他们的父母由别人而不是他们自己照顾时，他们感到如释重负，比如“我的母亲能在医院得到照顾，对此我很感激。我知道她会吃饭，吃药，睡得也好，身体也在好转”，但这些人最心酸的回忆是他们不得不自己照顾患病的父亲或母亲时承受的痛苦。

“我的父母（从医院）回来得太早，没有人关心我们将如何处理一切。”

“我感到被遗弃了，很孤独，因为没有人解释发生了什么。”

“医务人员从来没有对我或我的兄弟姐妹表示过任何关心。”

“我希望我当时能见到社会工作者或者心理学家，希望有人能询问我的反应，并向我解释我父母的病情。”

戴维也记得那种感觉。当他还是个孩子的时候，他知道母亲病得太重，以至于不能很好地照顾他，只有当他坐在她的旅行车后面时，他才假装别人会照顾好他。正是由于这个原因，戴维选择帮助那些父母患有身体或精神疾病的孩子，或者由于某种原因而不能与父母一起生活的孩子。他的第一个年轻客户是一个8岁的女孩，她的母亲死于癌症，父亲不关心她。这个女孩就是一名家庭英雄：她聪明开朗，会在远方亲戚和老师为她要和谁住在一起、要去哪里做决定前耐心地等待着。戴维每周都在她的学校和她见面，他们在一起的时候，她总是选择做同样的事情：玩棋盘游戏。当戴维和她坐在地板上时，他们会坦诚地谈论着坏运气和疾病，谈论着有时坏事会无缘无故地发生，有时医生也有救不了的人的事实。一天下午，在她离开后，戴维走进卫生间，因为心情难受大吐了一场。与痛苦中的孩子们如此密切地工作并不容易，但也许与大多数人相比，戴维更知道他们多么需要像他这样的人。他在想，除此之外，他还能做些什么呢？

心理学家兼研究员埃尔温·斯托布（Ervin Staub）建议用一个术语来形容像戴维这样的人：英勇的帮手。英勇的帮手看到世界上的需求时，会设法满足它们，看到世界上的不公时，会感到有责任去纠正它们。当发现有些人只能独自解决自己的问题时，英勇的帮手会觉得自己无法袖手旁观，什么也不做，他们会下定决心，有时甚至设定职业规划，为这些人做点什么。马特·兰登（Matt Langdon）是英雄塑造公司（Hero Construction Company）的负责人，该公司是一家培养孩子们英雄气概的公司。他曾这样说过："英雄的对立面不是坏人，而是袖手旁观的人。"

从这个意义上说，英勇的帮手或者像戴维这样的社会工作者，与商科学生并没有太大的区别。戴维决定成为一名社会工作者，这与一个古老的职业建议，即"做你擅长的事情以及让你感动的事情"是一致的。任何领域的创新和行动几乎总是源于那些需要解决的问题，源于那些在社区中没有得到满足的需求。

想想星巴克董事长霍华德·舒尔茨的故事。舒尔茨7岁时，他的父亲摔断了脚踝，无法保住卡车司机的工作。由于没有工资和医疗保险，当舒尔茨的家人接到医院打来的催账电话时，他们只能借钱支付医院的账单。舒尔茨在纽约市布鲁克林区的工地上度过了他的童年，在那里，他看着他的父亲不停地换工作，而每一份工作的收入都很低。之后，在他很年轻的时候，父亲就去世了。去世前他的父亲没有收到过任何养老金，也没有存款。如今，舒尔茨成了世界上最具影响力品牌之一的董事长。除了咖啡和商标，星巴克还以其公司使命而闻名。星巴克将“尊重员工，同情员工”作为公司使命。星巴克其中一个特色福利是一个非常慷慨和包容的医疗保健计划，就连兼职人员也能受益。舒尔茨说：“在内心深处，我知道如果我处在一个可以有所作为的位置上，我不会让任何人掉队。星巴克已经成为我父亲生命的遗产，但这些事情都是我无意而为的。”

当然有很多方法可以帮助到人们，比如成为一个英雄。也许英雄是冒着生命危险保护陌生人的军人和公务员，是通过取得新发现来推进相关领域发展的科学家，是在工作之余做好事的志愿者，是为人表率的底层人士，是为了他人的利益而牺牲自己利益的举报者，是在困难时期给予我们指引的领导者，是我们那些愿意照顾非亲非故的人的邻居和亲戚，是赋予孩子知识的老师，是通过纸上的文字与他人交流的作家，是支持弱势群体的律师，是激励教会会众的牧师，或是像霍华德·舒尔茨这样的商人，他们创造出人们需要的产品，提供人们需要的服务与工作场所。有无数的方法可以改变人们的生活；而将这些英勇的帮手团结在一起的是他们的能力，或者说他们的经验，他们能够发现这个世界上需要去做的事情，而且他们敢于挺身而出做出尝试。

英勇的帮手多种多样，同样，要想成为这样的人，途径也是多种多样，但斯托布强调的一点是他所说的“在磨难中诞生的利他主义”，也就是把痛苦转化为广施善举的意愿，这一点也是他个人非常了解的。1944年，斯托布还是一个6岁的孩子，居住在匈牙利首都布达佩斯。当时，因为一个名叫拉乌尔·瓦伦堡（Raoul Wallenberg）的男人，他才能够幸免于难，而不至于像近50万名匈牙利籍犹太人那样惨遭纳粹杀害。这50万匈牙利犹太人中的大多数被送往德国的集中营和劳改营。瓦伦堡是一位瑞典籍商人、外交官和人道主义者，他在匈牙利驻扎期间，通过给匈牙利籍的犹太人发放瑞典保护令，让他们在政治中立的“安全屋”中生活，挽救了数万名男女老少的生命，这其中就包括斯托布和他的家人。1945年匈牙利解放时，大约有10万犹太人留在那里，这主要是由于拉乌尔·瓦伦堡的努力。据报道，这位帮助无数犹太人的英雄人物后来死在了苏联的一座监狱里。

在研究文献中，像戴维这样的家庭英雄被称为“父母化的孩子”、“负担沉重的孩子”和“匆忙长大的孩子”。确实，他们中很多人要么成长得太快，要么承受的负担太重。然而，尽管逆境会带来痛苦和危险，但其影响也不全是负面的，也可以成为增强同理心和个人能力的途径，但这一点引发的讨论比较少。各种研究表明，那些在战争、自然灾害、恐怖主义、社会边缘化、个人暴力或家庭冲突等困境中奋斗过的人更有可能帮助其他需要帮助的人。根据斯托布的说法，他们对周围的问题有更强的危机意识。他们更有可能包容他人，会看到自己的挣扎与他人的挣扎的相似之处，并对那些正处于痛苦中的人产生同理心。对于那些能够克服或超越逆境的人来说，他们认为把自己所知道的传递下去，帮助他人像他自己一样去解决困境是一种道德使命。他们共同的动机是：“我不希望其他人像我一样受苦。”戴维非常理解这个动机。这种情绪是著名的精神创伤研究人员朱迪丝·赫尔曼（Judith Herman）所称的“幸存者使命”（survivor mission）的基础。

神学家卢云（Henri Nouwen）说：“人们对领导者最大的幻想是认为他们会领导人们走出他自己从来没有去过的沙漠。”超常者就是这样的领导者。他们走出了精神疾病、欺凌、酗酒或虐待的“沙漠”。他们其中许多人成为高效、热情的英勇的帮手。出身背景并不是他们做事高效、热情、英勇的原因，他们自己的亲身经历才是。心理学家荣格写道：“医生只有在自我受到影响时才会效率很高。”荣格的母亲与戴维的母亲一样，也在与抑郁症做斗争。然而，太多的超常者会经历信心危机，他们会反问自己这样的问题：“若承担这项工作，我需要成为什么样的人？”而不问自己：“谁能比我更适合做这项工作呢？”

就像蜘蛛侠彼得·帕克经常渴望成为一位普通的青少年一样，戴维有时也想知道一位普通成年人的生活是什么感觉。他会有些嫉妒地看着他的朋友们凭着一腔热血追求事业，或者为了金钱追求事业。当他的一个年轻客户的母亲——一个被监禁的女人——被诊断出患有绝症时，戴维本能的想法是自己是否应该站出来替她照顾她的儿子。他有时候觉得，自己这份工作的责任太大了，如果去做市场营销就好了，可以经常出差，不必非要待在工作场所。就像蜘蛛侠一样，戴维也会幻想如果不用过着能力越大责任越大的生活，也许他会过得更好、更开心。

也许是，也许不是。

超常者往往直觉很准，无论他们是否知道这一点。超常者认为帮助别人，其实也在帮助自己。在许多研究中，帮助他人与改善健康和提高幸福感有关，不仅那些得到帮助的人的健康会改善，幸福感会增加，那些做好事的人也会这样。这里只是研究人员的部分发现。愿意提供志愿服务的成年人比那些不愿把时间花在别人身上的人享有更高的幸福感、更大的满足感以及更低的死亡率。当有压力时，为别人做善事可以降低一个人的心率和血压，这一点已被证明。从事有意义、有目的性的工作或参加有意义、有目的性的活动是身体健康、情感健康以及对生活感到满意的重要因素。积极地照顾生病的配偶可以给自己带来更积极的感受，并可以降低自己的死亡风险。给予朋友、邻居或亲属有形帮助的寡妇比不给予有形帮助的寡妇更快地从悲痛和沮丧中恢复过来。帮助新病人了解并处理病情的心脏病患者自己也能更好地康复。参加志愿者活动与延长艾滋病毒患者的寿命有关，甚至只是单纯地参与研究也可以帮助他们感觉好一些，已有研究证明这一点，研究发现患有视觉障碍的成年人自愿参与人工视觉假体的研发会为自己感到骄傲（他们自身无法从这种研发项目中受益），并因此发现自己独特的价值。正如一篇文章总结的那样，“做一个好人是一件好事”。

然而，做一个好人或做一件好事最令人惊讶的一点并不在于事情本身，而在于乐于助人者获得的益处甚至可能超过受助者获得的益处。在为期两年的研究中，为其他患者提供帮助的多发性硬化症的病人，明显更有可能感到自信、自主，更有可能认为自己掌握能力和适应能力强，更有可能实现个人成长、重新发现生活的意义，他们也不会轻易感到沮丧和焦虑。就整体幸福感而言，这些乐于助人者获得的益处几乎是那些受助者的8倍。他们觉得自己作为帮助者的角色已经改变了自己，改变了自己对这个世界的看法，他们开始觉得自己能够因为自己的疾病而变得更有用处。在一项针对1 000多名教徒的类似研究中，给予他人帮助有利于改善心理健康状况。乐于助人带来的改善甚至超过了接受帮助给人带来的任何改善。一项针对老年人的研究发现，帮助朋友、亲戚或邻居可以将死亡风险降低一半，向配偶提供情感支持可以将死亡风险降低 1/3，而接受他人的支持则没有这种积极作用。

许多超常者选择通过工作、志愿服务或其他方式帮助他人，他们谈到了“将消极转化为积极”带来的价值。“这是一个发生在许多层面上的转变。当痛苦的经历转变为做好事的动力时，我们就从受害者变成了英雄。我们会觉得自己有能力为他人提供帮助，而不是感觉自己不幸和无能。当我们看到周围人的困难时，我们会暂时忘记自己的问题，甚至会因为帮助别人感到更快乐。当我们向那些需要帮助的人伸出援手时，我们增强了与他人的联系，也增强了与外部事物的联系，联系到可能比我们更伟大的事物，从而减少了我们的疏离感。当我们以一种富有意义的方式与他人交往时，就会让自己的日子和人际关系变得有分量和有意义。”

一直以来，戴维都知道他对于他母亲来说很重要。同时，作为一个成年人，他对于很多其他人来说也很重要。经验告诉他，他在工作中服务的孩子们需要他，事实上，他们需要一个和他们完全一样的人，也就是一个真正理解他们经历的人。他的工作是帮助那些需要帮助的人，回应他们的内心呼唤，他知道自己每天都在创造不同。至于他如果从事别的工作是否会更开心，他的生活是不是与现在完全不同，则完全是另外一个问题。戴维知道，这是一个永远无法回答的问题，但无论如何，他偶尔还是会产生这种念头。

超常者不是漫画人物，所以从长远来看，超常者在帮助他人的过程中是否也能够帮助自己将取决于他们做一些漫画里的超级英雄几乎没有机会做，或者不需要做的事：给自己放一天假，让自己休息一下。我们都记得那个彼得·帕克一时疏忽，没有去阻止一个小偷抢走钱财，结果这个小偷却杀死了他的叔叔，这令他深感痛苦，也因此成长，明白了“能力越大，责任越大”这句话的意义，之后在帮助别人的道路上一天都没有停止。当然，我们也从来没有看到过神奇女侠或者蝙蝠侠给自己放假。当戴维晚上回到家时，他痛苦地意识到他在工作中帮助的那些孩子们的生活并没有因为已经是下午6点而停止。事实上，对他们中的许多人来说，晚上和周末是一周中最困难、最危险的时刻。从记事起，戴维就一直担心当他不在的时候，他的母亲会遭遇什么可怕的命运。但如果他们想继续拯救世界，超常者需要能够定期放下披风，拯救一下自己。

虽然能力越大，责任越大，但是人们需要自己决定是否去做善事。相对于被迫做善事，自愿提供帮助的行为更有可能高效，更有可能产生回报。然而，对于超级英雄和超常者来说，能否自己选择是一个很难的问题。蜘蛛侠没有选择被一只蜘蛛咬伤，就像戴维无法选自己被患有抑郁症的母亲抚养一样。对于这两个人来说，他们都利用了从经验中获取的力量去回应不是每个人都能听到的内心呼唤，去做他们认为是正确而且重要的事情。对戴维来说，他无法选择是否离开那些需要他的人，但他将在也需要在他能力范围之内的地方拥有选择权。

超常者可能无法选择他们的出身，但是他们可以选择是否提供帮助，如何提供帮助，是否需要献身于行善，还是只是把自己的一点业余时间用于行善。成为“英勇的帮手”有很多不同的方式。在这个世界上，成为社会工作者并不是戴维做善事的唯一方式，这也是他才开始思考的事情：“我看到我的经历以及对生活做出的决定使我成为一个很好的人，我现在也有一个非常有意义的工作。但有时我觉得我的成长方式阻碍了我去发现自己是谁，我应该做什么……唉，我也不知道是不是。我想如果我妈妈没有生病，我可能会选择一条不同的人生道路。很多事情可能会有所不同。也许我现在在巴西研究蜂鸟。”

想起我曾经遇到的一位名叫雷切尔的女士所说的话。在遭到哥哥虐待后，雷切尔并没有从事相关的服务型工作，而是成了一位艺术家，因为艺术创作总是能够给她带来快乐，即使她在家里的生活很不幸福。她说：“当人们知道了哥哥对我的所作所为之后，他们似乎想要或期望我选择一些救赎的道路，在某种程度上想让我去做一些善事。但对我来说，我能为自己做的最有益的事情就是让自己拥有一份与自身遭遇无关的事业和生活，也许这就是我要提供给世界的，也许我帮助人们的方式就是向他们展示原来我们还可以这样做。”

戴维非常明确地认为服务社会就是他想从事的工作——“我可以在度假的时候去巴西研究蜂鸟，也许有一天我会成为一名巴西的社会工作者”，但是麻烦在于戴维是否愿意去度假，是否愿意在晚上和周末的时候脱下自己的披风。在他的个人生活中，戴维发现自己经常与那些正在挣扎的人建立友谊和人际关系。这是一个两难的境地。他的工作和生活足以让他意识到大多数人都在努力克服一些困难。然而，同样真实的是，戴维几乎习惯于与身处危机中的人相处，他经常被要求去拯救可能没有他那么坚强的朋友和女朋友。有些人可能会看着戴维说，他沉迷于压力，或者沉迷于帮助别人。也许吧。也许他只知道做一位英勇的帮手，他很难想象自己还可以做点别的什么事情。

与戴维约会的一位女士可能是为了自杀而服用了过量的止痛药。那时，戴维意识到自己与这类人的约会将把自己以及其他人置于危险之中。如果他交友不慎，可能会重复他的童年生活，他将不得不再次成为一个家庭里的英雄人物，承担起拯救家人的重任。这种生活与童年相比，唯一不同的是戴维不再是个孩子了，但是更令他痛心的是将有其他孩子卷入这种生活，这就是他自己的孩子。这一点让清醒了，他必须相信世界上存在与他的家庭不一样的家庭，一个家人互帮互助且谁都不需要别人去拯救的家庭。也许著名的漫画作家艾伦·摩尔的话是对的，他说："成为英雄的技巧之一在于知道自己什么时候不再需要成为英雄。"

第 16 章

复仇者

对施害者最好的报复就是不要成为像他那样的人。

——马库斯·奥里利厄斯（Marcus Aurelius）

珍妮弗停止了接受另一位治疗师的治疗，然后成为我的客户。有些人认为这可能是一个不好的迹象，因为感觉她像是一位永远不会对治疗师感到满意的客户，或者她的治疗师无法做出任何能够帮助她的事情。事实或许真的如此。但也有可能是无论是有意识的还是无意识的，珍妮弗知道她想从治疗师那里得到什么，而且她也知道，到目前为止她还没有得到，而这一点反倒可能是一个非常好的迹象。

珍妮弗清晰地记得她决定结束上段治疗的那一刻。虽然那一刻后，她还是继续参加了几个月的治疗。在那个让她决定停止治疗的关键时刻，珍妮弗和她的治疗师谈起了她和朋友们野餐的事。这些朋友的孩子大多已经可以遍地跑了，而珍妮弗，一位已婚妇女，在三十而立的年龄，一直在纠结是否要个孩子。但“要孩子”这个问题，在她眼里，只有身心正常的人才配考虑。野餐时，珍妮弗担心那里的孩子们会察觉到她有问题，觉得她不适合和他们在一起。几天后，珍妮弗去看她之前的治疗师，带着几分自我保护的语气向她的治疗师倾诉她的担忧。“我告诉她，也许我应该嫁给一个有孩子的人，成为别人的第二任妻子，这样我就可以不用考虑生孩子的问题了，”珍妮弗回忆道，“现在回想起来，我不知道自己为什么这么说，也不知道我希望用这句话表达什么意思。我想我永远也不会知道了，因为她没有问过我为什么这么说，也没有以任何方式质疑过我的这句话。她只是点了点头，我不确定她是不是因为我没有孩子，感觉松了口气。不管怎样，我觉得她让我觉得我自己不够正常，因此无法拥有一个家庭。”珍妮弗一直在检验她的怀疑，也在考验她的治疗师，但她的治疗师没有通过她的考验。

之后，珍妮弗还是继续与治疗师见面，但是她开始更多地去注意停车场上治疗师那辆配备了儿童座椅的汽车。现在在珍妮弗看来，她的治疗师是医生，而她是病人。她的治疗师很理智，而她很疯狂。她的治疗师很正常，而她不正常。她的治疗师是个有孩子的人，而珍妮弗是个没孩子的人。

过了一段时间，珍妮弗给了治疗师一个新的机会来消除她的恐惧。她向治疗师提到了另一个社交活动。这个是适合孩子参加的社交活动。在这个活动中，珍妮弗注意到自己感觉放松，也很诧异自己居然在和同事的儿女们嬉戏玩耍。甚至有人请她照看孩子。“也许我可以成为某个人的母亲……”珍妮弗在治疗过程中试探性地说，但是她的这个想法很快就消失了。而她的治疗师没有看到珍妮弗内心可能萌发的想要孩子的愿望，只是看到了她想法上的矛盾性。“我以为你不想要孩子。”治疗师说。

“因为她的那句话，我有点恨她，”珍妮弗回忆说，“我再也没有回去见过她。因为我之前一直担心自己永远成不了母亲，而我又忽然选择了放弃心理治疗，因此，我就是让她对我这种担心提出质疑。我当时没有意识到这一点，但现在我知道了。我想在某种程度上这算是一种有用的治疗方法，因为离开的时候我知道自己再也不会像那样被低估了。这让我意识到她对我的看法是错误的。我对自己的看法也是错的。”

有人说孩子就像小科学家。他们生来就有一种去理解世界、适应世界的冲动，正是在这样的理解、适应过程中，他们构建了一套关于世界如何运转的理论。汽车嗡嗡，猫咪喵喵。炉子可以很热，但不是一直都热。当这些理论一次又一次地验证后，它们就变成了难以改变的信念。尽管我们认为，学习的大部分内容是了解物质世界——或者说了解世界是如何运转的，然而，孩子们也形成了一套关于人与人之间如何相处的理论和信念。遭受虐待的儿童认为成年人可能是危险的。酗酒者的孩子们认为人们随时都可能发脾气。那些兄弟姐妹生病的人认为婴儿出生时可能患有严重的疾病。遭受性虐待的青少年认为人际关系是不安全的。

当孩子们长大成人，他们不仅形成了对世界的看法，也形成了对自己的看法，至少是对当下自身的看法。超常者们得到这样一些结论："我是一名战士"，"我是一个积极主动的人"，"我有责任在这个世界上做好事"。这样的结论能让他们发展得比预期的还要好，有时甚至远远好于同龄人。而另一些结论则让他们以更痛苦的方式与众不同："我有个秘密"，"我与别人不同"，"我不好"，"我只有自己"。

这类观念中最常见的一种是珍妮弗一直在努力克服的：他们还不够正常，无法拥有自己的家庭。就像一个在贫困中长大的孩子知道温暖的外套和闪闪发光的玩具是给其他孩子的一样，那些没有被爱过和保护过的孩子知道爱与保护是只有别人才能拥有的东西。"我不仅从来没有恋爱过，而且从来没有想过恋爱。它是为其他人而存在的——那些有家庭和房子的人。"玛丽莲·梦露曾在回忆录《我的故事》（*My Story*）中这样说。

这些超常者可能觉得自己的经历导致自己变得更加糟糕，以至于他们害怕不会有人喜欢自己。伊丽莎白·斯马特也有一本回忆录，名字与梦露的回忆录是一样的，也叫《我的故事》。斯马特在这本回忆录中写了这段话：“我忍不住盯着他们看。他们看起来如此幸福，如此相爱，如此正常。”这是她回忆起当她看到一对老夫妇手牵着手沿着木板路散步，而她却和绑架她的人沉重地走在木板路上时的想法。“我永远也不会有这样的幸福。我永远不会有这样的生活。我永远不会有一个真正的丈夫。我永远不会有自己的孩子。”斯马特当时总结道，但多年后事实证明并非如此。

梦露和斯马特的人生故事在很多方面上都比较特殊，但她们关于爱和家庭的结论却太常见。她们的结论与我从超常者口中听到的一模一样，这些结论我几乎每天都会听到，比如“爱是属于别人的，幸福的家庭是属于别人的，我忙着生存，无暇顾及生活”。的确，一些研究人员认为，从进化的角度来看，诸如爱情之类的积极情绪多少有些“奢侈”，因为此时此刻正在生活中挣扎的我们并不需要它们，尽管它们有助于我们的整体健康，有助于我们的长期健康和繁衍。对于许多超常者来说，让他们感到奢侈的恰恰是爱以及拥有一个家庭，就像他们可能永远也不会了解的奢侈品一样。

对于许多超常者来说，他们与超级英雄的相似之处还有很多。超级英雄可能会打败坏人，拯救世界，但大多数情况下，他们都是形单影只地回家。超人也许能一跃跳过高楼大厦，但他似乎无法走出自己、露易丝·莱恩和他的另一个自我克拉克·肯特之间的三角恋。神奇女侠或许有真言套索，但就像超人一样，她无法承认自己被困在与史蒂夫·特雷沃尔（Steve Trevor）和她的世俗身份戴安娜·普林斯的三角恋中。蝙蝠侠有过很多情人，但是他的爱情总是那么不幸。而当蜘蛛侠试图把他一生的挚爱格温·斯塔从坠落中救出来时，却意外地杀死了她，这被认为是漫画历史上最悲惨的故事情节之一。

有时候，超级英雄们会找到爱人和伴侣，甚至会结婚，但他们的幸福似乎永远不会长久。由于这样或那样的原因，大多数超级英雄们（或刻画他们的作家）无法弄清楚如何在做自己的同时还能拥有一份爱。他们的每一天都很繁忙，很危险，甚至可能会伤害到伴侣，更不用说孩子了。这是一个问题，因为如果像许多人认为的那样，亲密的关系是幸福生活的关键因素之一，那么正如心理学家克里斯托弗·彼得森（Christopher Peterson）和朴兰淑（Nansook Park）在《超级英雄心理学》（*The Psychology of Superheroes*）中指出的那样："在这些方面，超级英雄并不擅长。"

珍妮弗的父亲经常抬手就打她的母亲，以至于在她一生当中，她的脑海里总是能回想起那种独特的蟹红色，那是母亲脸上被狠狠打了一巴掌后的颜色。当她还是个小女孩的时候，她不明白为什么她的父母要结婚，尽管她妈妈告诉她说："在你出生前，一切都挺好的。从你出生那天起，你父亲就不能再为所欲为了。"这让珍妮弗很困惑，因为她所知道的是他父亲做事情一直是为所欲为。全家人要吃他最喜欢的食物，看他最喜欢的电视节目。在他早睡的时候，全家人走动时都要蹑手蹑脚，当他在凌晨上早班摔门而出时，全家人要假装没有被吵醒。

后来珍妮弗才明白，在遇到珍妮弗的母亲时，从军20年的父亲更像是一个坚持独身主义的男子，而非一个适合结婚的单身汉。珍妮弗的母亲是一位拥有高学历的视觉障碍者，她认为结婚可能是一笔能带来安全感的交易。但珍妮弗的父亲不喜欢把自己工作赚来的钱花在别人身上，所以他经常不会支付妻子和女儿的生活费。珍妮弗知道这一点，因为她不止一次在儿科医生办公室的候诊室里听到接待员向她母亲解释道除非母亲有现金，否则医生是不会见珍妮弗的。珍妮弗戴上牙套后，她的牙齿矫正医生拒绝给她取下牙套，除非是他拿到了全额的医药费，而在很长一段时间里，珍妮弗的父亲都没有支付全额费用。当珍妮弗第一次来例假，告诉她妈妈她需要卫生巾时，她妈妈惊慌地尖叫道："这周我们不能再向你爸爸要钱了！"

在这些年里，珍妮弗认识到医生是属于别人的，安全感是属于别人的，幸福的家庭也是属于别人的，这些都不属于自己。珍妮弗的父亲提醒他的家人，无论他们多么贫困，他们的生活也比他在军队里所要忍受的好。大多数时候珍妮弗的母亲都假装这是真的。然后，在一个不寻常的下午，珍妮弗的母亲宣称她一天也不能再坐在这破旧的沙发上了。在珍妮弗的帮助下，她的母亲拖着那件笨重的家具穿过家庭活动室，沿着屋后平台的栏杆把它搬了下来。当珍妮弗看到它砰的一声掉到下面的水泥地上时，她感到充满了希望，感觉好像有什么事情要改变了。但是当珍妮弗的父亲回家时，他打断了珍妮弗母亲的胳膊，现在变成珍妮弗在惊恐地尖叫，请求父亲别再打母亲了。

"婚姻要么改善你的处境，或者让处境变得更糟。"珍妮弗的母亲后来这么说。

在美国，家庭暴力——更准确地说是亲密伴侣的暴力，是最常见的暴力犯罪形式之一。据估计，每年有 200 万至 400 万名女性成为家庭暴力的受害者，家庭暴力是造成 15 岁至 44 岁妇女受伤的主要原因。约 1/4 至 1/3 到急诊室就诊的女性是亲密伴侣的暴力造成的。

珍妮弗的父亲认为家是一个比军队更幸运的地方，在许多方面确实如此，或者说家也应该是一个比军队更幸运的地方。但在 2001 年至 2012 年期间在美国，被丈夫杀害的女性数量是在阿富汗或伊拉克阵亡的美国士兵的近两倍。正如大多数灾难一样，家庭暴力是一个跨越种族、阶级、社会经济水平的全球性问题，但像珍妮弗母亲这样的残疾妇女尤其容易受到伤害。绝大多数女性，无论是否残疾，都说她们觉得无法离开虐待她们的人，至少部分原因是因为钱。她们担心自己无法养活自己和孩子，因此，她们和孩子往往继续留在伤害她们的家庭。

根据《儿童暴力问题全国性调查》，大约 20% 的青少年，也就是大约 1 500 万名不足 18 岁的儿童，会受到某种形式的亲密伴侣暴力：推搡、掌掴、殴打、拳打脚踢、掐脖子、刺伤，甚至是枪击。尽管女性也可能是施暴者，但男性是家庭暴力最常见的施暴者。在发生此类暴力事件的家庭中，暴力事件的平均发生次数为 11 起，发生次数的中位数为 3，标准偏差为 22。这意味着，虽然许多家庭中家庭暴力只发生过一两次，但有的家庭中，孩子的一生中会看到几十次甚至上百次暴力行为。珍妮弗的家庭属于后者。

孩子们接触家庭暴力的方式可能是通过听到了来自房子另一头的肢体冲突，也可能是通过看到暴力造成的瘀伤、割伤或破损的家具，或者父母、兄弟姐妹可能会向孩子吐露事实。然而，大多数情况下——估计 90% 的情况下，儿童是通过直接目睹一个成年人暴打另一个成年人的方式接触到家庭暴力的。虽然这些孩子被称为“沉默证人”，但他们往往并不沉默。在目睹暴力行为的儿童中，大约有一半的人称，他们会对其中一名成年人大喊大叫，希望能阻止这种行为。

当那些目睹家庭暴力的人没有受到身体上的伤害，或者说当他们不是暴力的目标时，他们可能被视为幸免者，甚至被视为家庭中的幸运儿。当然，伴随着家庭暴力长大成人的孩子们既不会感到自己幸免于难，也不会感到自己幸运。事实上，接触家庭暴力给孩子带来的影响与遭受身体虐待给孩子带来的影响几乎是相同的，都会以同样的方式影响孩子的身心发育。就像那些生活在任何一种逆境中的孩子一样，目睹了家庭暴力的孩子同样比同龄人更有可能患上与压力有关的疾病，比如抑郁、睡眠问题、药物滥用和焦虑。基于这些原因，就算只是看着家庭暴力而成长（这种情况下用“成长”估计不是一个很恰当的词语），现在也被认为是一种形式的童年虐待或童年逆境。

与测量应激激素或抑郁激素相比，更难测量的是长期的逆境对人际关系的影响，尤其是由可信赖的人一手造成的逆境。人类是社会性动物，我们来到这个世界是为了与家人和朋友建立联系，并向他们学习。特别是当我们是孩子的时候，我们的生存和快乐取决于我们与家人和朋友建立的联系。然而，当那些在生理上或道德上有义务爱我们和保护我们的人未能给予我们爱与保护时，我们很难想象还会有其他人能够做到。这不仅摧毁了我们最基本的信任，也摧毁了我们最普通的希望和梦想。寻找爱似乎是危险的，或者是徒劳的。

经过多年的努力，珍妮弗认为她给母亲的帮助似乎是徒劳的。“我试图救她，但她不听，所以我不得不自己救自己。”珍妮弗提出要离开家去和祖父母住在一起。当珍妮弗最后一次怒气冲冲地冲出家门，钻进一个朋友等在那儿的车里时，她母亲在她身后喊道：“当你有了孩子的时候，你就会明白我的！”——就好像珍妮弗也会做出和她母亲一样的选择，仿佛她的生活也终将会和她妈妈的生活一样。

“历史会重演”的概念被认为是老生常谈的真理。从她母亲的话中，珍妮弗可以预料到有一天她也会陷入同样的困境，与一个她无法保护的孩子卷入不幸的婚姻。也许——她的母亲似乎在暗示珍妮弗，她自己甚至会成为家庭暴力的受害者，或者可能是施暴者。毫无疑问，生活在不幸家庭中的孩子很有可能会变成和他们一起生活的成年人。但也许更糟糕的是，有无数的日常用语提醒我们这个假定是正确的，比如：苹果从树上掉下来不会滚远；有其父必有其子，有其母必有其女；你不可能成为你看不到的人；暴力滋生暴力；物以类聚，人以群分。

可以肯定的是，孩子们是通过观察别人来学习的，他们经常模仿自己看到的一切。在最著名的“观察学习”研究中，斯坦福大学心理学研究员阿尔伯特·班杜拉所做的开创性实验用到了波波玩偶。波波玩偶是一种成人大小的充气玩偶，形状像保龄球瓶，通常被涂成小丑的样子；它的底部是加重的，所以如果被撞倒，它会反弹回来。1961年，班杜拉选取了斯坦福大学幼儿园的学龄前儿童作为研究对象，他向其中一些孩子展示了一个成年人攻击波波玩偶的影片——用木槌打它的脸，然后把它高高地踢向空中。后来，当这些学龄前儿童能够与波波玩偶互动时，那些看到大人打它的孩子更有可能做出同样的事情。波波玩偶的研究之所以具有标志性，是因为它提供了强有力的数据和图像——成年人和儿童殴打波波玩偶的照片几乎可以在任何心理学入门读物中找到，用以支撑“有样学样”这一常识性概念。

班杜拉的这项研究具有开创性意义，为人们所熟知的“暴力循环”（cycle of violence）提供了理论基础。暴力循环是一种普遍持有的观点，它的意思是指那些遭受某种虐待的人，之后也会成为施暴者或受害者。暴力循环的正式名称为“虐待的代际传播”（intergenerational transmission of abuse）。然而，这个概念是有问题的，因为它令人觉得暴力行为会循环往复，无穷无尽，个人根本无法摆脱。但事实上，支持暴力循环的证据相当少。关于暴力循环的研究在研究方法上存在着各种问题，包括无法排除其他人为因素，比如贫困、酗酒或受教育程度等，且过分依赖极端案例或不寻常的临床样本。一项针对 1975 年至 2000 年发表的共 200 项关于虐待的代际传播的研究的分析结果表明，只有 10 项研究为了合理探求传播的原因而事先经过了充分考虑和良好设计，只有一项研究使用了具有全国性的、代表性的样本。从这些数据中，研究人员得出一个结论，即支撑暴力循环的证据是前后矛盾的。同样，2000 年进行的一项对代际亲密伴侣暴力的元分析结果显示，一个人的家庭暴力史对他成年后是否会卷入虐待关系只有很小或者轻微的影响。2000 年以后进行的深入研究发现，除了一些极端案例外，一个人的家庭暴力史与他成年后是否会卷入虐待关系之间联系微弱。

这意味着虽然有些家庭中存在暴力循环现象，但是在大多数家庭中它并没有出现。大多数接触过暴力的儿童自己不会卷入暴力关系中。除了接触过暴力这一变量之外，影响他们长大后是否会卷入暴力关系的还有其他至少同样重要的变量，比如个人优势、他们周围环境的积极方面、其他有影响力的人际关系。重要的是，这同样适用于其他类型的虐待——无论是身体虐待、情感虐待、性虐待，还是与酒精或毒品有关的虐待，以及许多超常者害怕的可能会从父母传给孩子的其他逆境。虽然有些在童年时受到性侵犯的人，后来成了犯罪者，但大多数人不会这么做。父母的教养方式并没有像接力棒一样干净利落地代代相传，离婚也没有。即使对于那些被公认为会受遗传影响的疾病，比如抑郁症和酗酒，据估计，基因也只起一半的作用；剩下的一半由其他个人和环境的因素造成。

综上所述，这些章节中所讨论的任何逆境“循环”的证据都是薄弱的。更准确地说，家庭或社区中流传下来的逆境只是会增加逆境循环发生的风险，但并不等同于该逆境注定会发生。类似地，有乳腺癌或心脏病家族史的人遭遇类似健康问题的可能性也许会有所增加，但这并不能意味着他们一定会患上这些疾病。事实上，对风险的认识甚至可能促使我们做出有目的性、意识性、健康性和保护性的选择，不幸的家族史也会让我们同样如此。

我们不妨看一看下面这个故事。这是一个牧师在与我谈论适应力时和我分享的。有兄弟二人，父亲既是施暴者，又是非法移民。他们就在这样的家庭中长大。一位长大后酗酒成性，不照顾孩子，而另一位则成为一个有节制的男人，深深地、温柔地关爱他的伴侣和孩子。当牧师问他们认为自己是如何成为现在的自己时，两兄弟给出了同样的答案：“有这样的父亲，我怎么能不这样呢？”有些人认为千篇一律是不可避免的，有些人则认为必须与众不同。

在他们的社会环境中，孩子们确实从他们的父母和其他人那里学到了很多东西，但是孩子们的观察学习不仅仅是简单的模仿。1963 年，班杜拉进行了波波玩偶实验的后续研究。这次研究中，孩子们仍然会看到成年人对波波玩偶进行暴力虐待，但不一样的是，这次研究将孩子们分为了两组。第一组孩子会看到成年人因为暴力行为得到奖赏，第二组孩子会看到成年人因为暴力行为被训斥和惩罚。与第一组学龄前的儿童相比，第二组的儿童不太可能模仿他们所看到的行为。不幸的是，这个实验并不像第一个波波玩偶研究那样为人所知，但它表明，实际上学龄前儿童不仅会观察别人的行为，还会观察这些行为的后果。

俗话说：“智者从别人的错误中总结教训。”尽管我们倾向于认为榜样是我们前进道路的引路人，但一些对我们影响最大的榜样却起到了警示作用。看着他们走上了错误的道路，我们就下定决心不再走他们的老路子，我们发誓永远不会成为他们那样的人。一项针对接触过家庭暴力的年轻人的定性研究发现，有些人，就像珍妮弗，担心他们最终也会陷入不幸福的关系中。然而，更多的人表示他们从父母的错误行为中吸取了教训。他们会密切关注追求者的行为举止，选择远离那些让他们想起陷入困境的父母的人。因为他们不认为拥有良好的关系是理所当然的，一些人甚至觉得需要事先做出特别准备，以便谨慎选择。

在《灵魂谋杀》(*Soul Murder*)一书中，伦纳德·申戈德写道：“看到父母什么样子，并不等于自己也要成为他们那样的父母。”因此，纽约市市长白思豪就是这样。他的父亲从二战中归来，是一名英雄人物，但婚后变成了一个冷漠的酒鬼，在白思豪18岁时自杀了。20多岁时，白思豪把自己的姓改成了母亲的姓。尽管他说有一段时间他曾质疑自己是否有能力成家，但他最终成了一个以伴侣和孩子为中心的男人。回首往事，白思豪把自己的从军经历归功于父亲，并且认为父亲的生活方式给他提供了非常重要的教训，给他上了非常重要的一课。白思豪说：“我从父亲那里学到的主要是负面教训，我学会了什么不该做。”

孩子目睹了父母错误的行为方式之后，会决定采取不同的行为方式。这种教训的力量非常强大，怎么估计都不为过。它打破了恶性循环，无论是什么方面的循环。这种想法令珍妮弗产生了一种深受鼓舞的感觉，她成年后做的每件事都不同于父母的行为方式。她通过自己的努力找到了一份稳定的工作，这样她就一直有钱支付医疗费用、购买化妆品或她需要的其他东西。她选择了一个和她父亲完全不一样的伴侣。当他们结婚时，他们写下自己的誓言，确认了对于彼此的忠诚，常见的结婚誓言里面会有“无论情况是好是坏”的说法，但他们把这几个字眼略去了，他们不允许自己的婚姻沦为一个坏的婚姻。她说：“我听过太多人拿这句话作为婚姻变坏的借口。”

更加令她难以忘怀的是珍妮弗的母亲在她离开家的那天跟在她身后大喊的那些话。“等你有了孩子，你就会明白了！”珍妮弗说，这是她最害怕的一句话。“我并不是不想原谅我的父母，我原谅他们，很同情他们，但不想理解他们。对我来说，理解他们意味着原谅他们，因为理解他们，就意味着我要过一种非常类似于他们的生活，我可能会重蹈他们的覆辙。没有什么比这更可怕的了，我本可以通过努力工作来摆脱他们的阴影，但最终却变成了他们那样。如果生孩子意味着我必须更多地理解他们……那我就做不到。”当我对珍妮弗说，一旦有了孩子之后，她可能会发现自己对父母行为方式的理解更少，而不是更多。她松了一口气，哭了起来。

“每当有人跟我咨询该不该要孩子时，我从来不告诉他们该怎么做，只是简单地说‘养孩子与其他任何体验都没有相似性’。这就是我的全部答复。养孩子的体验是其他任何体验都无可替代的。你不可能和朋友一起养孩子，也不可能和情人一起养孩子。如果你想对其他人承担起所有责任，想学会以最深沉的方式去和其他人建立爱和情感联系，那么你就应该有孩子。”这是社会学教授莫里斯·施瓦茨（Morris Schwartz）的原话，也是米奇·阿尔博姆（Mitch Albom）撰写的回忆录《与莫瑞在一起的星期二》（*Tuesdays with Morrie*）里面的主人公说的话，还是我想对每一个考虑是否要孩子的超常者所说的话。

要不要孩子取决于个人选择。要想拥有一种与父母完全不同的生活方式，一个稳妥的方法就是永远不要做母亲或做父亲。众所周知，婚姻可能不成功，童年可能不快乐，并非所有的父母都能胜任这项任务，对超常者来说，为人父母似乎尤其危险。有些人决定不要孩子，因为他们厌倦了照顾别人，比如，我的一位客户就曾说过“我只想永远为自己而活”。了解自己的真实想法固然是件好事，但对珍妮弗来说，这个解决方案有些忧郁。在几年前的治疗中，这个解决方案就像一只飘浮的试验气球一样，不断地被治疗师提起。她从来没有像现在这样不想要孩子，因为她认为，由于她所受的教育方式，她也许不适合生孩子。或者她担心有了孩子以后，她可能会莫名其妙地陷入像母亲那样的生活中，再次陷入虐待和不快乐的循环。

珍妮弗不太明白也不太相信的是，拥有一个自己的家庭既是一个重蹈覆辙的机会，也是一个与过去决裂的机会。用钢琴家詹姆斯·罗兹自己的话来说，他一度从未想过自己会成为一名“独立、有用、正常的社会成员”，也一度为是否要孩子而苦苦挣扎，因为他曾经有过一个不幸的童年，怕孩子也会有此遭遇，但后来他对这件事的看法变得非常简单了，认为儿子的出生是旧生活的结束，也是一种更加充实的新生活的开始。我举这个例子，并非为了说超常者要孩子多么简单，也不是说他们肯定能在这个过程中感到重生，但我要说这种积极的转变是可能发生的。事实上，确实也发生了。

令珍妮弗感到惊讶和宽慰的是，这种积极转变的确发生在了她的身上。第一个孩子一出生，她就觉得自己每天一醒来，就面对着一个全新的世界。当然，世界本身并没有改变，珍妮弗出院后回家的路上也能看到这一点。她带着一种好奇的、超然世外的态度看着其他汽车飞驰而过，人们或上班、或去餐馆、或去商店、或回家里，仿佛一切都没有什么不同。但对珍妮弗来说，一切都不一样了。她坐在汽车后座上，旁边躺着刚出生的儿子。儿子一双眼睛睁得大大的，看着珍妮弗，眼神中看不出一丝对于过往的忧虑。

人们常说，有了孩子之后，自己仿佛成了所在城市的游客，因为我们会带着孩子参观公园、博物馆和动物园，而生孩子之前，我们几乎不知道这些地方的存在。随着珍妮弗的儿子和女儿陆续长大，进入儿童期，她觉得自己的整个生活就像旅游。当然，她不仅去了新的地方，还有了新的关注点、新的优先事项。她有了一个新的角色和身份。有一些快乐是她从未体验过的，比如，当她的女儿从幼儿园回来时，拿着一份“关于我自己”（All About Me）的手工作业。她的女儿用6岁孩子的潦草字体写道“我在家感到平静”。通过一个快乐的孩子的眼睛看世界是她以前从未做过的事情。

这一章讲的是关于家庭的事情，用“复仇者”作为本章的章名似乎有些奇怪，但我想超常者或许理解我的用意。正如他们所说，过好自己的生活是对痛苦过往的最好报复，对一些人来说，生孩子就是把生活过好的终极方法。这是一种最私人的回归方式，也是一种改正错误的方式。在国家公共广播电台的一次采访中，作家乔纳森·萨夫兰·福尔（Jonathan Safran Foer）回忆了他的祖母，一位大屠杀幸存者，是如何谈论有孩子和孙子对她意味着什么：“她会说：‘就像其他人有钻石和珍珠一样，你是我的钻石和珍珠。你是我的复仇。’她的幸福……她对幸福的定义完全与她的家庭所发生的事有关。你知道，她的快乐就是她的报复。”

珍妮弗的孩子们也是她的钻石和珍珠，她珍惜曾经无法想象会发生在自己身上的很多美好时刻。比如，当她的儿子给她捧来一把小石头的时候（她感觉这些石头宛如最珍贵的宝石）。比如，当她看到两个孩子从校车上跳下来之后朝房子跑去时（这与她小时候逃离家庭的方式形成了鲜明的对比）。比如，当她听到他们跑到餐桌前兴奋地期待着是否有他们最爱的食物时。“我不记得吃过什么我最喜欢的食物，”珍妮弗说，“更不用说希望我能吃到它们了。”

研究告诉我们，随着年龄的增长，普通的经历会让我们更快乐。这一点对超常者来说也许是最真实的，因为对他们来说，普通的人会觉得不寻常。简单地说，能够住在一个给人安全感的家里就感觉很奢侈，仅仅能够满足孩子们和我们自己的需求就感觉很奢侈。普通的、可预期的事情可能会令这些有过不幸经历的超常者感到不寻常，感到惊讶。拥有爱和家庭的感觉就像终于迎来了之前从未期待的正义。

“我从没想过自己会有这样的生活。”珍妮弗说，“我年轻的时候从来没有觉得自己对任何人都很重要。现在，当我的孩子们跑到门口迎接我的时候，或者当我哪怕离开一小会儿的时候，他们就会从窗口疯狂地向我招手，我发现自己竟然如此重要。太棒了，太美妙了。”珍妮弗以前从来没有什么可失去的，现在，她有时——也许常常——会担心自己的好运气不会持久。她在为人父母的过程中发现了深深的快乐和生命的意义，也担心自己的脆弱。这种心理并不罕见，反倒很正常，毕竟对她来说，这是生命中最重要的组成部分。

珍妮弗目前的生活方式有时令人觉得她从来没有经历过不幸的童年。当然，有时她不得不以一种新方式重新体验一下失去母亲和父亲的痛苦，从而为自己和孩子们感到难过。比如，当她看到其他（外）

祖父母到城里抱着刚刚出生的婴儿时，当她看到其他（外）祖父母一起到学校去参加祖父母节的庆祝活动时，当她看到其他（外）祖父母提供哪怕最微不足道的育儿建议时，她就会想起自己的父母。珍妮弗说："我的育儿经验来自亚马逊。"她这句话意味着她所知道的关于给孩子买什么样的毯子、书或自行车的大部分信息都来自她自己的研究，以及她在亚马逊网站上看到的其他父母的评论。

她对儿子和女儿隐瞒了这些时刻，就像她曾经对朋友隐瞒自己的烦恼一样。她在我的办公室里哭着，期待着有一天他们会知道她是怎么长大的。"我希望我永远都不告诉他们。我不想对孩子撒谎，但我不希望他们在看我或试图理解我的时候或者当他们试图了解自己的时候想起我的父母。我努力工作，把这一切抛诸脑后，给他们一个不一样的生活。我不希望他们为我担心。我不想成为一个悲伤的故事。我只想做他们的妈妈。"珍妮弗目睹了母亲所处的困境。她不想成为母亲那个样子。她不仅要给孩子提供一个让他们感受到关心和保护的家庭，而且不让他们陷入困境。

"你的父母是谁？"一天晚上，在比萨店吃饭时，珍妮弗 8 岁的儿子想知道答案。他在学校画了一棵家谱树，但不清楚他母亲的家庭成员是如何生活在一起的。珍妮弗苦苦思索了一番，想了一套说辞，描述了一下自己的父母，并解释说很多人会遇到一些难题，导致他们无法成为优秀的父母，无法像自己这样真正享受为人父母的乐趣，所以她去跟祖父母住在一起了，祖父母就像父母那样照顾她。从某种程度上来讲，她在不同的时期有不同的父母，珍妮弗解释道。她小时候和父母住在一起，但她解释说，现在祖父母也是她的父母。

她说话时，儿子认真地听着，不时眨眨眼睛。大约有几分钟的时间，她盯着儿子的那双大眼睛。但这次不同于她在出院回家的车上看到儿子那双大眼睛时的感觉，她从儿子的眼神看出他不再对过往无忧无虑了，而是在努力理解珍妮弗所说的每一句话。

珍妮弗屏住呼吸等着他的反应。

“我对你有了全新的看法。”他终于以一种肯定的口吻说，这正是珍妮弗一直害怕的。

她的心在往下沉，说不出话来。

儿子对珍妮弗说：“你是……你是人。”接着，儿子眼里闪着喜悦的光芒，继续说道：“你就像灰姑娘一样。”

珍妮弗惊呆了，却松了一口气，笑了，眼中闪烁着激动的泪花。她的儿子根本没有把她的生活看作一个悲伤的故事。对儿子来说，她是一个真实的人，虽然有一个痛苦的开始，却最终找到了爱和幸福。

第 17 章

爱的力量

爱是勇敢者的特权。

——**甘地**

1938 年，就在超人首次登上漫画书封面的同一年，哈佛大学的医生兼研究员阿伦 · 博克（Arlen Bock）开始了对幸福感的研究，这将成为历史上针对幸福感开展的持续时间最久的研究项目。他的做法当时得到了 10 美分商店巨头威廉 · 格兰特（William T. Grant）的资助。威廉 · 格兰特堪称他那个年代的山姆 · 沃尔顿（Sam Walton）。这项研究被称作“成人发展研究”，或者通俗地讲，就是“格兰特研究”，最初的意图是对医学研究中研究病人的倾向进行革命性的修正，以便更好地理解那些似乎注定会发展得很好的人。

格兰特研究的对象是 268 名哈佛学生，他们都是精心挑选的，因为他们被认为是智力健全、体格健全和情感健全的。这群人出生于第一次世界大战末期，成长于繁荣的 20 世纪 20 年代，在大萧条时期都是青少年。作为一个时代的标志，格兰特的研究对象是白人和男性，很多人（但不是大多数人）享受着优越的成长环境。有些人的家族在好几代人之前就移民美国了，而其他人则属于新移民。其中一些人是上流社会，但近一半人接受了某种形式的经济援助。其中一半学生的父母没有大学学历，很多人都经历过贫困、酗酒或父母去世等艰难时期。然而，不管怎样，这些人都成功地进入了哈佛，作为一个群体，他们似乎有可能继续过上成功的生活。很多人确实如此。

研究人员只知道参与者的代号和编码，其中一些人后来成为杰出的专业人士，比如参议员或法官，随着时间的推移，他们的一些身份已经被公开。《华盛顿邮报》前执行主编本·布拉德利（Ben Bradlee）以自己在格兰特研究中担任研究对象的经历作为回忆录的开篇，人们发现约翰·肯尼迪（John F. Kennedy）总统也是格兰特研究的一个研究对象。据哈佛大学校报《哈佛深红报》报道，博克和格兰特似乎开创了哈佛对社会最重要的贡献之一，即开始把普通人作为分析对象。然而，对普通人的分析并不是这项研究的创始人所追求的。两人的目标都是发现他们所谓的超级成功者的秘密。

虽然社会科学领域的研究重视“广度”，旨在从大量的研究对象中收集少量的数据，格兰特的研究从一开始就注重“深度”，打算持久深入地开展下去。

1938 年，“生物决定论”占据了时代的主导地位。人们认为，这个理论适用于“超人”，那些在生活中取得成功的人被认为是因为天生的超能力、超智力或其他方面的超常因素。因此，博克和他的同事们——内科医生、心理学家、人类学家、精神病学家、生理学家、社会工作者和两位秘书——便开始满怀热情地研究参与者的健康情况。参与者们接受了人类学和智力方面的测试。他们在“疲劳实验室”的跑步机上跑步，接受身体对于疲劳的抵抗能力。他们接受了罗夏墨迹测试（Rorschach inkblot test），分析了他们的笔迹。他们接受了最新的脑电图检查。他们的饮食习惯也被记录下来，包括他们早上喝咖啡时放多少糖。医学检查的范围非常广泛，研究人员记录下了参与者从眉骨到器官功能，再到“阴囊垂下的长度”的每一个身体特征。为了把问题解释清楚，这些细节经常被引用。社会工作者还通过家访的方式来搜集这些人的童年事迹和家庭历史，但是要使研究人员对这些信息产生兴趣，还需要再等几年的时间。

在此过程中，心理学专家乔治·瓦利恩特（George Vaillant）加入了格兰特的研究，随着时间的推移，他将成为该研究项目任职时间最长的主任，同时也是该项目的一位研究对象。他将数十年关于参与者的数据汇总在一起，编纂成了格兰特研究相关的书籍。2012 年发表的最新研究成果《经验的胜利》（*Triumph of Experience*）总结了这些男性从 19 岁到 90 多岁的具体情况。哈佛毕业后，超过 80% 的人在 20 世纪 40 年代的第二次世界大战中服役，然后大多数人结婚成家。从 20 世纪 50 年代到 80 年代，他们的事业和人际关系有所发展，或者在某些情况下有所退步；在 20 世纪 90 年代及以后，退休和老年期来临了。在此过程中，参与者的身体检查仍在继续，并且定期完成调查问卷，接受性格测试和面对面谈话，甚至他们的配偶和孩子也被联系上了。

博克和格兰特最初的设想是希望能通过研究揭示超级成功人士的秘密，然而，研究和生活很少会如此简单。格兰特的研究对象里面没有一个人享受"神助"般的生活，每个人都在以这样或那样的形式奋斗着，研究人员一直热衷于记录的那些与生俱来的性格特征中，也没有一个能预测出他们的未来。事实上，如果智商超过某一特定水平（这个特定水平仅仅比平均水平高出一个标准差），并没有带来更多的成功。智商在 110 到 115 之间的男性工作表现和智商在 150 以上的男性一样好。导致更多的家庭破裂的是酗酒，而不是眉骨形状或几茶匙的糖之类的因素。到 50 岁时，几乎 1/3 的男性都会在某个时刻达到了某种精神障碍的标准，比如抑郁症或焦虑症。这个发现令这项研究的创始人感到困惑。博克在 20 世纪 60 年代告诉乔治·瓦利恩特说："我一开始选择他们时，还是正常的。"如果博克能活着听到瓦利恩特最激进的发现，他会有什么样的反应是无法预料的。这一发现是在参与者

90 多岁时发现的。瓦利恩特宣称，到目前为止，影响参与者生活是否美满的最重要因素是研究项目创始人从未真正考虑过的：爱。

格兰特研究招募首批参与者 20 年后，也就是 1958 年，美国心理协会会长、心理学家哈利·哈洛（Harry Harlow）在一次讲话中指出："心理学家们不仅没有兴趣研究爱的起源和发展，而且似乎没有意识到它的存在。"格兰特研究开始也是如此，但得出结论时，研究人员几乎不能忽视这样一个事实：那些在生活中有爱的人在家庭和工作中表现得很好，而那些没有爱的人则表现得不那么好。有时，造成这种差异的爱以美好童年的形式表现出来：那些童年生活最温暖的人，那些他们曾感到被某个重要的人爱和关心的人，比那些成长过程最灰暗的人多挣 50% 的钱，而且更有可能在成年后对自己的生活感到满意，并获得其他友爱的关系。

但在我们得出"好生活取决于有好父母"的结论之前，有一点很重要，那就是瓦利恩特很清楚，爱可以有多种形式。他研究了众多参与者的生活之后发现，温暖和关怀可以改变生活，可以来自恋人、朋友、老师、祖父母、阿姨、叔叔、导师、护士和兄弟姐妹。举例来说，在那些 65 岁依然健康幸福的人里面，有超过 90% 的人在年轻时与兄弟姐妹关系密切。一个非常深刻中肯的发现是，瓦利恩特发现爱可以来自我们在之前的章节里面讨论过的一个源头：孩子。一位参与者惊喜地说："你知道我从我的孩子身上学会了什么吗？我学会了爱！"乔治·瓦利恩特总结说："看起来每个人的情况都不一样，但爱却是相通的。"

在这个时间跨度非常大的纵向研究中，斯科特（P. D. Scott）曾说："后续研究揭示了伟大真理，推翻了之前所谓好理论的基石，为建立更好的理论奠定了基石。"这个研究项目的创始人肯定从未想到过参与者生活揭示的真相，而且可以肯定的是，这打破了他们的美好理论，即幸福可以追溯到单一的生物变量，如脑电波或智力。现在回头来看，开展这样一个看似简单的探索似乎有些天真。博克和格兰特或许并没有那么天真，只是他们看错地方了。用乔治·瓦利恩特的话来说，成年后幸福的关键并不像人们想象的那么复杂，“格兰特研究耗费了 75 年和 2 000 万美元，至少对我来说，得出了一个直截了当的结论就是：幸福就是爱，别无其他”。

格兰特研究的哈佛男性可能不是最具代表性的样本，但瓦利恩特的观点则具有代表性。来自世界各地的许多研究表明，人际关系可能赋予我们生活最重要的意义。在一项又一项关于适应力的研究中，尤其是那些跨越多年的研究中，爱成为一种强大的力量。在国家青少年健康纵向研究（National Longitudinal Study of Adolescent Health）中，一项对 1.2 万多个体进行的研究发现，最能让高危青少年免受不良后果影响的是他们与父母、老师或教练之间的那种亲密感。另一项历时 14 年的纵向研究对近 700 名不同类型的年轻人及其家庭进行了调查分析，研究对象包括父母、朋友、老师、医生、亲戚和恋人，他们是那些误入歧途者的救星。另一项历时 17 年的研究追踪了 300 名十几岁的年轻妈妈的生活，发现父母或其他重要人士的支持使这些年轻女性更有可能在学校和工作中出类拔萃。

在另一项著名的研究中，研究对象包括 500 名贫困、违法的城市青年，其中，那些在成年后拥有工作和爱情者最不可能继续遭到司法系统的惩处。在我们之前提到过的考爱岛研究中，只有 1/6 的苦苦挣扎的青少年在成年后会成为苦苦挣扎的成年人，这主要归功于同稳定的伴侣缔结的婚姻（或者，在某些情况下，在冲动的第一次婚姻结束后建立的第二次婚姻）。婚姻为他们成年后创造了最关键的二次机会。对于很多人来说，关于逆境和适应力的隐秘故事中，重启人生的最伟大的秘诀就是爱情。

在前面几章，我们看到了超常者如何在成年后找到创新的方式去实现人生的重启。他们坚信这样一种观念和事实：生活可以不同于以往，过去不一定是未来的序幕。许多人从改变他们的地址、职业或名字开始，因为超常者往往是独立的问题解决者，而这些都是可以自己解决的。有时，至少对超常者来说，他们不太了解的一点是，新的人际关系可能也有助于他们重启人生。

良好的人际关系和良好的生活之间存在关联是社会科学研究中最一致的发现之一，然而，如果就像乔治·瓦利恩特所说的那样，“幸福就是爱”，那么许多超常者就会开始痛苦挣扎了，他们几乎可以确定自己可能永远也不会拥有爱。他们觉得爱似乎只存在于别人身上，是一种奢侈品，为那些正在蓬勃发展的人所享用，但却远远超出了那些刚刚生存下来的人。这是一种奢侈品，被战逃反应困扰的超常者怎么会有爱的容身空间？1938 年，超人第一次出现在的漫画封面上的时候，超常者可能经常会有这样的感觉：他又高又壮，跑得很快，头上举着一辆撞坏的绿色汽车，而坏人则四处逃窜，但几乎看不见爱的踪影。

1958 年，心理学家哈利·哈洛哀叹他的同事们似乎几乎没有意识到一种叫作爱的东西。同年，心理学家约翰·鲍尔比（John Bowlby）

发表了一篇论文《孩子与母亲的关系的本质》（*The Nature of the Child's Tie to His Mother*），试图改变这种局面。在这篇文章中，他提出了后来所谓的“依恋理论”，即婴儿和其照顾者（一般为母亲）在互动过程中形成一种特殊的情感联结和纽带。鲍尔比认为，爱其实并不是奢侈品，只有对于那些被剥夺爱的人来说，爱可能是奢侈的，但爱和被爱是本能的和与生俱来的，对我们的生存至关重要。我们哭着来到这个世界上，紧紧抱住我们的照顾者——通常是我们的父母，然后对他们微笑，跟着他们，因为这适应我们的心理需求。无论我们内心是否感到饥饿、怀疑、危险或寒冷，无论我们是婴儿、儿童还是成人，我们都能在他人的庇护下找到安全感与慰藉。鲍尔比说：“我们所有人，从摇篮到坟墓，最快乐的时候是把生活安排成一系列的短途旅行，或长或短，从我们的依恋对象所提供的安全基地出发。”寻求亲密和爱是一种逆境应对机制，也许是所有机制中最能适应我们内心需求的一种，也是我们实现生存和发展的方式。

我们不妨看一下维奥拉·戴维斯（Viola Davis）的故事。这位演员曾经荣获奥斯卡、艾美奖和托尼奖。2016年，戴维斯接受《纽约客》杂志剧评家约翰·拉尔（John Lahr）的采访时说，她的故事是一个超常的故事。“我认为自己是个英雄。我没有超人的披肩，我没有黄金打造的真言套索，但我敢于冒险，敢于超越自我。”戴维斯在极度贫困中长大，父亲酗酒，经常殴打戴维斯的母亲。戴维斯和妹妹经常没有干净的衣服穿，也经常没有东西吃，学校的午餐算是他们最可靠的一顿饭了。她时刻把钩针放在外套口袋里，以保护自己免受种族暴力，因为她在罗得岛的那个社区主要是白人。由于家里非常困难，戴维斯姐妹在学校经常遇到麻烦，但戴维斯说，她们似乎没有地方可以获得帮助。“我们必须自己拯救自己，除此之外，别无选择。”她回忆说。

为了帮助自己，戴维斯和她的妹妹用伪装和课外活动来反击和逃离他们的环境。“我们就像猎人，”戴维斯说，“即使我们对一件事真的提不起任何兴趣，我们依然去做，这样只是为了逃离现状，把自己引导到某件事情上。”最终，表演成了姐妹俩的出路。成年后，戴维斯跻身茱莉亚音乐学院、纽约舞台和好莱坞，在那里赢得了几十个奖项和100多个提名，并成为星光大道上的一颗明星。

然而，正如戴维斯在接受采访时对拉尔所说的那样，她一个很大的顿悟就是精神创伤永远不会消失。截止到35岁左右的时候，戴维斯只和一个男人谈过恋爱，而这个男人对她说只爱过她一次。她借助心理治疗去应对焦虑和自卑，这使她能够鼓起勇气，再给爱一次机会。“我遇到我丈夫的那一刻，担心、焦虑等等，一切都停止了。”这可能听起来太简单了，也许并不总是这样，但这是有科学道理的。

“我们每个人都是自己一生许许多多分秒累积起来的总和，我们所有的一切都包括在这里面。”托马斯·沃尔夫在《天使，望故乡》(*Look Homeward, Angel*)中如是写道。到目前为止，我们应该很清楚，重复性的消极时刻会对我们的心灵和思想产生消极影响，同样，重复性的积极时刻也会产生积极影响。正如与他人的紧张关系经历会刺激杏仁核，增加应激激素的分泌，让我们的大脑和身体不堪重负一样，与爱人的舒适经历会产生相反的效果。

当我们感受到老师或导师的支持时，或者当我们在父母、爱人的关心下找到精神慰藉时，或者在照顾孩子时，或者与朋友享受轻松时光时，我们的杏仁核会平静下来，应激激素水平也会降低。如此一来，我们大脑中的奖励系统被激活了：我们察觉到发生了一些好事，使得我们全身都感觉很好。身体上的亲密行为，比如牵手、触摸、拥抱、亲吻、做爱等，都能减少压力激素，能提高人体催产素和“后叶加压素”的分泌水平，也被称为“爱情激素”。即使只是看到我们所爱之人的照片，也会让我们平静下来，我们内心的警报也会被关闭。

然而，爱不仅能让我们的大脑平静下来，还能改变大脑，也许比其他任何因素带来的改变都要快，都要好。当爱让杏仁核平静下来，减少应激激素分泌，大脑就不再那么在意战斗或逃跑，而且以更开放的态度去学习更新、更广泛的知识。在整个生命过程中，大脑需要不断地自我调整，以适应周围的世界，如果世界发生了变化，那么大脑也会相应地发生变化。这就是所谓的“神经可塑性”，这个概念不仅适用于爱情，而且根据心理学家路易斯·科佐利诺的观点，“对神经可塑性做出最大贡献的是爱情”。就像鸟类从其他鸟类那里学唱歌比从录音中更快，儿童从与他人的互动中学得比从视频中学得更好，成年人在人际关系中也学得最有效。

随着时间的推移，但凡是良好的体验，不管感觉良好的原因是什么，也不管是谁带来的这种体验，最终都会给身体和大脑带来诸多好处，比如降低血压，降低心血管应激反应，减少患心脏病的风险，提高免疫功能，减少抑郁和焦虑，改善睡眠，延长寿命，增加感情的信任，开阔心胸，扩大社交网络，催生更好的创意和更强的认知功能。正如罗伯特·布洛克在参议院儿童与家庭小组委员会时所说的那样：“童年逆境可能是美国成年人健康状况不佳的主要原因。”因此，我们成年后与他人的积极关系可能是健康和幸福的主要原因。

所有这一切的意思是，感觉良好不仅仅是暂时摆脱坏心情。积极体验还有修复功能，能够修复消极体验带来的影响。心理学家芭芭拉·弗雷德里克森（Barbara Fredrickson）称这是伴随积极情绪而来的“抵消效应”，最重要的是，伴随着爱而来。毫无疑问，任何简单的定义都不足以描述爱的内涵，这就是为什么像弗雷德里克森这样的理论家倾向于用这个词来概括我们在相互关心的关系中体验到的快乐、感激、满足、兴趣、希望、自豪、娱乐、灵感和敬畏等美好感觉。因此，爱既能促使人与人之间建立良好的关系，又能对身心产生积极的影响，这种双重优势抵消了压力和孤立带来的危害。它就像一种药物，调低了我们的身体和思想的紧张节奏，加速了我们从艰难时期的恢复过程。如果说爱能治病，可能听起来像陈词滥调，但爱也许有一种无与伦比的力量，可以治愈之前的紧张和创伤。

到这里，我意识到自己其实向读者展示了一个冲突，这也是超常者每天都要面对的问题。许多章节前，当我们谈到了“起点故事”，也就是一个人在回忆过去时最先想到的、能够改变生命轨迹的不幸事件，我们知道这种事件虽然早已过去，却一直留在他们的大脑里面，偶尔或时常回忆起来，就会感到不快乐。正是因为这一原因，才出现了心理学家罗伊·鲍迈斯特（Roy Baumeister）所说的情况：“不好的人或事比好的人或事对我们的影响更大，比如不好的情绪、不好的父母和不好的反馈，而且大脑在处理坏的信息时更为彻底。”这就是为什么最困难的时刻往往会对我们的自传和生活影响很大。然而，正如我们刚才谈到的那样，爱对我们的影响也可以非常强大。

因此，对许多超常者而言，他们最伟大、往往也是最后一场的战斗，并不是世界上的善恶之争，而是内心里的善恶之争，因为美好的体验和不好的体验在我们的内心和思想中会争夺主导地位。这场争夺并不轻松。我们的大脑不一定能让美好的体验取得胜利，但它仍然值得我们去战斗。

当然，这种内心的苦苦挣扎也会给人带来危险和恐惧。我每天都会听到找寻求心理援助的人诉说这样的心声：跟人打交道太累了；我永远不知道他们想从我这里得到什么；我不想承担任何新的问题；不值得为了感情去冒险；不值得一直担惊受怕；不值得被困住；不值得被控制住；不值得被伤害；我不想变成我小时候每天看到的样子；我花了一生的时间试图摆脱它；我不想取悦任何人；我不想照顾任何人；这个世界不是一个好地方；我已经受够了。

的确，大多数超常者已经经历了足够多的痛苦，任何一段新的人际关系都有可能导致他们再次受到伤害。记住，在美国，家庭是最危险的地方，甚至在家庭之外，我们在人际关系中受到伤害的概率也很高。因此，这些不堪回首的过去是最难面对的。海伦的处境就是这样。她是我们见到的第一个女人，她失去了她的弟弟和父亲，找到我寻求心理援助时已经变成了一副超级英雄的模样。她说："我到过世界各地，为各种正义而战，但我做过的最勇敢的事是回家面对自己的问题。虽然妈妈的心已经破碎了，不会再爱我了，但我依然爱她。虽然我知道可能会失去家人，依然组建了自己的家庭。"

超常者摆脱往事的阴影是需要勇气的，不仅要尝试住在我们可能从未见过的地方，还要尝试拥有一种我们可能从未见过的人际关系。

超常者向他人敞开心扉也是需要勇气的，即使我们不知道他人将如何回应，也要敢于接受这样一种可能性：虽然很多人不懂自己，最终总会邂逅一个懂自己的人。

超常者对未来抱有美好期待是需要勇气的，希望自己不仅在工作上，而且在家庭上，都比自己的父母过得好，而且希望自己是家里面第一个找到真爱的人。

超常者要相信自己未来能够得到良好的对待，也是需要勇气的，这并不是因为他们做了好事之后要得到别人的回报，而是因为他们自身就是好人。

超常者记住并感激那些一路上关心我们的人是需要勇气的，这些人也许不能把我们的问题解决掉，但他们仍然对我们很重要。

维奥拉·戴维斯说得对，创伤永远不会消失，但她还说过一句正确的话，即爱可以战胜恐惧。她的事迹只是其中一个故事，我听过无数次，我在之前的章节中也以这种或那种形式讲述类似的故事。下面这个故事就是我们之前提到过的。

拥有一个好的伴侣和拥有一个糟糕的伴侣对生活的影响一样强大。我们之前提到过萨姆的故事，他的父亲离家出走后给他寄来被撕碎的面值 10 美元的钞票。他曾经发誓永远不结婚。但后来他改变了主意，因为他遇到一个能够理解他的悲伤，而且理解他为什么一旦结婚就决不离婚的女人。她对他说："其实，你也失去了一个父亲。"萨姆从来没有忘记痛苦的过去，但现在新记忆更加重要。"邂逅妻子是我一生中遇到的最美的事情，有时候，我觉得邂逅她是我生命中遇到的唯一一件好事。"他以一种从未有过的轻松心情说。

给别人创造一个美好的童年比自己拥有一个美好的童年还要好。帮助别人，也是帮助自己。在别人（比如孩子）的生活中成为一名好人，可以给我们带来无法估量的回报，甚至带来一种令人感到惊奇和敬畏的感觉。珍妮弗在谈到自己珍惜做母亲的经历时说："我曾经认为，由于我的成长方式，我比其他人更不适合做母亲。现在我想，实际上我可能比其他人更适合做母亲。每一天，我都无法相信这就是我的生活。”

在实现人生转变的故事中，往往少不了好人的身影，即便这些人只是扮演着扶持和供养的角色。伊丽莎白就是这样一位好人。她是一位医生，觉得自己要成为哥哥的超级英雄，要和妹妹一起照顾哥哥。她说，从摇篮到坟墓，她最重要的人际关系就是和妹妹的关系，“我们的关系是很多兄弟姐妹或配偶都没有的，只要我们活着，就会一起照顾哥哥，所以，从很多方面来看，妹妹就是我的人生伴侣”。安东的故事也是如此，为了实现人生的重启，他选择了离开家庭，前往大西北。他和第一任女友的关系并没有持续多久，但她对他的影响却持续了下来。他回忆说：“我们的生活方式改变了我对生活的看法，觉得一切都有可能发生，我看到我可以被爱，可以感到快乐。她看我的眼神改变了我对自己的看法，也改变了我的性格。”

爱并不局限于家人或恋爱之间。不妨看看我们前面提到的加尔文，他的父亲不允许他去上小学和中学。在回顾生命中遇到的好人时，他依然清晰地记得那位曾经帮他的社区大学老师。正是那位老师的一封信，才使他有可能申请四年制大学。他说：“这是一件小事，但那封信让我摆脱了囚禁般的生活。他可能不爱我，甚至不认识我，但他为我改变了一切。我将永远爱他，几年前我给他写过一封信，告诉他这一点。”根据精神创伤研究专家贝塞尔·范德科尔克的说法，从创伤中恢复，就意味着“不仅要记住我们是如何生存下来的，还要记住哪些东西破碎了”。我认为，除了记住这些之外，我们还要记住世界上是谁帮助我们生存下来的。

警惕和恐惧是有区别的。要选择一段不会导致我们再度受到伤害的人际关系，不仅需要勇气，还需要一些自我意识和警惕。我们之前提到的海军军官保罗非常感激他的父亲，因为正是他的父亲鼓励他在受到别人伤害之后，不仅要站起来，还要继续选择战斗，建立新的人际关系。保罗回忆说：“我可能比一些人更加谨慎，所以选择朋友时会很仔细，但我绝对不会因为被人欺负过而把自己同整个世界隔离起来。”那个带有猫头鹰文身的女人杰西小心翼翼地找到了配偶之后，夜里睡觉睡得很香，这是她之前从未想过的。社会工作者戴维在患有抑郁症的母亲面前穿着披风，扮演超级英雄，他也在谨小慎微地寻找一个不需要自己拯救的伴侣。

志同道合之人组成的社群是我们发现自身长处的地方。女演员玛莎逃离了拍照狂魔般的母亲之后，现在围绕在自己身边的女人里面，没有一个人会要求她必须微笑或摆出某种特定的姿势去迎合镜头的需要。她说：“我不知道跟女人约会是我永远想做的，但我享受现在的我，我会听从心声。”对于戴着蝙蝠侠戒指的雷切尔来说，朋友们的支持最重要。兄弟姐妹的性虐待及其自我怀疑的阴影是如此之大，以至于除了心理治疗师和伴侣之外，没有一个人能帮她克服它们。她说：“我不要求未婚夫的爱能让我觉得自己很正常或很有价值，这对他和对我们的关系来说都是太大的压力，我认为爱要来自不同的人，才比较现实一些。”

对有些人来说，修复关系首先是在治疗中发现的。弗洛伊德说：“精神分析在本质上是通过爱治愈的。”曾被教练虐待的米歇尔在心理治疗中首次感受到了爱，但她很难相信一个非心理专业人士也能像我这么理解她。她说：“谢谢您，您是第一个对我讲我是一个适应力强、非常强大的人。如果 15 年前有个人可以和我聊天，如果有人对我讲这样的话，我现在可能已经有一段感情了。”但米歇尔的人生还没有结束，也许如果她想建立这种感情，她仍然会的。

当然，这类关于爱的故事没有一个特定的模式可循，我们的美好经历不需要来自某个特定的地方。精神创伤没有等级之分，大脑没法区分不同类型的消极因素（比如逆境和压力），同样，积极情感也没有等级之分，大脑也无法区分不同类型的积极因素（比如爱和良好的人际关系）。正如瓦利恩特所说的那样，“爱就是爱”。

“我有软弱的父亲、专横的母亲、傲慢的老师、虐待成性的军士、破坏性的男性友谊、盛气凌人的女友们、一个了不起的妻子和三个了不起的孩子。我哪个地方是对的呢？”普利策奖得主、漫画家、讽刺作家朱尔斯·费弗（Jules Feiffer）说。通过这些话，菲弗描述出了一个事实，即如果我们有胆量，我们的关系和我们进入成年期之后的生活将会是多么不同。它还指出了第二个相关的结论，这是乔治·瓦利恩特参与格兰特研究数十年之后得出的结论，我希望世界各地的超常者都能听到这句话：从长远来看，做对一件事比做错一件事的影响更重要。

在格兰特研究中，瓦利恩特发现，随着时间的推移，一个人的童年生活的质量对其人生的影响比我们想象的要小。他发现，早期的逆境，如健康问题、家庭破裂或经济困难，并不能很好地预测未来。甚至父母的死亡对孩子的影响也没有我们所想的那么大，在孩子 50 岁，甚至 80 岁时，那些在儿童期失去父母的人和那些被父母看着长大的孩子一样幸福和健康。瓦利恩特发现，无论是在工作上还是在爱情上，对他们未来生活影响最大的是在某些事情上的成功，而不是失败。多年来，他说，最重要的是他们拥有哪些爱，而不是他们没有哪些爱。

一个人完全有可能在成年后才去学着爱与被爱。有一种观点认为，成年后再去学着爱与被爱的人不如从一开始就具有这种能力，并且有所依赖。但研究发现，一个人即使在成年后才建立稳定的、令人满意的关系，之后的表现依然不亚于那些从一开始就招人喜欢的人。成年之后的人际关系可以为我们获得爱情提供第二次、第三次、……第十次，甚至第二十次机会。对我们每一个人来说，每一次新的相遇都是一个机会，不仅可以重新建立一段人际关系，还可以重塑我们的大脑和生活。

这就意味着只要一个或一群好人能够出现在我们的生活中，就能为我们创造更好的每一刻、每一天、每一年，他们的出现永远不会太迟。也许大多数情况下，新的开始来自我们成年后遇到的新朋友，但其他时候，我们会重新联系，或者只是记住一路上关心我们的家人和朋友。我们之前了解到童年逆境的影响具有“滞后效应”，也就是说，逆境造成的压力会随着时间的推移而不断累积，在我们进入成年后，问题才会浮现出来。与此类似，积极因素对我们的影响也有滞后效应，积极的影响也会随着时间的推移而不断累积，到我们成年之后，这些积极因素的影响以一种令人感到非常突然或不那么突然的方式，超过了消极因素的影响。

有人可能难以想象这种好事会发生在自己身上，但不要气馁，请振作起来。如果没有别的朋友，那么时间就是你的朋友。这可以归因于心理学研究人员劳拉·卡斯滕森（Laura Carstensen）所称的“积极效应”，即当我们变老时，会自动从积极的东西中获取力量，我们会花更少的时间去回忆不好的经历和坏人。我们对自己的生活有更多的控制权，我们倾向于同别人建立关系，这样我们就会有更多有意义的、积极的人际互动，而不是消极或琐碎的人际互动。我们也能更好地控制自己的情绪，所以我们对困难时刻的反应也不那么强烈了。随着我们长大成人，我们对他人的信心会越来越强，我们的人际关系也是如此。总的来说，在后半生，我们更关注什么是对的，而不是什么是错的。

无可否认，我们在这本书中读到的大多数故事都是关于人们在生命的早期或中期的经历。当童年逆境造成的压力不断累积，而且未来又存在令人震惊的不确定性时，超常者往往是最痛苦的。正如卡斯滕森所预测的那样，老年人不会经常到我的办公室来谈论童年时期出了什么问题，而当问题出现时，他们往往会强调什么事情进展顺利。我的一位 60 多岁的客户说："我年轻的时候发生过很多可怕的事情，我已经接受了我可能永远无法完全理解这些事情的现实。但那是很久以前的事了。到现在为止，我觉得我的幸福岁月比不幸福的岁月要多。这是我聚焦的地方。"不好的因素可能比好的因素对我们施加更强大的影响，尤其是当我们年轻的时候，以及当我们初次了解这个世界的运作方式和危险时，但随着生活的继续，好的因素的影响会占上风。正如历史的弧线会弯向正义的一方一样，生命的弧线也会弯向善的一方。

第 18 章

永无休止

现实生活是混乱不堪、前后矛盾的，
很少有什么事情能真正得到解决。
我花了很长时间才意识到这一点。

——艾伦·摩尔，《守望者》（*Watchmen*）

2013 年，美国公共广播公司播出了第一部关于漫画题材的史诗纪录片《超级英雄：一场永无休止的战斗》(*Superheros*：*A Never–Ending Battle*)。它的标题突出了这样一个事实：超人、蝙蝠侠、神奇女侠、蜘蛛侠和其他类似的主角在 21 世纪仍在战斗，就像他们几十年前第一次被想象出来一样。这些故事冷酷无情、永无休止的特点在一定程度上与超常者有关，其中大多数人凭直觉认为，他们也不会有完美的结局。虽然前文提到的珍妮弗的儿子，也就是那个将母亲视为灰姑娘的男孩，相信困难的时候已经结束了，现在母亲终于过上了快乐的生活，但好与坏之间的斗争可能会继续，对她来说如此，对于我们所有人也是如此，只要我们还活着，这种斗争都会以一种或另一种方式延续着。

如果你觉得下面这些话有帮助的话，请把这些话谨记在心。

内心保持斗志。让自己强大起来，克服前进道路上的障碍。没有必要一直为之前令你生气的时候感到难过，没有必要一直为曾经没有接受逆境的本来面目而感到惭愧。适应力强的人在奋斗和成长的路上都是这样走过来的。但请记住，你需要想方设法为自己创造一些内心的平静。

找个人倾诉你的秘密。如果那个人说的话不对，换个人试试，不久之后，你就会发现这并非难事。每讲述一次，你的故事将变得更有条理性，也会更加易于理解，而且故事可能越讲越短。

即使你小时候没有得到很好的照顾，成年后也要好好照顾自己。找个医生，每年做一次体检。告诉他/她，你童年经历过逆境，因为他/她仅仅通过观察是不会知道这一点的。每晚睡8小时。吃好。玩好。锻炼好。好好工作和休息。现在就开始这么做。如果你的生命因长期压力而缩短，那么最终好结果也不会胜出。

如果你认为自己可能患有抑郁症、焦虑症、失眠或其他与压力相关的疾病，那就把它当作大脑健康问题来对待。求助心理医生，或者把情况告诉你的主治医生。记住，即使内心曾经苦苦挣扎过，即使你曾经有过反英雄主义的想法，但你依然可能成为一个复原力强的人或好人。然而，如果你正在借助药物来缓解压力，那就尝试着找一个人来依靠，这样或许对你更好一些。

瑜伽和冥想也有助于减轻压力，但这并非唯一之道。为了让你的头脑清空痛苦的想法和感觉，你可以专注于自己觉得很自然的事情，比如阅读、播客、骑行、针织、跑步、大自然、电影等。让自己的精神远离痛苦的过去，这本身就是一种强大的治愈力量。

身体上的远离也很好。一些曾经给自己带来伤害的人际关系可能会随着时间的推移而淡化，但许多不会。如果与伤害过你的人和解对你有帮助，那就试一试。如果这只会给你带来更多的心碎，你可以离开。远离你的亲人、伴侣或老板，以免再次受到精神创伤。

保护自己免受危险人物的伤害固然明智，但也要注意不要让你的盔甲太紧，以免把爱阻挡在外面。在你的生活中，要让好人比坏人更有存在感。写一张你感激的人的清单，也许还可以写一些发自内心的信。把那些对你重要的人物的照片放在你每天都能看到的地方。为他们在你生命中的重要地位而战，就像他们曾经为你的生命而战一样。

把握好你的现在，这样你的过去就不会在生活中显得那么突出。在前进的过程中，要抵制将自己的困难或成功与他人相比的诱惑。我们对成功和逆境都有不同的定义，对平凡和正常也有不同的定义。

找到爱你的人和你爱的人，记住他们可能来自不同的背景。在生活中没有必要选择立场，不必非要把自己局限于那些和你一样遭受过苦难的人。多元化的视角丰富了我们的选择。如果想当然地认为那些拥有正常的、可预期的成长经历的人比自己更善于生活，则是有失偏颇的，因为实际情况并非如此。

如果你有孩子，那就按照自己对于父母的期待去要求自己，让自己成为自己理想中的父母，并且按照自己的期待建立自己理想中的家庭。然而，要抵制保护孩子免受一切伤害的冲动，让他们学会坚强。生命难免会给孩子制造一些艰难困苦，孩子在克服困难、解决问题的过程中形成了同理心，并得到了各种形式的关爱。你希望别人为你做什么，你就为孩子做什么。

尽量善待自己以及自己邂逅的人。或许你邂逅的每个人都在打一场艰苦的生命之战。我们现在都知道了，很多人其实都是如此。

致 谢

在这里，我首先要感谢那些我无法在书中指出姓名的人，其中有男性，也有女性，你们和我分享了自己的故事，真的令人感到惊奇。你们教我懂得复原力不仅仅意味着心理弹性，更意味着力量和勇气。你们还教我懂得普通的、可预期的世界之外的生活是多么复杂。在本书中，我仅对一些客户和学生进行了简要的介绍，我很荣幸能够服务和照顾你们，希望你们和世界各地的超常者不会感到孤单。虽然我不能完整地讲述你们的故事，但我尽力让人们以公平的视角去看待你们的经历。就算世界上真的存在所谓“正常”的人生，也无法与你们的状态相提并论。

在这里，我要兑现自己提出的建议，向那些为我奋斗、关怀我以及为本书付出心血的好人表达深深的谢意。

本书的出版商是“十二出版社”（Twelve）。感谢营销天才布莱恩·麦克伦登（Brian McLendon），因为编辑可能换来换去，但你一直在那里，为我提供永恒的支持。我们共同经历了很多，你坚定不移的善良和友谊使这一切变得非常美好。然后，我要感谢本书的第一位编辑德布·富特（Deb Futter），您从一开始就支持我和这本书，感谢您一直以来的热情和支持。我还要感谢本书最后一位编辑肖恩·德斯蒙德（Sean Desmond），谢谢您接手这本书，挽救了本书，确保了顺利出版，这令超常者们感到慰藉。我还要感谢阿歇特出版集团（Hachette）多年来支持过我的人，尤其是杰米 · 拉布（Jamie Raab）、保罗 · 萨缪尔森（Paul Samuelson）、雷切尔 · 坎伯里（Rachel Kambury）、贝利 · 多诺霍（Bailey Donoghue）、伊丽莎白 · 库尔哈内克（Elizabeth Kulhanek）、索尼娅 · 萨夫罗（Sonya Safro）、利比 · 伯顿（Libby Burton）和迈克尔 · 皮奇（Michael Pietsch）。

我要感谢本书的封面设计师乔恩 · 格雷（Jon Gray），谢谢您创造了这么一个有力度感、美感和神秘感的封面，这个封面足以真正代表超常者的人生阅历。

我要感谢我信任的同事们，包括凯瑟琳 · 克莱金（Cathleen Clerkin）、罗伯特 · 埃默里（Robert Emery）、克丽斯塔 · 嘉娜（Krista Jana）以及史蒂夫 · 拉格菲尔德（Steve Lagerfeld）。与自己欣赏的人分享章节的草稿确实需要很大的信任。我感谢你们使我能够这样做，并感谢你们花费很多时间提出真诚的建议。在我看来，时间和建议是世界上最宝贵的两种资源。你们使本书变得更好了，谢谢你们。

我要感谢其他同事、主管和朋友，包括琳达 · 科扎雷利（Linda Cozzarelli）、南希 · 乔多洛（Nancy Chodorow）、黛博拉 · 拉斐尔（Deborah Raphael）、劳里 · 凯斯（Laurie Case）、卡罗尔 · 曼宁（Carol Manning）、埃里克 · 特克海默（Eric Turkheimer）和艾米丽 · 拉普（Emily Lape）。你们向我示范了一名临床医生是如何发挥作用的，你们用爱治愈创伤。你们使我成为一个更好的心理治疗师，也成为一个更好的人，谢谢你们。

我还要感谢莫莉 · 戴维斯 · 福卡尔（Molly Davis Foukal）。她是一位临床心理学专家、研究助理和杰出的引用资料调查员。我真诚地说，如果没有您，本书就不可能出版。您总是精神饱满、不知疲倦地努力工作。您总是把一切都和《汉密尔顿》联系在一起，当然,《汉密尔顿》也讲述了超常者的故事。我希望能用一生的时间去赞美您，不断推荐您从事新的伟大的工作，并与您一路同行。（顺便说一句，您才 20 多岁，干得不错，非常了不起。）

我要感谢我的经纪人蒂娜·贝内特（Tina Bennett）。您是我喜欢的那种女人：不知疲倦，富有同情心，致力于行善。我很感激您，您是我所能想象到的最聪明的顾问、盟友和知己，您对我的付出远远超出了您的工作岗位要求。最重要的是，谢谢您送给我闪闪发光的耳环。我永远都不会忘记这对耳环，也不会忘记您。

我还要感谢我的父母，你们深知自己的角色，谢谢你们带给我的欢笑和关爱。从我记事起，我就一直想成为一名作家，也许这是因为我从记事起就一直听你们讲我们家的故事，第 4 篇、第 9 篇、第 11 篇、第 27 篇等等。除此之外，你们还教会了我心碎和幽默可以而且应该能够同时存在。这个主题够写一本新书了，或许以后会写。

我要感谢我的丈夫。作为我的伴侣，你慷慨善良，从我认识你开始，你就以大大小小的方式支持着我的雄心壮志。谢谢你的付出，这一声道谢似乎太简单了。你把你的时间借给我，给我幸福，帮我圆梦。我不知道你在和我结婚时是否清楚自己将会面临什么样的处境，但我爱你，因为你勇敢地和我携手共度人生。

我要感谢孩子们，你们是我的祖母绿和红宝石，你们的弥足珍贵，难以言表。虽然文字显得苍白，但我还是要说谢谢你们总是关心本书进展，你们让我能够心无旁骛地去写作。能陪伴你们度过童年是我最大的快乐和荣幸，无论你们年龄多大，我都无法停止对你们说我有多爱你们。我一生中最重要的工作和最大的成就就是做你们的母亲。